"健康城市规划与治理"系列丛书
Healthy Urban Planning and Governance Series

迈向健康城市

Toward the Healthy City
People, Places, and Politics of Urban Planning

[美] 杰森·科尔本 著
王 兰 译

Authored by Jason Corburn
Translated by Lan Wang

同济大学出版社
TONGJI UNIVERSITY PRESS
上海 Shanghai

Toward the healthy city: people, places, and the politics of urban planning / Jason Corburn.

Original copyright © 2009 Massachusetts Institute of Technology

Simplified Chinese translation copyright © 2019 Tongji University Press

图书在版编目 (CIP) 数据

迈向健康城市 / (美) 杰森·科尔本
(Jason Corburn) 著；王兰译 . -- 上海：同济大学出
版社，2019.11
　（健康城市规划与治理 / 王兰主编）
　书名原文：Toward the Healthy City: People,
Places, and the Politics of Urban Planning
　ISBN 978-7-5608-8753-1

　Ⅰ. ①迈… Ⅱ. ①杰… ②王… Ⅲ. ①城市规划 - 研
究②城市卫生 - 研究 Ⅳ. ① TU984 ② R126

中国版本图书馆 CIP 数据核字 (2019) 第 224770 号

迈向健康城市

Toward the Healthy City
People, Places, and Politics of Urban Planning

[美] 杰森·科尔本　著　　王兰　译

出 品 人　华春荣
策划编辑　袁佳麟
责任编辑　朱笑黎
责任校对　徐春莲
书籍设计　钱如潺
出版发行　同济大学出版社 www.tongjipress.com.cn
　　　　　（地址：上海市四平路 1239 号　邮编：200092　电话：021-65985622）
经　　销　全国各地新华书店
印　　刷　上海安枫印务有限公司
开　　本　710mm×1000mm　1/16
印　　张　16
字　　数　320 000
版　　次　2019 年 11 月第 1 版　2019 年 11 月第 1 次印刷
书　　号　ISBN 978-7-5608-8753-1
定　　价　68.00 元

中文版序言

在这个城市星球，研究、科学和政策决策都应为所有城市居民改善其健康条件服务。出版于 2009 年的《迈向健康城市》正是希望能传递这一信息。在十年后的今天，我们星球的城市化仍在继续，因气候变化产生的健康影响日益增长，城市的不公平状况威胁着经济和全球的可持续性；这些理念、概念和实践在现有背景下更显迫切。而《迈向健康城市》中文版的出版或将让更多研究者和实践者有所触动，并参与到为我们所有人建设更健康、更可持续且更公平城市的工作中去。

当前，超过 60% 的世界人口居住在城市区域。城镇化已然且并将持续作为一项政策和实践，用于改善人类健康以及地方和全球的可持续发展。然而，正如我在书中历史评论部分所展示的，19 世纪和 20 世纪的城镇化决策改善了一部分人群的健康状况，但也可能导致了其他人群的健康恶化。城市卫生保障、建筑规范、安全的工作场所条件、公共交通和有品质的绿地空间，与其他政策和建成环境的改善一起，为大量城市居民提供了更好的居住环境，从而提升了其健康水平。性别和青少年保护政策、养老金和扶贫资金，以及针对种族、宗教和少数族裔移民权利的社会政策，也有利于改善我们每个人的健康状况。重要的是，我们需要认识到医疗卫生和新技术应用本身并不能如同社会政策和建成环境改善那般提升城市健康水平。对 19 世纪和 20 世纪的洞见能为应对 21 世纪的城市健康挑战提供借鉴；这些挑战包括气候变化、空气污染、住房隔离、食品（不）安全和不稳定的工作。

然而，本书并不建议将公共健康、城市规划和发展的西方模式粗糙应用于其他地区和文化背景中。相反，本书指出用于西方城市的健康战略既有成功也有失败之处；只有当研究、政策和实践都细致关注当地的背景、文化和治理模式，才能改善城市健康。在过去几个世纪里，那些有损于城市居民健康的关键失策之处正是忽略了城市居民自身的实践、理念和洞见，特别是被边缘化和穷困的人群。健康促进工作的展开应该邀请居民一同参与，以开创可降低疾病和死亡率的新健康战略。《迈向健康城市》想说明的是，关于健康的场所的营造，从没有一体适用的途径，其过程和结果同样重要，并且实践者必须在推进这一复杂工作过程中抱有谦逊之心。

《迈向健康城市》倡导建构面向 21 世纪的新的健康城市科学。新的参与者、数据和方法需要在公共卫生学、流行病学、工程学、环境科学和其他学科中得到应用，从而使人理解究竟是什么决定了当今城市和人居环境的健康或不健康问题。这一新的"健康城市科学"要求新的测度方法和新的"市民科学家"，以确保科学的合法性延伸到那些受此"科学"影响的利益相关者，并将由研究成果转化而来的政策和实践的新路径纳入其中。但这一 21 世纪的新"健康城市科学"也会包含结论（即何时且如何实施行动）的不确定性。

本书呼吁科学家和政策制定者怀着谦逊之心来开展健康城市规划，这将指导我们考虑这项工作的伦理维度，不再只诉诸科学以寻求关于公平的答案；也引导我们在开展更多记录风险和效益分布的研究之前，考虑修正现存的不公平性和脆弱性。在我的前一本书中，我将这一过程称之为"街道科学"；而在《迈向健康城市》中，其含义已被拓展，包含了例如健康影响评估在内的新方法，这要求新的数据和分析工具及参与者的介入，从而使专家和非专业人员能共同为健康场所的营造提供可循的证据，并共同开展相关实践。

我们现在知道的是，我们所处的"场所"或邮政编码所指代的地区很大程度上可以预测我们是否会生病、是否会患上并非由基因所致的伤残或早亡。采用新科学、创新政策和实践的结合，这一情况完全可以得到预防和改变。尽管需要政府在这些工作中发挥引领作用，市民社会、学术圈和私营部门等也都需要参与其中。在本书中，我提出的"健康城市治理"包含了跨越多个学科的新规范、新法规法律和新实践，需要从建筑和规划到临床医学和公共卫生学，再到工程学和法律等多个学科共同协作，为迈向健康城市而一起行动。迈向更为健康的城市将永远是一个推进的过程，而不是某个固定时间点的既成状态。

我很高兴看到中文版《迈向健康城市》的出版，并希望读者能告知本书中的理念和战略与中国国情是否相符合。我不想假装有一种适合所有场所和时间阶段的秘诀或模型。相反，我期待读者能将迈向更健康城市的过程视作打磨一支管弦乐队使之演奏出美妙交响乐的过程。健康城市营造的"城市交响乐"与其他所有伟大的音乐一样，需要多位演奏者和不同乐器汇聚一堂才能创造出连贯美好的和声。故而，如同交响乐的和声依赖于乐队所有人的和谐演奏，健康城市规划亦有赖于专业人士、研究者和社区居民的齐心协力，以期共同创造更加健康和美好的场所。

杰森·科尔本 博士
美国加州大学伯克利分校 城市规划与公共健康 教授

译者前言

"健康城市"由世界卫生组织（WHO）在 1984 年提出。在推进健康城市运动中，城市规划发挥着重要作用。健康城市规划如何优化公共健康，是当下值得深入探讨的重要研究和实践问题。

本书是美国加州大学伯克利分校杰森·科尔本（Jason Corburn）教授第一本关于健康城市的专著。选择科尔本教授这本书开展翻译的原因在于其追根溯源，分析了城市规划与公共健康（卫生）之间的分分合合；也在于其从治理、公共政策、公平等多维视角分析健康城市规划，拓展了我们目前比较集中在物质建成环境对健康影响的探讨；还在于其将健康与公平结合探讨，丰厚了健康城市的研究和实践维度。

城市规划起源于改善工业城市的卫生条件，以保障城市公共健康的基本底线。我们当前的城市规划无疑对于公共健康有所考虑，例如污水处理厂选址、工业用地周边的防护绿地、医疗服务设施布点等——这些是城市提供的基本健康保障。然而，在慢性非传染性疾病和心理疾病日益增多并成为主要疾病负担的今天，城市可以做的，其实更多。

根据世界卫生组织的定义，健康是生理、心理和社会福祉的完整状态，而不仅仅是没有疾病或不虚弱；享受可达到的最高健康标准是每个人的基本权益（Constitution of the World Health Organization, 1948）。人体健康在个人与其生存的自然环境、建成环境和社会经济环境的互动过程中持续变化着。城市，为超过半数的人类个体提供了栖居之地，是城市居民接触最紧密的外在环境，显著影响着其健康状态。

城市在为居民提供医疗服务、就业岗位和休闲锻炼场所的同时，也带来了空气污染、噪声和心理压力等健康隐患。城市规划通过合理布局具有污染性的用地，减少人体污染暴露；设计周到的步行道、跑步道和自行车道让人们的体力活动频率和时长增加；提供充足的绿地和开放空间以优化人们的空气环境和热环境，并增加其交往互动。本书指出，在这些通过规划和设计优化空间以提升公共健康的措施之外，我们还需要考虑如何进行规划体制和流程的创新,推动公共健康和城市规划在学科、研究和实践多方面的重新链接。科尔本教授提出的"健康城市规划和治理",是城市规划和发展决策的新框架,强调多个学科从研究到实践的合作,共同推进城市的健康和公平。

在迈向健康城市的路径中,存在的困境包括研究转化为实践的难度、跨学科研究和职业培养的障碍、体制机制支撑和健康进一步纳入规划意识的滞后等。虽然建成环境对公共健康的影响存在着复杂性和不确定性,规划设计可作为环境干预促进健康已日益得到共识。城市规划正在寻找路径,回归对公共健康关注的初心。这需要针对新的公共健康问题(慢性非传染性疾病和心理疾病)进行建成环境提升,打造更加健康的场所空间,并提供包括住房、就业等综合的健康优化政策。针对健康回归和提升,我们作为城市规划师,需要以居民身心健康为核心,对现有规划原则和指标进行优化,并推动跨部门合作和规划工作机制调整,从而在我们力所能及的范围内,为所有居民提升公共健康水平。

本书追溯历史,审视现实,探讨未来;丰厚了健康城市规划和治理的内涵,并为规划纳入健康理念提供了基本工作框架,推进理论和实践的互动。在"健康中国"国家政策推进背景下,希望本书的出版能促进城乡规划学科的创新应对,为以"健康"作为国土空间规划和国家治理的重要维度提供理论和实践基础。

本书的完成得到了大量的支持。感谢同济大学英语系的陆颖老师促成了本书翻译工作的启动。衷心感谢参与本书编辑加工的学生:廖舒文、蔡纯婷、李潇天、张春霞、殷瑞英、张若斐、李素、陈思涵、刘是宜、管含泊、蒋放芳、张苏榕、贾颖慧、闵婕。你们所做的细节工作,使得本书能够顺利出版。同时致谢同济大学出版社的袁佳麟编辑和朱笑黎编辑,一路相伴协助。本书的原作者科尔本教授作为美国健康城市治理领域的资深学者,一路为本书的翻译提供了支撑,也推动了译者主持的健康城市实验室的相关研究。

同济大学 建筑与城市规划学院
健康城市规划与治理一流学科团队责任教授
健康城市实验室主任

目 录

第一章　健康城市规划面临的挑战

城市场所与塑造它们的城市规划进程——特别是那些涉及土地使用、住房、交通、工作机会、社会服务和城市环境质量，以及公众参与地方政府层面事务的治理过程——日益被理解为强有力的决定人口健康的因素。夭折、疾病和痛苦所带来的不必要的压力不成比例地集中在美国城市的贫困人口与有色人种社区中；居住隔离导致贫困人口集聚，卖酒的商店数量多于超市，涉毒场所邻近游乐场，公共资源被划归监禁之用而不是用于教育。城市缺乏投资、银行不为贫困家庭提供贷款和种族歧视在很大程度上造成了 20 世纪的城市弊病和不公正现象。如何以促进城市健康和提升公平的方式振兴被忽视的城市社区，成为 21 世纪城市规划师们面临的挑战。

现代城市规划是兴起于 19 世纪后期的专业，旨在改善最底层城市居民的健康，但在整个 20 世纪人们却逐渐失去了对它的关注。如何能使城市规划回到解决健康和社会公平问题的根本目标？当代城市规划进程（不仅仅是物质结果）与健康公平的联系是什么？何种新的政治流程能有助于重建规划和公共健康之间的联系，并集中解决城市中导致健康不公平的社会因素？

本书强调公共卫生部门、城市规划机构与社区联合体一起，重新界定城市的环境健康体制，改善居民和场所的健康水平，从而对这些问题及其相关议题做出回答。迄今为止，在努力重建领域之间联系的方面，21 世纪的美国仅在非常有限的程度上关注了城市的健康规划，例如，城市中的物质设计（physical design）变化如何可能增加体力活动①，进而改善健康。本书强调，如果场所的物质性改变未能与体制和机构的变化一起发挥作用，那么最终将无法改善城市弱势群体的健康状况，也无法通过政策来推动建设和规划更加健康和公平的城市。进而言之，虽然很多当代研究分析了城市的问题，特别是针对贫困的有色人种社区，但较少

---

① physical activity，世界卫生组织（WHO）定义 physical activity（体力活动）为骨骼肌肉产生的各种身体活动，需消耗能量，包括工作、玩耍、做家务、旅行和从事娱乐活动。——译者注

研究会去探索城市政府需要怎样的机制和行政改革去改善这些居民和场所的健康。本书探讨了美国旧金山湾区的政府机构和社区联合体是如何去努力改变社会、科学和政治体制，并将其与城市规划重新连接，从而改善该地区和人口的健康状况。本书提出了一种新的决策框架，即健康城市规划，其将致力于推进势在必行的政治环境和机构变革，重新整合城市规划和公共健康，推进健康公平（health equity）。健康城市规划需要新的议题和问题框架、调查和分析技术，以及包容和审慎的公共流程，结合起来产生更加健康公平的新的规范、对话和实践。正如本书所提出的：健康城市规划必须被视为健康城市治理，既包含有利于人类福祉的实质性内容（改善城市健康的物质和社会品质），也包含决定这些改善的品质如何跨越场所和人群被再分配的决策过程和机制。

不健康和不公平的城市

美国城市——或者更确切说是城市中的某些社区——面临着健康危机。虽然这并非新现象，但几乎在所有疾病测算中，城市贫困人口、国际移民和有色人种在美国各类人群中是寿命更短、病痛更多的群体。抽样显示的证据令人惊讶和不安：

- 在纽约市布朗克斯区南部（South Bronx）、哈莱姆区（Harlem）以及布鲁克林区中部（Central Brooklyn）的主要贫困和少数民族社区中，糖尿病、哮喘病、精神疾病以及艾滋病的患病率超过城市其他地方的一倍（Karparti 等，2004）。

- 在波士顿主要的非洲裔美国人和拉丁裔美国人所集聚的罗克斯伯里（Roxbury）社区，2003 年至 2005 年间五岁以下儿童的哮喘病患病率在城市中居首位，比全市平均患病率高出两倍（*The Health of Boston*，2007：35）。

- 在芝加哥洪堡公园（Humboldt Park）和西镇（West Town）社区的波多黎各人群中，糖尿病的死亡率超过全市平均数的两倍；而且这些社区中的波多黎各儿童哮喘病的患病率达到了 34%，是美国的最高纪录之一（Whitman 等，2006）。

- 在加州康普顿市（City of Compton）洛杉矶县境内的非洲裔美国居民中，2004 年的婴儿死亡率是每千名新生婴儿有 17.3 例死亡，为加州的最高比率，而且几乎比美国全国的比率高出 2.5 倍（McCormick & Holding，2004）。

- 在主要是非洲裔美国人聚居的底特律城市东部，居民心血管疾病的死亡率为该城市中最高，而且超过全国平均数的两倍（Schulz 等，2005）。
- 在旧金山的湾景猎人角（The Bayview－Hunters Point）街区，人口以拉丁裔和非洲裔美国人为主，其成人和小儿哮喘病、成人糖尿病以及充血性心力衰竭的患病率为整座城市中最高（BHSF，2007）。

在接下来的章节中，我会向你展示同样令人困扰、持续但应可避免的死亡和疾病模式，那么什么可以解释这些模式呢？从 19 世纪的瘴气和传染病理论到 21 世纪的医疗和基因解读，公共卫生学历来致力于在跨越人群的健康结果中，寻找造成区别的"重大原因"（big cause）或解释。然而，城市卫生的研究者和相关专业人员越来越多地开始探索以空间为基础的物质、经济和社会特点与塑造它们的公共政策和机构的结合体（而不是基因学、生活方式或医疗保健）是怎样成为城市中福利分配不公平的原因的。举例来说，纽约市健康与心理卫生局（New York City Department of Health and Mental Hygiene）的助理局长亚当·卡尔帕提（Adam Karpati）在向纽约市议会所做的陈词中提到，贫困人口、非洲裔美国人以及拉丁裔社区中健康不公平的集中并非一定是由不公平的卫生保健获取途径、不安全的个人生活方式或者基因差异等所造成的，而是由于：

> 这些问题主要是由人们所赖以生存的社会、经济和物质条件的差异，以及在这些背景中所产生的健康行为模式的差异所导致的。"健康不公平"甚于"医疗保健不公平"……从健康数据中所得的教训是几乎每一种条件下都存在不平等现象。这一观察表明，不论是什么特定问题，健康不佳存在共通的根本原因。因此我们必须谨记，除了针对具体问题的策略之外，还必须进一步关注那些健康不佳的根本原因：贫困、歧视、住房条件低劣以及其他社会不公现象。从根本上说，要消除健康不公平，关键就在于社会公正，这才是公共健康的潜在哲学所在（补充强调；Karpati，2004）。

4

本书探讨了城市规划进程能够如何解决城市健康不公平的"根本原因"（root causes）。[1] 其中我阐释了城市治理（Urban Governance）的实践如何能够改变关于健康的社会决定因素，包括就业质量和教育机会、可支付性住房、健康食物的获取、服务于各类使用者的公共交通、社会互动的安全空间、无毒的环境等；这些是世界卫生组织（WHO，2008）所认定的导致健康不公平的基本作用力。本书探讨了一种新的政治框架，能够以新的方式改善和扩展当前的努力，用以解决城市卫生不公平的问题（Barton & Tsourou，2000； Diez-Roux，2001；Duhl & Sanchez，1999；Fitzpatrick & LaGory，2000；Freudenberg 等，2006；Frumkin 等，2004；Geronimus，2000；Kawachi & Berkman，2003）。

作为城市治理的城市规划

本书对规划实践的界定是那些产生对城市有塑造作用的物质性规划和干预的过程、机构和对话。虽然城市规划的日常实践有一些正式规定，比如编制土地利用规划、在环境审查流程中纳入公众参与，但通常规划师们需要做出自由裁量的决定，而这些决定影响着相应流程的内容和方向。这些自由裁量包括各种主观评判，例如应该向公众发布多少信息、如何选择开展分析工作的顾问团队、审查流程中可接受的证据和询问规范、应该邀请哪些利益团体参与公共流程，以及参与进程将会如何裁定纠纷并达成共识等（Friedman，1987； Frester，1999）。这些决定都会对规划进程的内容与结果产生重大影响，比如它们是否会对偏见、歧视、不公平等意见做出回应。重要的是，美国的规划政治同样是由"规划师"（planners）塑造而来——从私人部门到社区成员——独立于政府规划机构而存在。"公共—私人部门"规划之间的伙伴关系、管理港口和机场的自主公共机构、准公共再开发公司、非营利社区开发公司，以及城市中私有化的传统公共服务等，都使公共与私人部门规划和社区规划之间的界限、政治性联盟和"规划师"利益之间的界限模糊（Fishman，2000；Graham & Marvin，2001；Harvey，1989）。因此，我认为城市规划是关于城市微观政治，或者说是对发展和管理决策的日常协商（Majone，1989），以及城市宏观政治，或者说不同政治意识形态应当如何制定基于场所目标和结果的规划进程（Hajer，2001）。

这种规划政治的微观和宏观概念在理论学家看来仍然颇具争议，但也表明规划实践应当被视为城市治理的基本部分（Fainstein，2000； Yiftachel & Huxley，2000）。正如日常活动中交叉进行的政治、经济以及社会生活领域，这里所用的"治理"一词强调的是在组织试图影响集体行为的过程中所发生的互动、关系以及意义建构（Cars 等，2002；Young，1996）。治理并不只关乎政府，它同样关乎正式机构和组织与非正式规范和实践之间的斗争和冲突，还关乎执行者们如何运用正式与非正式进程来制定公共决策。[2] 城市治理囊括了一种复杂的混合，包括不同的环境、执行者、活动场所以及不同的事务，这里公共话语中或心照不宣的日常惯例中都显露出了权力之争。虽然我在之后章节中展开叙述了规划作为城市治理的这一思想，但这里我运用这一术语是想将政治条件明晰化，以防其有可能指引规划师们运用或滥用权力，也是为了回应或者进一步制约市场力量，努力赋予一些群体权力并剥夺其他一些人的权力，以提升多方协商一致的决策，或者仅仅是为了将已有的决策理性化（Forester，1999）。

改善城市公共卫生

我所说的公共卫生，指的是影响疾病、死亡和人口健康分布的公共政策、实践及进程，或者说是该领域通常所称的"健康促进"（health promotion）。与我的规划观点相似，公共卫生的工作通常被限定为发生在正式政府机构或非政府治理进程中。举例来说，美国医学研究所（US Institute of Medicine，1988：7）将公共卫生定义为有待实现的职业目标：

> 社会对确保人类健康条件方面的关注……它能够将很多学科联系起来，有赖于流行病学的科学核心……委员会明确了公共卫生的组织框架，以同时囊括正式政府结构内部所从事的活动和私人与志愿组织及个人所做的联合努力。

同样类似于我的城市规划观点的是，公共卫生应当被视为持续进行的实践，而非"仅指没有疾病和虚弱"，就像世界卫生组织在大半个世纪前就明确宣称的一样（WHO，1948）。1986 年，旨在促进健康的《渥太华宪章》（*Ottawa Charter*）进一步明确说道：健康是一种"日常生活的资源，而非生活的目标"，健康"是一种积极观念，强调社会和个人资源，以及物质性要求"（WHO，1986）。世界卫生组织曾多次强调，仅卫生部门的单方努力，是不可能实现健康促进的，还需要整个政府在非健康政策方面的协同行动，比如社会、经济、服务以及环境部门，同时还需要非政府组织、行业和媒体的参与（WHO，2008）。

6

以国际健康城市运动为基础

国际健康城市运动（International Healthy Cities Movement）起源于世界卫生组织欧洲办事处（WHO,1988），本书以其为基础，探讨了拓展该运动成效的方式。特雷弗·汉考克和伦纳德·杜尔（Trevor Hancock & Leonard Duhl, 1988）都是国际健康城市运动的早期领导者，他们认为健康城市是这样一处地方：它能够持续创造并改善物质、社会与政治环境，拓宽个人和群体在履行所有生命功能和发挥自己最大潜力的过程中所赖以互相扶持的社区资源。汉考克和杜尔（1988: 23）继续提到：

> 我们必须发展各种非传统的、直觉性的以及整体性的做法，并将其纳入我们对城市健康的评估，以求对硬性数据进行补充。事实上，除非数据能被转换成所有人都能理解的故事，否则它们在任何或政治性或行政性的变更进程中都不会有效。

美国的"规划师"们是如何采用新的规范、分析工具以及决策流程来抓住健康城市的某些特质的呢？对此，我将重点展开论述。根据世界卫生组织对健康城市的分析标准，我对当代美国的健康规划工作是如何拓展这些国际思想的方式进行了展示。尽管在早期实践中存在障碍，但实现健康城市环境的可能性还是存在的，而且这种健康城市环境的特点能够超越世界卫生组织所描述的理想理念（正如下文及链接 1.1 和 1.2 所展示的）。

在很多重要方面，本书与国际健康城市运动所做的努力有所区别，同时对其又有所延伸。首先，世界卫生组织的健康城市计划并没有在更广泛的层面上强调政策流程、科学规范以及组织网络建构之间的结合可能会有助于健康城市发展和城市规划（Tankano,2003: 5）。其次，二十年后，世界卫生组织在欧洲的健康城市计划获得的成果有限，只是将对可能造成城市健康不公平问题的分析与健康城市计划的发展与施行结合在了一起（De Leeuw & Skovgaard,2005）。最后，对欧洲健康城市计划的评估并未表明参与该运动的城市数量增长——从少数增长到 1 500 个——这一事件是否改变了地方城市管理、发展和规划决策。

7

链接 1.1　WHO 的健康城市特点

- 高质量的洁净且安全的物质性环境（包括住房质量）
- 一种目前稳定且长期可持续的生态系统
- 一种强烈相互支持且非剥削型的社区
- 居民在影响其生活、健康以及福利等方面的决策中具有高参与度和管控度
- 能够满足城市所有居民的基本需求（食物、水、避所、收入、安全和工作）
- 人们能够获取广泛经验和资源，有机会进行广泛接触、互动与交流
- 具有一种多样化的、关键的、具有创新性的经济形式
- 鼓励连接过去，连接城市居民的文化和生物遗产，连接其他群体和个人
- 是一种与先前特点相容且加以强化的形式
- 具有最佳水平的、妥善的公共卫生和疾病护理服务，任何人都可获取
- 具有高度健康状态（高健康水平，低疾病水平）

来源：WHO, 1995

链接 1.2　WHO 发展健康城市计划的原则

公正 所有人都必须拥有充分实现其健康的权利和机会。

促进健康 城市健康计划应旨在通过运用《渥太华宪章》中所概述的原则来促进健康：制定健康的公共政策、打造支持性环境、加强社区行动并发展个人技能、调整健康服务。

跨部门行动 健康是从日常生活背景中得来的，受社会大多数部门行为和决策的影响。

社区参与 富有见地的、目的明确且积极参与的社区是设置优先事项、做出决策及执行决策的关键因素。

支持性环境 城市健康计划应着力打造支持性的物质和社会环境。这包括生态、可持续性以及社会网络、交通、住房等问题，以及其他环境方面的关切。

问责制 所有部门的从政者、高管以及管理者所做的决策都会对影响健康的条件产生影响，同时也需以清晰且易理解的方式和之后可衡量与可评估的形式来明确这类决策的责任。

和平的权利 和平是健康的基本先决条件，获取和平是那些力图让其社区和居民达到最大健康状态之人的一个合理目标。

来源：WHO, 1997

8

　　然而，对于本书所提出的分析框架来说重要的是，世界卫生组织在欧洲的健康城市计划已经提出了一套评估类别，能够辨识出政治和机构变革的必要性，从而更好地朝着健康城市前进。这个框架名为"监测、问责、报告以及影响评估"（Monitoring, Accountability, Reporting, and Impact assessment），简称 MARI，该框架认识到健康城市必须同时关注健康城市背后根本原则的变更，这种变更包括了新执行者的参与，新政策的起草，新的监测方法、评估程序的确定与施行以及由此而带来的健康结果的变化（De Leeuw, 2001）。世界卫生组织所用以指定健康城市的 MARI 框架中标准的选择表明，健康城市并不是静态的，也不是一套有限的健康结果措施，而是一种对持续改善人口、地方以及政策制定流程的健康的承诺，同时明确强调要减少健康不公平状况（链接 1.3）。

链接 1.3　健康城市指定标准：摘自 WHO 欧洲地区办事处

• 健康城市必须已具备能够确保健康规划的整体方案机制，同时已在其健康政策和其他全市关键战略之间建立联系。

• 应特别强调三件事：减少健康不公平、努力取得社会发展、对可持续发展作出承诺。城市应在影响城市健康的决策过程中体现不断增加的公众参与，以助于赋予当地人民权利。

• 城市应为健康和健康公共政策制定并落实持续进行的培训或能力培养活动计划；这一计划应当包括两大方面：城市中各个不同部门的关键决策者，以及当地社区和意见领导者。

• 城市必须制定并执行一份城市健康发展计划。

• 城市应实行系统的健康监测和评估计划，并将之与城市健康发展计划结合起来，以评估城市内的健康、环境以及政策的社会影响。

• 城市应执行并评估活动总体计划，至少解决下列优先主题中的一项：社会排斥、健康环境、健康交通、儿童、老人、添加剂、民事及家庭暴力、事故。

来源：De Leeuw, 2001: 43-44

科学与健康城市

健康城市规划的关键方面，也是通常受到忽视或者是被城市规划和公共卫生学者们认为不重要的一点，就是科技的适当角色。正如我在第二章的历史评论中详细阐述的那样，科技通常被城市开发商、政府以及研究者们视为一种工具，用以同时改善地方质量和改变不健康的个人行为。对此，我展示了经常被标榜为"道德环境主义"（moral environmentalism）的科学观为什么不仅没能改善城市最底层地方和人群的健康，而且还导致弱势群体从科学进程中进一步疏离，同时我还会展示科学进程是如何影响城市治理的。

本书认为，科学把在城市规划和公共卫生领域获取知识并实践的方式转译成了密码，同时还认为这些内嵌的实务就是一些在探索更加健康和公平的城市时最为重要的阻碍。举例来说，我将追踪在城市被视作"实地现场"(field site) 的时期，城市规划师与公共卫生专业人士之间的联系。在城市这片"实地现场"，较为敏感的调查员、人类学家以及居民们都发现了一个存在许久的事实：他们所处的某个特定的场所独具某些发人深省的特质。这就是美国卫生和进步时代（American Sanitary and Progressive eras）占主导地位的"城市科学"（science of the city），像安置所（Settlement Houses）和社区健康中心这样的当地机构会帮助他们起草政策回应。但是，随着微生物理论、细菌理论以及生物医学模式被引入，出现了一种新的城市健康科学，即"作为实验室的城市"（the city as a laboratory）。城市实验室这一观点使城市政策重新组合，以反映实验室设置的合法性，认为其发现和干预可应用到任何地方、任何人群，因为它们反映了理想实验室环境的非地域性、标准化和可控状态。很大程度上，在城市作为实地现场时代特定背景下的政策已经被普遍的、非特定的干预所取代，比如由集中化和专门的官僚机构管理的饮用水化学处理以及儿童免疫。本书提供了一种严格的检查，能够调查城市科学的观点为什么不仅分隔了规划与公共卫生，而且还塑造了当下城市治理的分析性和政治性进程。我认为科学的新趋向非常有必要，它会有助于使实验室的"两大文化"与实地现场观点联系起来，促进城市健康更加公平（Snow, 1962）。

探索健康城市规划需要重构科学与专业知识，就像需要新科学来解决气候变化和可持续发展等紧迫问题一样（Cash 等，2003；Lubchenco，1998）。这一新"范式"（paradigm）需要从单由科学家成果驱动内部现有学科的经验性科学，转向更为分散的、依赖语境以及问题导向的科学实践观点（Nowotny 等，

11 2001）。我将展示对健康城市起保障作用的科学是固有其政治属性的；它的不确定事实、存在争议的价值观、高风险以及紧急决议，所有这些可促成丰托维茨和拉韦茨（Funtowicz & Ravetz, 1993）所谓的"后常态科学"（postnormal science）。[3] 在后常态条件下，科学跨越不同学科，深入到前所未有的调查领域，要求运用新方法、新工具、方案以及实验系统，而且还包含政治敏感性进程和结果。本书强调，健康城市规划中正当合理的科学必须是经过联合产生的，其中，研究人员、政府机构以及外行社会群体都应参与多元中心导向、相互影响而且多成分的公共信息共享（Jasanoff, 2004）。本书从重新定义环境健康的新研究伙伴关系，到评估和监测城市规划决策的健康城市指标的制定，探讨这样一种科学观在治理实践中可能的应用方式。

迈向健康规划的政治：人口、地点、进程以及权力

本书从考察城市规划与公共卫生之间的历史联系与脱节开始探讨，旨在强调在当代重建两个领域联系的努力中所面临的一些悬而未决的政治挑战。解决规划领域和公共卫生领域之间的脱节问题不仅对改善当地治理来说必不可少，而且也是认识和解决全球政治变革的关键。举例来说，2001 年联合国健康人居署（UNCHS, 2001: 1）在其《城市年度报告》（State of Cities）中声明，他们期望城市中能够出现社会最紧迫问题的解决方案：

> 不论好坏，很大程度上当代社会的发展将有赖于对城市发展的认识与管理。城市将会日益成为一种测试平台，用来测试政治机构的充分性、政府机构的性能以及计划的有效性，以打击社会排斥、保护并修复环境、促进人类发展。

当地政府曾被视为狭隘的甚至是制定恐外政策的场所，而现在却日益被公认为进步性改革和创新的场所（Appadurai, 2001; Fung, 2006）。

12 为了探索健康城市规划的新做法，有必要建立一套新的政治框架。正如肖恩和雷恩（Shon & Rein, 1994）所提到的，政策问题从起初的构架方式就会影响到解决方案的质量；过窄或过宽的定义都会导致公共政策方案出现同样的缺陷。迈向健康城市规划的框架包括考虑人口健康、场所关系视角、治理进程以及权力关系（表 1.1）。

表 1.1　健康城市规划的政治框架

人口健康	强调整个群体健康的公平分布； 将健康而非个人行为、基因学或健康护理作为社会决定因素的目标。
场所	定义如下：物质、社会与物理特征，以及塑造它们的机构和政策，与这些特性意义之间的结合。 作为一种关系视角，研究多元特征与对特定含义及其解读的争论之间的相互作用。
进程	治理作为正式与非正式的机构和实践，影响集体行为； 探索社会不公平得以"体现"的机制。
权力	对塑造和重塑城市的基础作用； 越权和权力内部使用都有可能发生，而且通常是通过专业知识、结构种族主义以及对白色特权的纵容等形式表达出来。

人口健康

虽然"人口"一词在人口统计、地理以及城市研究领域中能暗指一些含义不同的事物，但人口健康仍关乎评估与解决一些社会群体比其他群体更健康的成因，同时也会关注社会不平等决定健康不公平的方式（Evans & Stoddart，1990）。人口健康的两大中心问题在于："是什么导致了整个人口群体的疾病和健康分布？"以及"是什么促进了整个人口群体健康不公平的当前及变化中的模式？"。通过强调分布与诱因之间的区别，人口健康研究了社会、政治与经济力量——从种族主义到经济政治，再到社区环境——是如何决定哪些群体生病，哪些群体早逝，又是哪些群体遭受不必要的痛苦。

人口健康重点关注不断变化的"健康的社会决定因素"（Social Determinants of Health，SDOH），它被世界卫生组织（Wilkinson & Marmot，2003）定义为"所有原因根源"(the cause of the cause)。SDOH 包括能够解释健康状态的积极和消极影响，比如：社会阶层（或者是这样一种思想，认为一个人所处的社会阶层越低，其寿命就越低，患病概率就越高）；压力；早期生命支持；教育程度；就业、工作条件与失业；食物、住房、交通和健康服务的获取；收入；社会排斥与社会支持（Raphael，2006；WHO，2008）。因此，人口健

13

康的方法并不仅限于所谓的"近端"（proximal）或"下游"（downstream）危险因素（即更接近个人，应为导致疾病承担更大的责任），比如吸烟或身体活动。正如本书所运用的，人口健康的方法也不是仅仅关注"远端"（distal）或"上游"（upstream）（即远离身体，且不足以解释该因果关系）的社会结构、进程，以及导致长期健康不公平和差异的权力分配（Yen & Syme，1999）。[4] 健康城市规划必须体现人口健康的观点，认为近端/下游和远端/上游的二分法存在问题；与之相反，健康城市规划应力图确定特定的地方力量，比如政治、社会、经济、生物等力量，哪种组合会有可能影响人口死亡和疾病的分布，并确定什么样的政策干预可能会改变这些力量（Krieger，2008）。

关系视角（Relational View）下的场所

人口健康的主要特点，同时也是将其与其他公共卫生模式区别的特点，就是把已有社会环境的背景和特点视为健康的主要影响因素，而不是认为只有其他机制的背景导致了发病和死亡发生。地方、社区或者环境的影响即使不是最重要的，也越来越被视为人类福祉的主要决定因素（Cummins 等，2005；Diez-Roux，2001，2002；Frumkin，2005；Geronimus，2000；Hood，2005；Macintyre 等，2002）。城市场所的特点，比如可支付性住房、健康食物的获取、就业机会、教育质量、公共交通、社会网络以及文化表达等，都是健康的社会决定因素，所以会被归到很多城市治理过程领域内（Burris 等，2007）。但是场所在城市规划和政策中的作用仍然颇具争议，尤其是在以场所为本的政策是否能够解决城市和地区不公平的问题上存在激烈争论（Dreier 等，2004；Hayden，1997；Harloe 等，1990；Logan & Molotch，1987；Orfield，1997）。

健康城市规划的第二个政策框架不仅需要认真制定，而且需要用"关系视角"看待场所特点。场所的关系视角强调空间的物质性和社会性特点会影响健康，但是不能将这些特点与不同场所的人们对其所赋予的意义分离。换句话说，对场所赋予意义的行为与这些意义本身之间存在相互作用，这一交互过程是对场所促进健康抑或散布过早发病和死亡的方式进行思考和采取行动的关键方面（Gieryn，2000；Graham & Healey，1999；Jackson，1994；Whyte，1980）。

因此，正如我在本书中所认为的，健康的场所应该被视为具有双重建构性：物质性（建筑物、街道、公园等，通常被称为"建筑环境"）以及社会性（通过赋予意义、解读、叙事以及建构网络、机构和过程来打造这些意义和结果）。这

14

一关系视角强调的是同时连接物质、社会和政治，最终将宇宙中的物理位置转变为一个"场所"的这一过程。但是，以场所为本的意义建构背后的社会和政治过程通常又争议颇多，并且还具有偶然性。健康场所的打造，关键在于为持续进行的公共话语创建论坛，允许人们就现有意义和新意义的构建进行辩论，特别是随着人口统计的变更而出现的新意义。通过采取场所关系视角，健康城市规划进程就能有助于揭示通常隐藏的权力与不公平之间的关系，这在场所物理、物质和社会特点中能体现出来（Emirbayer，1997；Escobar，2001）。[5]

重要的是，场所关系视角旨在转变研究和实践，使其不再作为一组量化变量的地方概念化过程，而作为回归模型中的静态变量起作用（Diez-Roux，1998，2001；Dunca & Jones，1993；Ewing 等，2003；Frank 等，2006；Handy 等，2002）。人们为其所生活、工作、祈祷和娱乐的场所，比如"休闲公园""安全街道""优良学校"等的特点赋予了主观意义，所以仅将场所特点定义为静态变量不免会使上述意义显得隐晦。如果研究仅将对场所和健康的分析限于量化方法，那么就会出现危险结果，导致选定变量必须能够显示出在统计层面对健康所具有的重大"场所效应"（通常指健康结果），或者说这项研究可能会被错误地总结，认为是个体生物学、行为或基因，而非场所的某一方面，造成了健康现状。对于场所和健康而言，以变量为中心的研究同样还具有另外一处劣势，即一个正向（positive）的结果，比如社区物质性特征与健康结果之间的存在相关性，可能会导致过实的确定性结论，比如公园、自行车道或蔬菜市场的出现或缺失就是导致附近人口活动积极或饮食健康与否的主要决定因素这种想法。关系视角旨在通过一方面强调地方、人群以及意义建构之间互相强化的关系，另一方面又强调形成这些关系的政治机构和过程，以此对地方的这些框架起到一种替代方法的作用（Cummins，2007）。

健康城市进程

健康城市的第三种框架旨在推动超越关注人与场所的实践活动。而要实现该目标，可以通过将重点放到"城市治理"这一进程，因其能促成健康以增加实现以人和场所为本的特征的机会。是以增加个人机遇，还是以场所质量为焦点？长期以来，制订城市政策时对此一直争论不休（Bolton，1992）。在以人为本与以场所为本的政策争论中所隐含的思想就是存在于政策的两大可能目标之间的冲突：即改善作为个体的人的健康而不论其出处，与通过改善其居所质量而提高群体的福利。教育、工作、家庭援助、第 8 条住房补贴^①（Section 8 housing subsidies）、家庭搬迁方案以及一定类型的医疗卫生援助，所有这些都形成了以人为本政策方法的核心；而旨在改善基础设施、建设可支付性住房以及配给邻里街区赠款，这些政策都是以场所为本政策的实例。在我们所居住的世界里，资源紧缺，以人为本和以场所为本的政策往往会彼此针锋相对。

16　　本书对此话语进行了延伸，强调政策不仅需要关注对健康城市有重要意义的人群和场所，同时也需要更加关注制定这些政策的制度性进程。机构并不仅仅是政府的正式结构或程序，而且是一种解决某些像实践规范之类的社会问题的既有方式，而且这种方式会随着时间推移变得"理所当然"而被接受（Healey，1999）。健康城市规划的进程维度之一就是以上所描述的意义建构。而第二种进程，同样在前文提及过，就是科学维度。正如我将在全书中所贯穿的一样，重建规划与公共卫生之间的联系需要跨学科分析的过程，或是这样一种科学，它能够开放现有领域和学科、专业知识概念以及制定科学政策的合法参与者之间的界限。制度主义者的观点会考察现有过程、相关环境影响评估（Environmental Impact Assessment, EIA），或者是像健康影响评估（Health Impact Assessment, HIA）这样的新过程何时能够以最佳状态促进健康城市规划的目标实现。

　　健康城市规划的第三个进程中的一个方面就是要让从业者们更加明确地阐明进程，如此他们才能认为场所的特点得到了体现（Krieger & Davey Smith，2004）。弗里德里希·恩格斯（Friedrich Engels）于 1844 年在其《英国工人阶级的状况》（*The Condition of the Working Class in England*）一书中强烈表达了社会条件的身体印记这一概念，他观察到在艰苦环境下工作的儿童所遭受的痛苦不可磨灭地印在了他们身上，伴随着他们成长。格隆尼姆斯（Geronimus，2000）认为长期受到歧视、压力，接触家庭、社区以及工作场所的危险导致穷人和有色人种长期遭受身体的"侵蚀"，损坏了免疫、代谢以及心血管系统，催生了感染和慢性病。南希·克里格（Nancy Krieger，2005: 350）宣称，我们的"身体会显示我们的生存条件，而且也无法脱离后者去研究前者"。这对健康和公平的城市规划的意义在于，从业者们需要批判性地认识历史是如何通过在人们身上留下生物印记而体现进程的；研究这些机制是关键的，因为我们的身体往往能够"体现人们不能或不愿讲述的故事，不论是因为他们不能讲述、不被允许还是他们选择沉默"（Krieger，2005: 350）。

---

① 第 8 条住房补贴是由美国联邦政府住房和城市发展部（Department of Housing and Urban Development, HUD）在 1937 年制定发布，用于为租赁私人住房的低收入家庭提供住房补贴。——译者注

权力与健康公平

探索健康城市的第四种政策框架，就是更广泛地解决城市以及整个都市区的权力不平等问题。谁掌权、权力何来、如何用权，以及权力的目的何在等问题，在城市政治中具有重大意义（Banfield，1961；Dahl，1961；Domhoff，1986；Dreier 等，2004；Mollenkopf，1983；Stone，2004）。健康城市规划中的权力包括影响制度、学科和官僚机构变革的能力。虽然洛根和摩洛奇（Logan & Molotch，1987）提出的支持发展的精英联盟往往主导着城市政治权力的分析，德·莱昂（De Leon,1992)以及其他人则强调组织联盟会抵制"发展机器"（growth machines）所推动的更具进步性的城市政治。权力关系既能赋予群体和个人以权力，同时也能对其加以约束，使其避免物质和社会健康危险。

权力亦可运行于城市政治中，防止政治议程中出现某些问题和利益关系（Lukes，2005）。举个例子，科学知识通常作为有力的排斥话语，掩盖政治问题中的政治和社会维度（Hacking，1999；Jasanoff，2004）。专业知识的主张就可作为一种权力形式而发挥作用，比如科学家为了帮助制定政治决策并将其合法化，会提前将问题周围潜在的不确定性降至最低（Wynne，2003）。虽然我们都希望专业人士在以科学为本的政策制定中，能够发挥越来越大的作用，包括健康城市规划中的政策制定在内，但是划分哪些人足够专业以获准参与这些过程的规定几乎都未成文，只是取决于广泛的官僚机构判断，也正如我（后文中）将展示的，这揭示了城市治理中根深蒂固的权力争斗。

不论如何改善美国城市生活的质量，都必须同时解决由于结构种族主义和白种人特权长期存在而导致的权力不平等问题（Massey & Denton，1993；Greenberg & Schneider，1994；Wacquant，1993）。之所以出现城市不平等问题，结构种族主义难辞其咎。以联邦住房政策为例，它不仅对居于城市的非洲裔美国人的房屋所有权不予承认，还披着市区重建的外衣毁坏了很多黑人社区（Ford，1994；Sugrue，1996；Wallace，1998；Williams & Collins，2001）。若想迈向健康城市，就需要从业者们解决政策、制度实践、文化代表，以及其他导致种族群体不平等和白种人优势得以长期存在的规范等方面之间的组合问题（Aspen Institute，2004；Bonilla Silva，1997；Ford，1994）。[6]

17

旧金山湾区（San Francisco Bay Area）健康城市规划

旧金山湾区的政府机构、社区组织、研究人员以及其他人已经对旨在促进城市和地区健康平等的新土地使用政策进行了试验，本书探讨的是如何借助对旧金山湾区一系列案例的研究，[7]帮助这些政治框架形成一种健康城市规划的新做法。若想调查研究健康城市规划政治，那么旧金山的城市和区县以及整个湾区就是最佳地点，因为该地区正努力解决很多助长后工业城镇区域社会和健康不平等的推力，比如可支付性住房的减少、居住区高度隔离（hyperresidential segregation）、高薪低技能工作的流失、地区土地使用的扩张，再加上不同社区在运输、超市、开放空间和其他促进健康的措施便利性等方面的不平等。但同时，整个地区的当地政府和公民组织也经常进行创新，使环境健康和社会政策在未来国家、民族，以及某些情况下的国际政策行动等方面起到带头作用。举例来说，湾区的城市禁止使用含铅汽油，制定了国家首例《可持续性计划和预防原则》（*Sustainability Plan and Precautionary Principle*）条例。旧金山城区禁止零售药店出售香烟，设立了全国最大胆的城市循环系统、堆肥和"零固体废物"（zero-waste）方案，同时也是首例试图为居民提供全民保健服务的城市（Knight，2008）。

研究湾区的人口健康同样重要，这可能会让人感觉惊讶，但其原因的确在于该地区是全美国最不健康的都市区域之一。比如，在一项追踪以达到《2010 全民健康》（*Healthy People 2010*）为目标的 100 座美国最大城市的研究中，其结果显示，旧金山、奥克兰、圣何塞（湾区三个最大城市）排在最低的五分位，屈居纽约、洛杉矶、芝加哥、迈阿密、亚特兰大之后（Duchon，Andruis，Reid，2004）。旧金山的社区也同样受着健康不公平问题的困扰。举例来说，比起其他种族背景的城市居民，旧金山的非洲裔美国人都更有可能因为各种死因而少存活数年（Aragon 等，2007）。非洲裔美籍旧金山居民中的婴儿死亡率为每千名新生儿中就有 11.6 例死亡，而白人中则为 2.8 例，整个城市也不过是 4.1 例（BHSF，2004）。在旧金山出生的非洲裔美籍婴儿中，低出生体重的比率高于 16%，而白人的比率为 6.2%，整个城市的比率则为 7.4%。在以非洲裔和拉丁裔美国人占多的湾景猎人角街区，近 17% 的人口因成人糖尿病而接受住院治疗，而田德隆区（Tenderloin）社区三分之二的人口都是有色人种，这里的慢性疾病发病率仅次于湾景（BHSF，2007）。市场街南区（South of Market area，SoMa）半数以上的人口都是拉丁人和亚洲人，这里拥有旧金山城区最高的精神疾病患病率（BHSF，2007）。

深入观察一个地区的城市治理还有另外一个目标,就是提供"丰富的描述素材"（thick description）,强调需求有别,有助于促进健康公平的规划实践的地方特质也不可能相同。很多研究都旨在探索土地使用规划和健康之间的联系,旨在确定"最佳实践"或通过模仿得到改善的可能性,尽管如此,本书中的案例则强调从业者应当考虑到地方的文化特殊性,不可寻求一体适用的调解方法。通过探索旧金山湾区健康城市规划的政治和文化挑战,本书中所呈现的案例提供了对复杂的都市区域内部及整个区域的分析和比较,表明对于该区域和那些可能促进城市中实现健康规划无处不在的地方来说,单靠一己之力是不可能完成的。

19

案例

本书围绕三大案例展开,详述了旧金山和整个湾区的政府机构、社区活动、研究人员和其他人是如何试图进行健康城市规划的。每一案例都描述了传统规划问题,比如住房开发、社区区划调整规划、环境影响评估过程,以及起草总体规划等这些是如何被重构为健康和公正问题的,也阐述了这一重构对制度性实践所产生的影响,以及该过程的结果为什么有望促进健康平等。之所以选定这些案例,是因为它们从城市事宜和问题为何被重新定义为健康公平问题,到所有学科和机构中的新制度实践如何组织而来,再到用以支持健康城市规划的新证据基础的搜集和公共论证,都强调了健康城市规划政治中的某一个或多个关键问题。这些案例还强调,健康城市规划并非单一的做法,而是一整套实践,比起规划机构来说,它更有可能出自以社区为本的组织和公共卫生部门的努力。每一案例都探索了上述结论出现的可能原因,强调了重新建立旧金山湾区城市规划与公共卫生之间联系的障碍和机遇。这些案例包括环境健康实践的重构、健康城市发展,以及在城市地区规划中运用健康影响评估。

重构环境健康

在旧金山湾景猎人角街区,环境正义人士为了督促政府机构解决社区中的毒物暴露和健康问题,已经努力了数十年,这些人士对帮助重构城市中的环境健康实践起到了重要作用。当地活动家们与旧金山公共卫生局（San Francisco Department of Public Health, SFDPH）环境健康科一起合作,探索疾病与污染之间的关系。该合作伙伴进行了一项社区健康调研,出乎该机构意料的是,该调

20

研结果显示,对于社区成员来说最严重的环境健康问题当属暴力、健康食物的获取、与可支付性住房的供应问题,而非污染问题。该合作伙伴还在旧金山公共卫生局内部共同开展了新项目和计划,力图解决社区问题,其中还包括一项重点解决湾景区食品安全多种决定因素的项目。本书第五章探讨了旧金山公共卫生局内部出现这一转变的原因和方式,同时还研究了当地和国际社会运动合力改变整个机构健康促进策略的方式。我对促使环境健康重构的因素,以及体现新定义的新实践的助力进行了详述。该案例同样强调,是那些政治条件促使环境健康的新定义影响到非卫生组织,尤其是城市规划部门和以社区为本的活动家群体。

健康城市发展

在第二个案例中,探讨的是城市发展项目如何应用旧金山公共卫生局的环境健康新导向。在三一广场(Trinity Plaza)重建这一项目中,开发商计划拆掉租金控管的建筑,在该地段建设一座符合市场利率的公寓。教堂区反搬迁联盟(Mission Anti-displacement Coalition)作为一个以社区为基础的组织联盟,在 20 世纪 90 年代网络泡沫化的数年间一直努力阻止快速绅士化和房地产价值的不断上升,在其敦促下,旧金山公共卫生局分析了三一广场这一项目在住宅位移和住房难以负担等方面对人体健康所造成的可能影响。规划和健康机构之间就住房健康影响及有关健康社会决定因素是否归于环境评估范围之内这一问题展开了争论,之后该分析作为此项目环境影响报告的一部分,现已提交。在第二个开发项目,林孔山地区规划(Rincon Hill Area Plan)中,旧金山收入水平较低的市场街南区已规划了新的高层公寓和高端零售商店。活动家和城市规划部门再度要求健康机构分析该项目所造成的"环境影响"。健康机构已经注意到该项目可能促生积极的和消极的健康社会决定因素,包括创造新的就业机会,以及通过建设异地可支付性住宅和尽量利用当地学校、交通与公园的现有容量,实现集中居住区分割。虽然这两大项目都是经过许可的,但为了减轻可能造成的健康影响,两者都有改建余地,比如在三一广场项目中,所有的可支付性住房得以确保保留;在林孔山项目中,开发商同意支付影响费用以支持当地组织管控的社会福利基金。该案例研究调查了健康机构如何初次参与规划进程、如何提出城市发展对健康所造成的直接和间接影响,又如何转变了环境审查过程以囊括健康分析。本书第六章强调了健康城市规划的关键政治问题,比如何时运用现有规划流程促进健康公平、方式如何,社区规划在促进健康发展中起到何种作用,以及重建市政公共卫生官僚机构与规划之间的联系所面临的体制挑战。

城市与地区规划的健康影响评估

第三个案例探索的是对旧金山土地使用规划问题的首次参与性健康评估，全称为东部邻里的社区健康影响评估（Eastern Neighborhoods Community Health Impact Assessment，ENCHIA），同时还探索了该进程对促进整个旧金山湾区规划实践健康影响评估的体制化所起的作用。东部邻里的社区健康影响评估囊括了超过 25 个不同的公共机构和非政府组织，由旧金山公共卫生局组织以允许其他群体协同评估区划调整的规划所带来的积极和消极影响。该进程提出了健康城市的集体远见，并对要依附于该远见的指标加以选择，收集新数据并进行空间分析以衡量这些指标，而且将这些数据合并到土地使用健康检查工具中，即健康发展衡量工具（Healthy Development Measurement Tool，HDMT）。该案例研究探索了东部邻里的社区健康影响评估的内部运作，包括该程序的设计和管理方式如何、所生产的产品，以及如何处理程序内容与方向之间的矛盾。我还探索了东部邻里的社区健康影响评估对整个湾区大都市区的规划实践所造成的影响。本书第七章调查了促使健康城市规划转变为健康地区治理的原因，比如包括政府和非政府组织在内的新联盟的建立，监管健康规划活动新网络的建构能够追究政府和私营部门的责任。

22

研究方法

这里所提到的案例取自 2004 年至 2008 年这四年间的调查研究，包括访谈、在公开会议上和城市机构内部的观察，以及原始文件的评论。旧金山公共卫生局环境健康科允许我查阅每一案例的文档记录，其中包含书面报告、原始数据，以及保密性电子邮件和会议记录。该健康机构还允许我追踪东部邻里的社区健康影响评估工作从开始到结束的整个过程，在此过程中，我参加了数十次会议，定期采访与会者，而且还观摩了旧金山公共卫生局的内部机构会议。我还对东部邻里的社区健康影响评估进行了三次评估，其中有两次是在该过程期间，另外一次是在其闭幕之时。这三次评估包括与四十多名与会者进行秘密的面对面访谈和电话访谈，还有一次借助了书面调查工具。此外，我还对每次会议做了音频记录，并做了对话记录。所有这些数据，包括访谈、调查和会议记录在内，都有助于我重建所有案例，因为很多东部邻里的社区健康影响评估的与会者同时也参与了这里所陈述的其他案例。我还对来自很多社区化组织和旧金山规划部门的员工进行了深入访谈，这里所述的每一案例中都有所提及。最后，我就每一案例的媒体报道进行了内容分析，以求了解国际评论如何表征案例背后的事件。

本书概述

本书第二章为文献评论，我对 19 世纪后期到 21 世纪现代美国城市规划与公共卫生的历史进行了评论。我注意到，这两大领域都是应改善城市最底层人口健康的需求而出现，由于每一领域都旨在通过新的卫生、住房与社会工程来解决传染性疾病问题，这一点有助于将这些工作结合起来。然而，领域中的这些工作由于 20 世纪的转变而出现分叉，除少数例外，城市规划和公共卫生专业又持续分化了一个世纪。我从五个时期追踪了这一脱节背后的政策、项目和科学：

1. 19 世纪 50 年代—20 世纪初，瘴气与卫生城市；
2. 20 世纪 10—20 年代，微生物理论与理性城市；
3. 20 世纪 30—50 年代，生物医学模式与病原城市；
4. 20 世纪 60—80 年代，危机与活动家城市；
5. 20 世纪 90 年代—21 世纪初，社会流行病学与韧性城市。

第二章着重讲述了这五种相互关联的主题如何将这些领域分开，而且分别将它们推离其社会正义根源：

1. 通过消除和取代人类或摧残身体来回应健康和城市危机；
2. 依靠技术理性和生物医疗科学；
3. 道德环境主义或认为理性的物质性设计能够改变穷困人口的社会条件的信念；
4. 城市作为实验室而非实地的科学表现；
5. 不断增加的专业化、官僚碎片化以及专业技能。

该章节总结表明这些主题仍然编码于规划和公共卫生体制内。在当代，若要解决健康城市规划问题就必须找到方法克服这些挑战，重建与这些领域社会正义根源之间的联系。

在第三章中，我将展示当代城市规划进程为何通常无法解决健康的社会决定因素，并由此导致城市中长期存在健康不公平。通过环境影响评估过程的例子，我展示了规划进程可能如何与健康的社会决定因素对接，并回顾了规划实践对人体健康产生积极和消极影响的多种形式。我们通常关注的规划实践结果包括交通系统、住房以及不同的土地使用，除此之外，我还考虑了规划实践如何能够对人体健康成果做出贡献。

在第四章中，我提出了一种框架，以回应第二章所概述的政治与制度性挑战以及第三章所描述的不利健康结果。我考虑了一套替代问题框架，该框架建立在引言所概述的健康城市规划的政治条件基础之上，即人口健康、场所的关系视角、治理进程以及对权力的关注。问题框架包括通过以下方面转移：

1. 由通过消除策略回应危机，转变为通过防范和预防来促进健康；
2. 由依赖科学理性转变为科学与政治知识协同产出；
3. 由物质决定主义转变为场所关系视角，其中物质与社会特征，以及赋予场 24 所的意义都必须是分析和政策所关注的焦点；
4. 由城市作为实验室的观点转变为体现实地和人口健康的城市观点；
5. 由专业化、官僚碎片化以及专业技能转变为制定新的地区政策与健康平等监管网络。

通过这些新的问题框架，我恰好帮助分析了旧金山湾区健康城市规划试验的案例研究。

在第五章中，我提出了第一个案例研究，揭示了环境健康被重塑为体现健康平等的社会决定因素的方式。在第六、七两章中，我对促进或妨碍健康城市规划框架施行的政治条件进行了分析，规模涵盖社区到地区。

在第八章这一总结性的章节中，我从案例研究中吸取了规划和城市政策制定的关键经验和教训。再次回到第四章中所概述的分析框架，我又评估了这些案例执行这些政治条件的程度、除这一框架之外促进健康和平等规划的必要附加因素，以及该框架和案例研究所体现的普遍政策经验。我重点强调，健康城市规划的政治将持续进行，必须与新出现的健康社会决定因素科学对接；同时，也需要在与政府机构、社区团体、科学家以及其他人的合作中，通过实践不断学习。在本书的最后，我建议城市规划师、公共卫生专业人士和社区成员应力图规划出更为健康和平等的城市。

1 在社会弱势群体中，例如贫困，少数民族、妇女和其他持续遭受社会劣势或歧视的群体，与更有利的社会群体相比，系统地经历更糟糕的健康或更大的健康风险；这种健康不平等在两种社会群体间存在差异。社会优势是指一个人在财富、权力及威望所决定的社会等级中的相对地位（Braveman,2006）。

2 联合国人居署（The United Nations Center for Human Settlements，UN-HABITAT）在其"包容性城市"（Inclusive City）宣言和全球城市治理运动中强调，持续的斗争和冲突是城市治理中固有的。联合国人居署将城市治理定义为：

> 个人和公私机构用以规划和管理城市公共事务的众多方法的总和。它是一个解决各种冲突或不同利益以及采取合作行动的持续过程，包括正式的制度，也包括非正式的安排和公民社会资本。良好的城市治理必须使女性和男性能够获得城市公民的利益。基于城市公民原则，良好的城市治理要确保任何男人、女人或儿童都不能被剥夺获得城市生活必需品的权利，包括足够的住房、保有权的保障、安全用水、卫生设施、干净的环境、健康、教育和营养、就业以及公共安全和流动。通过良好的城市治理，为城市公民提供一个能够充分发挥他们的才能来改善社会和经济条件的平台。（UNCHS，2007）

3 科学哲学家托马斯·库恩（Thomas Kuhn）所描述的"常态的"科学在意义上是范式的。

4 "上游"指的是一个英雄总是从河里拯救一个又一个的溺水者，却从不考虑有人在上游把人推到水里的问题。

5 虽然这里所提的关系的概念看起来很抽象，但这是大部分社会学思想的基础想法。例如，卡尔·马克思（Karl Marx，1978：247）提出，社会不是由个人组成，而是表达了相互关系的总和以及个体之间所代表的关系。

6 结构性种族主义不同于人际（个人对个人的）和制度性种族主义。个人种族主义是一个人对另一个人的公然歧视，可以是恶意或无意的。制度性种族主义往往是正式规则和法律的结果，如学校隔离和《吉姆克劳法》（Jim Crow Laws）。结构性种族主义强调分析、行动认知及处理解决：①种族主义是一种社会的，而不是纯粹的个人结果；②种族主义的影响；③公开的及隐蔽的种族主义的含义；④当代种族间悬殊的差异的一部分是源于历史常态和环境条件，其中一些是在没有种族目的的情况下建立的。

7 旧金山湾区由旧金山、马林、纳帕、索诺玛、索拉诺、康特拉科斯塔、阿拉米达、圣克拉拉和圣马特奥九个县的700多万人组成。

第二章　追溯城市规划与公共卫生的起源

　　"为了促进健康，我们必须限制对土地的过度开发。慈善机构在拥堵地区是过度开发最强有力的帮手。政府必须防止慈善机构仅能起到缓解的作用……税收是民主获得社会正义最有效的工具，包括城市规划……没有规划的城市就如同无舵之船。"这是本杰明·克拉克·马什（Benjamin Clarke Marsh）在《城市规划导论：民主对美国城市的挑战》（*An Introduction to City Planning: Democracy's Challenge to the American City*）一书的开篇。该书出版于1909年。几周后，首届以城市规划和拥堵问题为议题的全美大会召开。与此同时，纽约人口拥堵问题组委会（Committee on the Congestion of Population, CCP）还举行了一次展览。该委员会的领头人就是马什和其他进步人士，包括佛罗伦丝·凯莉（Florence Kelley）和玛丽·辛克诺维奇（Mary Simkhovitch）。这本书与这次展览皆为关于塑造城市规划这一新兴专业的讨论，也确保了对人体健康与社会正义的关注成为这一新领域的首要使命。

　　20 世纪初，城市规划由建筑师和工程师主宰，他们对马什的评论观点及其社会福利议程不屑一顾。最尖锐和公开的回应来自小弗雷德里克·劳·奥姆斯特德（Frederick Law Olmsted Jr.），他是著名景观建筑师和美国环境卫生委员会（United States Sanitary Commission）首任秘书长之子。年轻的小奥姆斯特德义愤填膺，认为马什在嘲笑他关于规划师是舵手的比喻。马什说，舵手"总是坚持他所预见的方向，而无视目光短浅的船员们喧嚷着敦促他转向近在眼前的平稳水域"（Olmsted Jr, 1908: 6）。然而，小奥姆斯特德并未直接回击马什，而是在第二届全美城市规划和拥堵问题年会的主题演讲中，提出完全不同的规划专业议程。他宣称：

在我们面前，真正的城市规划正在产生前所未有的复杂统一、丰富广度和衍生分异；在我看来，这个会议的主要目的之一就是协助在这个复杂领域内各种不同的工作者更加清晰地理解这些相互关系。城市规划的理想之处在于，所有这些活动，所有构成物质性城市的组成部分的规划活动，都应当被协调统一起来，最大限度地降低各种目的之间的冲突和重复建设；由此确保此条件下的城市人民最大限度地实现高效生产、健康和享受生活（Olmsted Jr，1910：3）。

凭借其显赫的出身和在全美的突出地位，小奥姆斯特德提出了植根于城市美化理想的规划愿景，认为城市规划的目标是美学、效率和综合物质性规划，而不是社会公正。他以勾勒出界定城市规划的三个独特问题——交通运输、公共空间设计和私人土地开发——作为其主题演讲的结语，而改善城市贫困人口健康与福祉的战略显然不在其中。

《美国城市规划的诞生，1840—1917》（*The Birth of City Planning in the United States, 1840-1917*，2003）一书的作者乔恩·彼得森（Jon A. Petersen）认为，马什和小奥姆斯特德之间的争论"与华盛顿特区的麦克米伦规划（McMillian Plan）齐名，是美国城市规划诞生的确定性事件"（在《美国城市规划的诞生，1840—1917》一书的第 245 页），并且对于理解城市规划是如何以及为何会兴起成为一个全新学科（而不同于其他关注社会福利的学科）是至关重要的（在该书的第 248 页）。虽然马什和小奥姆斯特德都认为规划是一种变革的工具，但马什希望从"人口拥堵"（population congestion）切入，通过设立新的城市税种、限制私有产权和增加政府规章来解决不平等问题。而小奥姆斯特德则将该领域视为建筑和工程领域的新的技术性延伸。小奥姆斯特德及其支持者们最终占据优势；到了 1911 年的第三次全美城市规划大会，"人口拥堵"已然从会议主题中消失。

然而，除了小奥姆斯特德和马什之争外，还有哪些社会、政治和科学力量对于早期城市规划被界定为技术和设计主导的领域起到过帮助？公共卫生对于城市规划方面发挥了什么作用，而城市规划师对于环境健康领域又有何影响呢？对于旨在重建健康和公平城市规划领域的努力，城市规划和城市公共卫生的历史轨迹又可以提供哪些经验教训呢？本章将通过对现代城市规划和公共卫生的批判性历史回顾，对这些问题以及其他问题进行解答。

迈向城市规划和公共卫生的关键历史

尽管城市规划与城市本身一样历史悠久，但由城市政治、社会以及物质层面的治理组成的现代规划专业则源于像马什和小奥姆斯特德之间这样的争论。现代公共卫生的出现旨在解决城市规划师同样关注的部分问题，包括城市传染性疾病的暴发，以及使无序的城市更为有序。然而，当前这两大领域之间的联系并不大。本章探讨了公共卫生与城市规划分离背后的原因，以及两者的分离对环境健康科学和城市管理机构产生的影响。之所以回顾历史，是为了揭示当代重建领域间联系所面临的一些挑战，这也将在随后的章节中进行探讨。这两大广阔而复杂领域的整体历史——从 19 世纪后期一直到 20 世纪——超出了本章的（讨论）范围和意图；我将通过考察每一领域中的重要事件和全民运动，强调长期持续的趋势和权力机制的出现。为了完成这一回顾，我将通过一系列交叠的主题来定位城市规划和公共卫生的历史，主题范围如下：消除隐患、科学理性、道德环境主义以及专业化，这些都会将城市塑造为一个"检验点"（truth spot）。[1]

正如本章所示，在应对真实的或感知的城市危机（perceived urban crisis）时，城市规划和城市公共卫生的出现，带来了物质性清理和排放技术（physical removal and displacement）——清除垃圾、基础设施以及"病原"人（"pathogenic" people）。这一点从卫生时代（Sanitary Era）的垃圾清理项目到第二次世界大战后的种族歧视性房屋和城市更新政策中均可见。其次，从污水处理系统的建设到新的城市管理机构的创立，科学理性（scientific rationality）为物质性干预和建立新的政治与社会机制提供了正当理由。塑造这两大领域的第三个主题是道德环境主义的信念，或者说尤其是对于贫困人口而言，理性的、物质性的城市设计能够改变其社会条件。本章还讨论了科学在这两个领域是如何帮助新的技术专家和公共行政人员的（实现）专业化进程，包括如何切断了他们曾经共同的知识基础，如何创造了专门化的官僚机构、学科界限和技术专家精英组织。最后，我探讨了"城市"（the city）为何被视为每一领域中科学真理的所在地——既是作为分析的实证性参照物，也是开展合法调查的实际场所，以及为何在 20 世纪的最后 20 年间又随着这一认知的式微而使两大领域分崩离析。在整个历史回顾中，我强调科学在城市政策合法化过程中所起的核心作用。科学将城市塑造为实验室，即一种具有限制性和控制性的环境，其无地方性（placelessness）使普遍化成为可能。而城市也能被科学塑造为实践场地，在这里，调查员、民族学家以及其他可感知地方独特性的人将揭示已经存在的现实情况。

28

19 世纪 50 年代至 20 世纪初：瘴气与卫生城市

在美国内战前夕，美国的城市处在快速工业化阶段，并试图应对过度拥挤的住房、有毒的工业和人畜垃圾，以及伤寒、霍乱和黄热病等灾难性的传染性疾病（Reps，1965；Riis，1890）。城市社区被描述为黑暗肮脏的贫民窟（Woods，1898），被指责为城市生活的社会"病原"，包括暴力、犯罪、"道德松懈、不良习惯、无节制以及失业懒散"（Boyer，1983：17）。美国新成立的市政卫生委员会向欧洲卫生机构寻求解决方案；在欧洲，研究人员假设瘴气（污秽和污浊的空气）是病原体，是疾病暴发的罪魁祸首。

艾德文·查德威克（Edwin Chadwick）于 1842 年所做的《英国劳工卫生状况的报告》（*Report on the Sanitary Conditions of the Labouring Population in Great Britain*）是一份颇具影响力的欧洲报告，记录了"贵族和专业人士"阶层的寿命要长于"劳动者和工匠"，并声称死亡率因不同居住区的社会性和物质性条件的差异而不同（Chadwick，1842）。查德威克的成果和研究方法受到法国流行病学家路易斯·雷内·维勒梅（Louis René Villermé）的影响。维勒梅早在此之前就证明巴黎越富有的社区或行政区，人口越健康（表 2.1）。这些报告首次清晰地表明，健康远非固化确定的，而是承载着地方导向的经济不平等的印记，并可能会受到政府政策的影响。

表 2.1 维勒梅 1817 年法国巴黎健康梯度数据，通过统计社区内免税租金的百分比（只有富人需要支付税收租金）估算社区的财富水平所得

行政区（社区）	1817 年人口（人）	免税租金百分比（%）	总人口的年平均死亡比例
2（最富有）	65 623	7	1/62
3	44 932	11	1/60
1	52 421	15	1/60
4	46 624	15	1/58
11	51 766	19	1/51
6	72 682	21	1/54
5	56 871	22	1/53
7	56 245	22	1/52
10	81 133	23	1/50

表 2.1（续）

行政区（社区）	1817 年人口 （人）	免税租金百分比 （%）	总人口的年平均死亡比例
9	42 932	31	1/44
8	62 758	32	1/43
12（最贫困）	80 079	38	1/43

来源: 改编自 Krieger & Davey-Smith, 2004: 93

在查德威克这一具有里程碑意义的报告发表的两年后（1844 年），弗里德里希·恩格斯（Friedrich Engels）出版了《英国工人阶级的状况》（*The Conditions of the Working Class in England*），记录了英国曼彻斯特周围地区的死亡率根据物质性条件可分层为三类街道和住房（Engels，1968）。他还发现，"儿童时期所遭受的痛苦不可磨灭地烙印在他们身上，并伴随着他们成长"（1844: 115）；恶劣的工作条件、不良饮食、住房供应不足，以及缺乏医疗保健都对身体产生了积聚性的影响。恩格斯提到（1844: 118-119）：

> 所有这些不利因素累积起来损害了工人们的健康。他们中几乎找不到几个强壮的、体格良好的、健康的人……大多都身体虚弱、身形消瘦且面色苍白……他们虚弱的身体再也无力承受疾病，一旦出现感染传播开来，他们就会成为受害者。因此，他们容易早衰或早亡。现有的死亡率统计数据可以证明这一情况。

虽然查德威克的报告建议建设新的公共住房并开展社区改善，并未指责什么；而恩格斯则指责当地污染性工业导致了不健康的工作场所和社区，并认为必须解决资本主义的敌对阶级关系，从而改善公共健康。美国的城市同样面临着不断增加的健康不平等问题；继两份相似报告发表之后，关于卫生的争议才凸现出来。

纽约市首席卫生检查员约翰·格里斯科姆（John H. Griscom）出版了《1845 年纽约劳动人口卫生状况》（*The Sanitary Conditions of the Laboring Population of New York in 1845*），其中所运用的研究方法和提出的建议均援引自查德威克的报告。五年后，马萨诸塞州卫生专员莱缪尔·夏塔克（Lemuel

30

27

Shattuck）出版了《1850 年马萨诸塞州卫生委员会报告》（*Report of the Sanitary Commission of Massachusetts in 1850*）。这两位早期公共卫生学家所倡导的改革包括了住房改善、饮用水和废水处理系统建设，以及定期的街道清洁和垃圾清理。美国的公共卫生学家反对查德威克为贫困人口建设公共住房的建议，也不支持恩格斯对资本主义制度重组的要求。他们倾向于选择功利主义的改革方法。正如巴罗斯和华莱士所提到的（Burrows & Wallace, 1999: 785）：

> 格里斯科姆与传统资产阶级思想存在多处显著的偏离，其一是拒绝因破败的住房指责贫困人口。他知道，缺乏淡水和充足的卫生设备使居民无法保持清洁和虔诚的家……另一方面，他也不像改革者们那样责怪富人。相反，他号召富人提供体面的住房，不仅是作为"一种对贫困人口公正和人性化的衡量标尺"，也是从自身利益出发。因破败的住房会意味着工人患病，而患病的工人就意味着低利润、高救济支出和高税收。

尽管报告中表明需要采取实际行动，而且提出不卫生的环境条件会危害所有人，但报告中提议的大部分城市卫生改革措施在其发布时并未受到重视。[2]

重建占据了当时整个日常政治议程。大部分美国人普遍不信任中央集权政府，他们转向所在选区的政治家或私营团体，寻求供水、街道卫生，甚至消防等重要的城市服务。同时，城市污染被视为进步的标志，而非潜在危害。私营工业因其有潜力提升生活水平、促进消费而备受推崇。随着士兵、新近解放的奴隶和欧洲移民涌入城市区域，公共卫生专家认为他们所提议的改革会改善贫民区居民那些不遵守规则和不受欢迎的特质，从而"在堕落恶行之下出现对社会负责的人"（Boyer, 1983: 18）。公共卫生专家将经济效益、公共卫生与道德论辩结合起来，开始获取所需的政治支持，以实行改革，并将城市规划专业与公共卫生联系起来（Duffy, 1990）。

种族主义、卫生工程以及垃圾处理

公共卫生专家提出这样一种观点，即物质性罪恶（physical evils）会导致道德罪恶（moral evils）（Rosen, 1993）。这一点有部分的必然性，就像富人和精英们普遍认为贫穷会孕育罪恶行径，最终导致疾病。但这种观念同样植根于种族主义，包括科学家和医生在内的许多精英都认为穷人、移民，尤其是非洲裔美国人存在基因缺陷，会导致不道德行为的出现和传染性疾病。这一种族主义科学提出了可疑的观点，认为种族是一种有根据的生物学类别，决定种族的基因与决定健康的基因有关，人口健康很大程度上取决于人口的生物构成（DuBois，1906； Kevles，1985）。虽然这些优生思想缺乏科学价值，但它们巩固了公共卫生实践中的这一顽固信念，即认为种族是一种生物类别且健康行为能够通过干预物质性环境而改变（Cooper & David，1986）。

之前主流的医学和科学观点认为，固有的种族优劣应归咎于白人与黑人之间的健康差异，而杜波依斯（W. E. B. DuBois）等人的开创性成果挑战了这一观点。在 1906 年编辑出版的《美国黑人的健康和体质》（*The Health and Physique of the Negro American*）中，杜波依斯分析并使用来自南方和北方城市的数据证明，与白人相比，非洲裔美国人所面临的健康不平等问题原因在于其经济、社会和卫生条件更为落后。杜波依斯（1906[AJPH 2003：276]）在一项关于费城非洲裔美国婴儿死亡率的研究中提到：

> 目前费城过高的婴儿死亡率已经不再是黑人的问题，而是社会条件的指标。当前白人婴儿死亡率是黑人婴儿死亡率的三分之二；但 20 年前，白人婴儿死亡率一直高于现在的黑人婴儿死亡率，只有在过去的 16 年内才低于如今的黑人婴儿死亡率。因而疾病是社会与经济情况的一个表征。

为了应对健康危机，卫生工程师（sanitary engineer）开始调整优化新的城市基础设施建设，而这些干预措施，例如淡水输送系统，似乎可以改善人口健康状况。然而，在 19 世纪 90 年代之前，城市卫生干预措施通常由私营公司运营并提供资金支持，而这些私营公司只为那些有能力支付的人提供服务。正如乔尔·塔尔（Joel Tarr）1996 年在《寻找终端污水槽：历史视角下的城市污染》（*The Search for the Ultimate Sink: Urban Pollution in Historical Perspective*）中所提到的，直到 19 世纪的最后几十年和 20 世纪初期，大多数城市才认识到，只有大规模改善如生活污水管道和饮用水系统等基础设施，才能够改善所有居民的生活状况，防止疾病蔓延；但前提是所有人都能获取这些服务。截至 1910 年，在超过三万人口的城市中，超过 70% 拥有自来水管道（Schultz & McShane，1978：393）。而这种新的公共基础设施需要新的城市官僚机构，以及区域性官僚机构来提供长期的财务计划和持续性的管理与维护。从工程方面推动的健康城市发展导致了多样化的、通常是碎片化的城市官僚机构的出现，包括垃圾收集、淡水、污水处理以及住房等问题的相关机构（Peterson，1979）。

然而，提供饮用和沐浴的清洁水并不会终结环境污染或疾病。城市现在面临着处理大量污水的问题。物质性和技术性方案占据了主导地位，比如铺设街道来改善地表排水和污水管道状况，将废水从人口密集地区排放到沼泽和沿海湿地（Melosi，2000）。但是像伤寒这样的疾病仍在城市中蔓延，直到水资源和污水处理中广泛运用了过滤技术，城市地区的传染性疾病的死亡率才得以大幅下降（Meeker，1972）。

这一时期出现的卫生调查将物质性和社会性规划与公共卫生的目标联系到一起。在 1878 年孟菲斯市（Memphis）及其周边地区暴发灾难性的黄热病之后，相关机构开展了一项卫生调查，对城市内的每一街道、构筑物和单独地块进行描述，确定病发地点和可能"滋生"（breed）疾病的环境条件（Peterson，1979：90）。孟菲斯市的卫生调查是继 1864 年纽约市一项类似研究之后发起的，该研究得到了富商们的支持，因为他们认识到不健康环境的声誉阻碍了经济发展（Duffy，1990：134）。孟菲斯市的调查雇用了物理学家、化学家、工程师以及其他专业人士，开展了挨家挨户、走街串巷的彻底调研，最终推荐了一种综合性、适合全市范围的城市规划引导，包括建设新的供水系统和污水处理系统、摧毁简陋小屋、修筑沼泽堰塞、沿着水岸线开发公园，以及重修街道（Peterson，1979：90）。孟菲斯调查反对许多卫生改革中零碎的干预措施，转而提出了一种全市范围的卫生规划。[3]

传染（Contagion）：移除人群

当移除瘴气似乎并未减少疾病时，病人就从社会中被移除。传染，即认为有毒物质会直接从一个人传播到另一个人的观念，导致了大规模的，通常是针对海外移民的隔离检疫，同时也影响了国家对经济的干预，比如控制航运（Markel，1997）。1893 年通过的《全美检疫隔离法》（*National Quarantine Act*）要求海军医院服务部（后更名为美国公共卫生署）在国家检疫隔离站对国外人士进行筛查，防止"白痴和精神不正常的人……有可能耗费公共费用的人，以及患有令人厌恶的或危险传染病的人"入境（Mullan，1989：41）。然而，受医疗条件影响，各地区的移民拒签率参差不齐，反映出代表这一时代特点的种族和民族隔离。在 1894 年到 1924 年间，由于医疗原因，抵达爱丽丝岛的欧洲移民平均有 1% 的人被遣返；而在旧金山海湾天使岛抵达的中国、日本和韩国移民约有 17% 被遣返（Daniels，1997：17）。

旧金山市内也同样开展了隔离检疫工作。1900 年 3 月，旧金山公共卫生官员发现了一具似乎是于死于腺鼠疫的中国移民的尸体后，他们用绳子隔开了唐人街周围的十五个街区。近两万五千名中国人被隔离检疫，该区域非白人拥有的企业被迫关闭。同年 6 月，法院裁定隔离检疫属于种族主义，终止了该活动，并认为卫生官员采取了"邪恶眼光和不平等的手段"（Shah，2001：43）。在 1916 年流行性脊髓灰质炎暴发期间，纽约市区卫生署强行将孩子与父母分开，把他们带去进行隔离检疫。但允许有钱人的孩子待在家里，前提是能够给他们提供独立房间，并支付医疗费用（Garrett，2000：302）。

公共卫生这一领域通过创造新的疾病类别在推进隔离检疫工作开展中发挥了"关键作用"。虽然只有不到 3% 的新入驻移民在 1891 年到 1924 年间的任一年中被诊断出患有传染病，但还有更多的人因慢性心理或道德状况受到隔离检疫，比如"弱智"和"素质性病态人格低下"（constitutional psychopathic inferiority）（Markel & Stern，2002：764）。传染病政策往往会戴着科学的面纱来掩饰其社会排斥政策的本质（Brandt，1987）。

公园和游乐园

在此期间，移民的命运同样影响了土地使用规划。改革者们认为，需要建设公园和户外休憩区来减轻拥挤的城市居住环境，并提供绿色"呼吸空间"（breathing space）。在为拥挤的居住环境提供一些缓解的同时，城市公园的建设也使一些原本居住于新规划区域内的人被迁移。例如，纽约中央公园的建设利用土地征用权，迫使 1 600 多人搬离原址，其中包括一个非洲裔美国业主社区、教堂，以及一个叫作塞尼加村的公墓（Rosenweig & Blackmar，1992）。大多数城市公园同时也反映了种族隔离，对非洲裔美国人和白人的区域进行隔离。

"游乐园运动"（The Playground Movement）倡导创造户外锻炼空间，并对城市公园仅仅用于休闲和发呆提出了挑战。该运动主要由那些力图建设城市的户外锻炼空间，用以保护孩子远离街道并提供结构化的游戏时间的女性组织。很多游乐园都坐落于学校周围，因此健身房、阅览室以及浴室都可以满足儿童休闲、读书和卫生的需求。然而，游乐园运动通常存在性别区分的问题，户外锻炼的目标人群为男孩，而女孩多为接受室内教育（Gagen，2000）。该运动还因教导移民儿童"合作游戏和服从权威"而为人所熟知（Boyer，1983）。公共浴室经常会建于新的游乐园内部或附近。纽约改善穷人状况协会（Association for Improving the Condition of the Poor，AICP）是一家私人慈善机构，为穷人建设了第一个公共浴室，其动机很大程度上是认为贫民窟居民需要净化道德污秽和清洁身体污垢（Williams，1991：24）。

安置所运动（The Settlement House Movement）

安置所运动中的改革者们同样将规划和公共卫生工作联系起来（Lubove，1974）。安置所由进步的白人发起，他们志愿与穷人一起生活、共享文化，并成为其社区的一部分。安置所组织并教导新移民美国中产阶级白人的语言、工作习惯和养育子女的方式（Carson，1990）。他们还为赤贫的社区居民提供食物和日常用品，向他们开放沐浴设施、图书馆、艺术活动以及社交活动。芝加哥的赫尔馆（Hull House）由珍妮·亚当斯（Jane Addams）建于 1889 年，是最为著名的安置所之一，曾安置了很多那一时代的进步性改革者，如爱丽丝·哈密尔顿（Alice Hamilton）和佛劳伦斯·凯丽（Florence Kelley）（Hamilton，1943）。这些女性受到新兴的芝加哥社会学派的影响（该学派曾发起社区对福祉影响的研究），与居民一起记录不健康社区和工作场所的状况，代表居民倡导制定新的社会政策（Deegan, 2002; *Hull House Maps and Papers*，1895）。[4]

赫尔馆对城市科学做出的一大重要贡献是参与了 1893 年美国国会赞助的一项题为"对大城市贫民窟的特别调查"的研究。赫尔馆的居民佛劳伦斯·凯丽被选定牵头开展芝加哥贫穷状况的调查；她征募了其他居民来设计有关邻里条件和居民的社会和身体问卷调查（图 2.1）。赫尔馆的居民从查尔斯·布斯（Charles Booth）对伦敦贫困状况的地图（Booth，1902）中汲取灵感，也将他们在每一街道的每一居民的国籍、薪资以及就业史绘制成图，通常用颜色来展示家庭之间的差异。这份国籍地图对于展现芝加哥一片小区域内 18 个不同国籍的"混合"，以及邻里的社会等级尤为重要：黑人汇集于环境最恶劣的街区，意大利人和犹太人沦落到移民公寓的后侧房间（O'Conner，2002：29 ）。调查结果和地图收录于《赫尔馆的地图和论文》（*Hull House Maps and Papers*），此书于 1895 年出版。虽然该书并未解释贫穷和社会失序的原因，但它是美国首例揭示社会现象的空间模式并运用地图作为城市社会正义运动工具的尝试（Philpott, 1991）。

(D. L. – 268.)

美国劳工部
1893

城市社会数据

特殊专家

城市名 ···

公寓计划

1.普查统计区域	2.选区	3.按照到访顺序的住房号码	4.按照到访顺序的公寓号码	5.房屋门牌号和街区

6.住房层数? ···

7.住房内部公寓数? ···

8.该公寓在哪一层? ···

9.该公寓内的房间数量? ···

10.该公寓内的户数? ···

11.该公寓内的人数? ···

12.该公寓的周租金多少? ···

13.该公寓内的浴室如何? ···

14.该公寓内的洗手间如何? ···

15.该公寓的厕所? ···

16.该公寓的庭院? ···

17.庭院大小? ···

18.晾衣处在哪? ···

19.光线和空气如何? ···

20.通风如何? ···

21.清洁度如何? ···

22.外部卫生条件如何? ···

房屋

问题	房间1	房间2	房间3	房间4	房间5	房间6
23.用途						
24.尺度						
25.室外门窗						
26.夜间居民						

图 2.1 赫尔馆（Hull House）1893 年调查

来源: *Hull House Maps and Papers*, 1895

卫生时代与新兴城市科学

到 19 世纪末，现代美国城市环境健康规划兴起并成为一个运用物质性干预来应对城市公共卫生危机的领域。虽然规划与公共卫生共同解决了那时的卫生和住房改革问题，但推动理念的是物理性移除——移除"环境瘴气"，比如垃圾、废水、贫民窟住房、"沼泽地"等，以及移除"不受欢迎的和生病的"人。除了卫生调查，这些策略通常都很零碎，很少会解决由工业或消费行为所带来的环境垃圾等实际问题。在卫生学家看来，当地解决污染的方案就是移除和稀释，但下层的环境健康影响往往会被忽视，或者从未被发现。1908 年，美国总统西奥多·罗斯福评论说："在普通市民对资源的需求有所增加的同时，他们将倾向于失去对自然的依赖感。他们住在大城市里，从事的行业均与自然的接触不多，并没有意识到自身对自然的渴望。"（引自 Merchant，1993：350）虽然浴室、通风和防火等具体的住房改革改善了健康状况，但他们却很少为贫困人口建设新的公共住房（Marcuse，1980）。大多数改革都认为科学技术进步能够带来物质上的改善，能够使"病原"城市环境和"道德匮乏"的贫民窟居民更加有序、健康（Fairfield, 1994）。从卫生工程师到安置所工人的白人精英很少寻求组织基层多种族的"城市环境健康"社会活动，或者将其工作融入职业健康、安全以及环境保护的运动（Gottlieb, 1993; Holton, 2001; Merchant, 1985; Rosner & Markowitz, 1985）。[5]

这一时期的环境健康科学和政治管治实践也有相互联系。卫生技术的广泛应用推进了健康和福利责任规范方面的文化和政治转变。市政服务，尤其是供水和排污处理，从私人和工业领域转向了国家领域（Tarr，1996）。卫生学家们明确表示，想要成功地建设和运作饮用水及污水处理系统需要长远和综合的愿景，包括财政资源、土地征收权力、集中式行政管理，以及因健康危机而调整的政策权力，而这些只有政府才能提供（Rosenkrantz, 1972）。城市新技术需要在城市或区域内建立新的固定机构，从而建设都市供水和排污区，1889 年建立的波士顿大都市排污委员会（Boston's Metropolitan Sewage Commission）就是个中首例。

中央卫生机构的形成同样促成了一套新的通用专业技术的发展，工程师们认为这些技术将得到普遍应用。19 世纪 90 年代兴起的计算重大基础设施工程成本的多种模型，再加上标准设计和材料设置，带来了新的专业管理知识（Duffy, 1990）。卫生工程师也得到了曾经独属于科学家和医生的社会地位；有道德、谦逊、忠于真理以及情感中立使他们被视为无党派的专业问题解决者，他们遵守军队般的纪律和效率为城市利益而不是政治利益工作（Melosi, 2000）。1894 年的《工程社团协会日志》(*Journal of the Association of Engineering Societies*)声明："城市工程师之于城市，就像家庭医生之于家庭。他们不断被召唤，对与其专业相关的所有事物提供建议或指导。"(Schultz & McShane, 1978: 403) 然而，卫生学家作为城市健康专家的社会权威和合法性既非自动授予，又未被欣然接受。专家信誉通常都是通过积极声明和建立政治联盟来获得的，正如安置所的工作者，他们发挥了组织者、研究者和倡导者的作用 (Rosenkrantz, 1972)。然而这一时代还兴起了新的"城市科学"，一方面包括了科学和技术之间的同构关系，另一方面涵盖了城市的政治和行政组织。

20 世纪初—20 世纪 20 年代：微生物理论与"城市科学"

在新世纪之交，在公共卫生领域众所周知的是：瘴气和传染病都无法解释城市健康的某些方面，例如，在污秽无处不在的情况下，为何流行病只发生于某时某地。传染提供了一种解释疾病传播方式的理论，但并未解释疾病的来源。至此，公共卫生的推动理念转移到了微生物理论（germ theory）领域，即认为微生物是导致传染性疾病的特定载体（Susser & Susser, 1996）。医学治疗和疾病控制开始取代物理性的危害消除策略，公共卫生领域转向了旨在消除细菌的干预措施。

细菌学促进了研制帮助贫困人口免疫的疫苗的实验室研究，而不仅仅是去清洁他们的社区和工作场所。实验室的公共卫生研究还对饮用水、牛奶和食物进行病菌的微生物检测。这项研究对学龄儿童必须接种疫苗，以及城市饮用水供应必须进行氯化处理起到促进了作用（Leavitt, 1992）。公众对于受污染食物对健康影响的关注因为"黑幕揭发者"的出现而增加，比如厄普顿·辛克莱尔（Upton Sinclair），他于 1906 年发表了一篇关于芝加哥肉类市场区工作条件的报告《屠宰场》（*The Jungle*）。辛克莱尔的作品还推动了工会工作，他们在 1911 年纽约市区三角女装公司发生灾难性火灾后，获得工作场所改革的重大胜利。劳工团体想要通过诸如工人补偿法、童工雇佣规则、八小时工作制以及其他社会安全网保障等来改善城市人口的生活状况（Rosner & Markowitz, 1985）。

第一次世界大战后，各种负责垃圾收集、供水和污水处理、公害移除、学校卫生、住房和职业安全的独立城市部门已经建立（Duffy, 1990）。随着新机构的建立和针对城市问题的独立学科"孤岛"的出现，职业专门化程度提升，各领域间的协作式工作减少，进一步导致了公共卫生和城市规划的深度分化。运营公共卫生机构的医生们将住房、游乐场以及其他早期进步时代的环境改革视为昂贵的"社

39

会实验"（Kraut，1988）。公共卫生专员这一新阶层倡导从实验室研究中发现的"科学"的干预措施。虽然也有一些城市政府试图将进步的社会计划与临床干预结合起来。

邻里健康中心

　　20 世纪初期，城市规划的权力从联邦政府和国家资本主义手中转移到了自治市政府手中。这种" 地方自治"转变的实例之一是由联邦政府提供配套资金建设，根据《产妇和婴儿保护法》（*Maternity and Infancy Protection Act*，又名《谢陶二氏法案》，*Sheppard-Towner Act*）建立邻里健康中心等（Rosen，1971）。这些中心试图向穷人提供临床和社会服务，而不是迫使经济拮据的居民跋涉前往遥远的中心区就诊。健康中心最初兴起于密尔沃基和费城的主要移民社区，即辛辛那提的莫霍克—布莱顿地区（Mohawk-Brighton）、纽约下东区，以及波士顿西区（Nelson，1919）。只为非洲裔美国人服务的社区健康中心之一出现在亚特兰大，由一家名为社区联盟的女士俱乐部发起而成（Smith，1995）。到 1916 年，纽约市区超过 56 处奶站开始供应纯净的乳制品，其工作人员多由兼职护士组成，这些奶站同时也是母婴护理和托儿中心（Duffy，1990）。在当时的激进运动中，一位犹太医生受命任职于纽约下东区的健康中心，因为大家认为他是与当地文化联系最为紧密的人（Rosen，1971）。

　　健康中心的核心特征是由社区代表共同组成的街区委员会。这些委员们定期举行会议，为居民提供直接参与社区事务的机会，同时也利用健康中心医生和护士的专业技能（Sparer，1971）。街区工作人员代表居民意愿，访问住户，与中心服务保持联系，并在会议中提出他们的关注热点（Kreidler，1919）。另外一个由健康中心管理的专业委员会组织当地企业和专业人士团体，并收集他们对该中心工作的意见和支持。这两大委员会充当了社区规划机构，其他社区事务的进行必须要得到这两大委员会的支持（Gillette，1983）。社区健康中心是具有临床护理能力、社区资源以及当地居民集中参与和融入其中的一站式服务（Bamberger，1966）。

　　虽然社区健康中心将社会和物质性规划与为穷人提供的健康服务相结合，但它的数量在第一次世界大战后迅速减少。其他医生和强大的美国医学协会批判指责中心实行的"社会化医疗"（socialized medicine）削弱了他们的政治和财政支持（Rosen，1971）。《谢陶二氏法案》于 1929 年失效之后，联邦就不再为社区健康中心发放配套资金。社区健康中心的衰落代表了这种私利时代的普遍趋势，即不论医生还是工厂老板都促使国家不得干预"自由"市场事务。

专业规划的早期论战：设计还是社会正义？

自 1893 年芝加哥举办世界哥伦比亚博览会之后，私营部门看到了营利机会，率先推动市域范围规划建设公园、主干道、公共建筑、艺术以及游乐场（Hall，1996）。该计划由丹尼尔·伯纳姆（Daniel Burnham）[6] 和爱德华·贝内特（Edward Bennett）于 1909 年提出，后来作为《芝加哥计划》（*Plan of Chicago*）为人所熟知，并在城市美化运动（City Beautiful Movement）中被引入美国规划中（Peterson，2003）。根据斯科特（Scott，1971：45-46）的说法，早期城市规划理想与卫生学家及其他进步时代改革者之间产生了紧张关系：

> 城市美化运动是公园和林荫道运动的延续与拓展，受商场、高级公共建筑以及欧洲城市常见的一切街道设施（比如喷泉、观赏长凳、雕塑以及纪念碑等设施）建设的启发。对审美的重视倾向于否决早期的、更为人道主义的基调，无疑会疏远一些社会工作者、移民公寓改革者以及崭露头角的社会学家；然而如果没有这一转向，美国在进入 20 世纪时，可能不会发展城市规划作为新的城市功能，也不会有致力于改善城市的新的专业团体出现。

芝加哥展览对于该专业的诞生可谓意义深远，但也因其排斥非洲裔美国人而值得注意。艾达·威尔斯（Ida B. Wells）、弗雷德里克·道格拉斯（Friderick Douglass）等人针对这次芝加哥世界博览会发表了一份严厉的批评，即《为什么美国有色人种不能参与世界哥伦比亚博览会》（*The Reason Why the Colored American Is Not in the World's Columbian Exposition*），威尔斯在前言中提到：

> 哥伦比亚向文明世界发出邀请，邀请人们一同加入美洲大陆发现四百周年的庆典……杰克逊公园到处都陈列着自然资源的展览品，以及艺术和科学的进步，却忽视了最能阐释她道德伟大之处的东西。由获得自由 25 年、反抗了 250 年奴隶制的种族举办这个进步展览，能够向这个世界展示美国进步体制中最大的贡献……有色人种是美国人口的重要组

成部分，并为美国的成就做出过不可磨灭的贡献，但是为什么这次世界博览会没能更明显地呈现并更好地代表他们？

城市美化运动的倡导者并未回应威尔斯，而这一新兴的美国专业带着设计美丽而高效城市的使命就此诞生。

然而，城市规划社会正义议程的支持者们，尤其是本杰明·克拉克·马什和纽约人口拥堵问题组委会，仍继续主张新的专业应当直接解决城市贫困人口的福利问题，要求专业人员应倡导建立独立区划的工厂区域，建设福利住房来缓解人口过度拥挤的状况；此外，可能最具争议性的是，设定新的税收政策以控制城市的房地产投机。根据发布的纽约市社区人口密度及死亡率数据并对比所有美国城市的死亡率，马什论证了城市地区人群健康分布的不平等，为他的城市规划社会公正议程提供了支持（表 2.2）。马什在其著作《城市规划入门》(*An Introduction to City Planning*, 1909) 中还提出，对规划专业的评判应当以其干预是否能改善最贫穷的城市居民的健康状况，而不是以其设计美观和高效为依据，他指出：

> 具有最高死亡率选区或街区的城市不会是健康的城市，而有着最难看的移民公寓的城市不会是美丽的城市。城市的后院而不是其前院的草坪，才是标准和效率的真正评判所在……原有的理论认为政府不能承担除了基础和限制性活动之外的职能，但这样的教条应该被改变，大胆地要求政府应有兴趣和精力来保持市民的健康、道德与效率，并投入同等努力和热情，正如他们现在试图但徒劳无功地弥补私人开发和对很多人权益的肆意无视。(Marsh, 1909: 27)

表 2.2　马什统计的关于部分美国城市平均死亡率的数据

城市	1901 年至 1905 年间居民的平均死亡率（‰）
新奥尔良	22.6
旧金山	20.9
匹兹堡	20.7
华盛顿	20.6
巴尔的摩	19.7
辛辛那提	19.3

表 2.2（续）

城市	1901 年至 1905 年间居民的平均死亡率（‰）
纽约	19
波士顿	18.8
费城	18.2
圣路易斯	17.8
布法罗	15.5
克利夫兰	15.5
底特律	15.2
芝加哥	14.3
密尔沃基	13.2

来源：Marsh, 1909: 14

但是，从支持者和批评者中得到最热情响应的并不是马什的人类健康议程，而是他的税收和政府管理改革。金融家亨利·摩根索（Henry Morgenthau）在首届全美规划大会上所做的演讲中表示，规划师们"已经开始道德觉醒……现在存在着一个魔鬼（拥堵）正四处啃食着国家的命脉……一个滋生疾病、道德堕落、人心不满以及社会主义的魔鬼，而所有这些都必须得到救治和根除，否则我们伟大的国家将被逐渐削弱"（*Proceedings of the First National Conference on City Planning*, 1909: 59）。首批城市规划文本之一的作者尼尔森·路易斯（Nelson Lewis）在其书《现代城市的规划》（*The Planning of the Modern City*）中提到：

> 有很多人认为城市规划的主要任务都是社会性的，即住房问题，为人们提供消遣和娱乐、所有公共事业的管理甚至所有权和运营问题；公共市场的建立和经营、垃圾收集与处理、公共卫生的保护、医院的建设、对贫民、罪犯和精神失常人员的照顾，以及其他所有现代城市的活动等，都是城市规划的职责所在。然而，所有这些又都是行政问题，而非规划问题……（1916: 17-18）

小奥姆斯特德凭借第二届全美规划大会主席的身份，对该专业产生了非同寻常的影响。除了本章开头概述所描述的新领域的方向的主题演讲之外，小奥姆斯

43

特德还进一步将社会正义边缘化，将"人口拥堵问题"从大会主题中去掉。到1913年题为"城市科学"（The City Scientific）的第五届全美大会召开，小奥姆斯特德及其支持者们已成功地将这一迅速发展的领域定义为受技术统治的领域，专业人士也在讨论如何将新的科学和技术工具纳入实践，以分析和设计高效率的城市（Fairfield，1994；Peterson，2003）。

早期规划师们力图开拓自己社会科学家的工作，在这一过程中，他们获得了新技术的支持。这些新技术可以收集和使用统计数据对城市问题进行"科学化"的诊断，并做出合理的应对（Boyer，1983）。当时有影响力的商业利益体也会说服规划师们采用泰勒主义[①]这一科学管理法（Haber，1964）。然而，分歧始终存在，例如针对技术统治性决策。曾担任美国城市规划研究所和全国城市规划大会主席，来自波士顿的城市规划师约翰·诺伦（John Nolen），敦促规划师们关注其工作背后的过程而不仅仅是结果，并且也是鼓励市民参与规划决策的早期倡导者（Nolen，1924）。

区划与公共卫生

私人土地所有者要求防止有害工业设址于住宅区，或靠近他们所投资的专门购物区。迫于此压力，美国城市规划师们延伸了泰勒主义关于科学效率的概念，在土地使用中采用了等级秩序（Ford，1915）。美国区划条例借鉴了德国思想，基于土地使用状况和住房类型对城市进行分区，并建立法规，通过限制气味、烟气、烟雾、噪声和其他城市工业有害排放物来保护公共卫生（Logan，1976）。纽约市于1916年制定了首例全市区划标准，明确规定建筑高度和红线退界，并创建了居住、商业以及工业区划分区（Willis，1992）。

区划条例既可以保护公共卫生，也能够使私人土地所有者受益。在确定地方政府对居住和工业区域的实行隔离的权利时，最高法院于1926年在欧几里得对安布勒一案（Euclid v. Ambler）（272 US 365，391）的裁决中指出：

> 上述引用的第一团体枚举的决策认为，将居住区的商务、贸易等方面的建筑物排除在外，能合理地保障社区健康和安全。支撑这一点的基础是：通过将住宅与专门从事贸易和工业的领地分开以避免儿童及其他

---

① Taylorism，又名泰罗制，由费雷德里克·泰罗于20世纪初期创建，并因此得名。其主要方式是对员工与工作任务之间的关系进行系统研究，重新设计工作流程，从而实现标准化生产和管理，使效率与生产量极大化。——译者注

人受伤，改善其健康和安全状况；解决和预防失序情况；提高消防能力，加强街道交通规则和其他通用福利条例实施；排除火灾隐患和危险、传染和混乱将有助于打造健康和安全的社区，而这些混乱和危险或多或少地与仓库、商店和工厂的选址相关。

　　区划也增加了某些类型的开发出现在特定地块的可能性。根据梅尔·斯科特（Mel Scott）将人体健康与开发相结合的观点（1971：192），区划"是提供给病态城市的天赐良方，是规划师的特效药，类似贷款机构和房主寻找的药膏"。但是在实践中，区划往往会通过"排他性的"（exclusionary）区划条款和契约限制，或者限制性的协议来维持现状；这两者都会延续针对黑人的种族隔离（Babcock，1966：116）。郊区规划师还运用区划来规定最小地块尺寸、住房类型和房屋面积以阻止低收入者，其中绝大多数是海外移民和大迁徙期间北上的非洲裔美国人（Lemann，1991）。区划拓展了斯科特（Scott，1971）对健康的隐喻，区划帮助富有的白人群体有效地"免疫"（immunized）穷人和非洲裔美国人，避免后二者在其社区内居住。

　　虽然美国区划的灵感受启于德国规划模式，但是英国城镇规划师也对新的区域视角产生了影响，试图将城市规划与生态的原则相融合。由埃比尼泽·霍华德（Ebenezer Howard）和帕特里克·格迪斯（Patrick Geddes）等欧洲人所提出的田园城市运动，倡导建造一系列人性化的城市地区，这些地区小而不密，足以让居民步行到达大多数服务设施，并在城市范围内拥有充足的绿色空间。田园城市的理念是试图创造一个由地区内中型城市所组成的网络，这个网络通过高速铁路和道路系统相连接，以避免困扰大城市的拥堵问题，但也能够有效享用城市生活的优点（Haar & Kayden，1989）。继莱奇沃思（Letchworth）和韦林（Welwyn）在英国赫特福德郡倡导的花园城市模式之后，美国规划师于1929年设计建造了新泽西的雷德朋（Radburn），并建造了格林贝尔特、马里兰、格林希尔斯、俄亥俄州以及格林代尔和威斯康星州等"绿带"（greenbelt）城市。

邻里单元

　　"邻里单元"是该时期出现的另外一种土地利用理念，也是一种改善城市生活质量、优化美国城市秩序的方式。这一理念由克拉伦斯·佩里（Clarence Perry，1929：98）提出，是一项以小学为中心的城市设计方案，其中：

45

> 有五六千的人口和八百或一千名小学学龄儿童……每个独立住宅占
> 地大约 160 英亩①……在我看来，这是一种对于增长的城市邻里社区最合
> 适的物质环境的构想。

46　　邻里单元的内部反映了与田园城市理想相似的城市形式，包括鼓励步行环路、减少由机动车引起的道路拥堵，同时在邻里单元的外围道路交叉口设置商业。虽然佩里的方案设计被誉为能够优化空间，且提供有效的服务和安全的居住环境，并体现了当时的社会价值观；但也有部分人提出批判，认为该方案忽视了城市生活的社会、经济和政治复杂性，同时认为它最终将演变为一种加剧经济性居住隔离的规划（Isaacs，1948）。

城市典范的科学

20 世纪早期的城市规划与公共卫生产生了关于城市典范的新认知。借鉴了科学中固有的规范价值，比如理性、情感中立、普适性和无功利性，城市规划师们开始将其工作定位为可以随处建设的城市。城市美化运动、田园城市、邻里单元以及芝加哥学派的同心圆模式均在罗伯特·帕克（Robert E. Park）和欧内斯特·伯吉斯（Ernest W. Burgess）于 1925 年在社会学作品《城市》（The City，图 2.2）[7]中得到推广。这些模式都是该时期出现的新城市典范，每一种模式都提供了一种理想，而忽视了那些通常具有争议的、性别化的、形形色色的以及受价值观影响的城市特点。不考虑特定地方的独特功能以争取普遍适用性，这些城市典范被设想为是可靠的并且在被应用时能够不考虑时间、空间、社会和自然地理，或者政治和行政组织等（因素）——酷似实验室科学。实际上，芝加哥学派的作品中经常将城市指作"社会实验室"或"户外实验室"（Park，1929：1），将贫民窟定性为社会工程师们推测、"诊断和治疗"城市疾病的工作的"实验室标本"（Wirth，1928：287）。与此同时，这些以"科学"为依据的城市典范引起了城市规划师和其他社会科学家们的共鸣；公共卫生学采纳了细菌学这样的实验室科学，其研究结果同样不是针对特定的地方或背景条件，而是旨在形成普遍真理（Tesh，1988）。因此，实验室科学在公共卫生学中的普及和合法性为规划师们提供了一种城市的新框架。

---

① 160 英亩约为 64.7 万平方米。——译者注

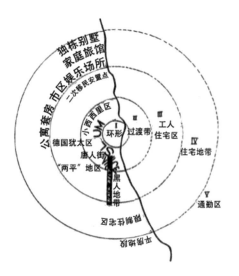

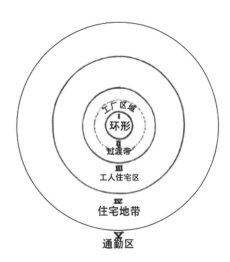

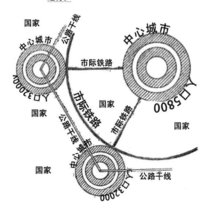

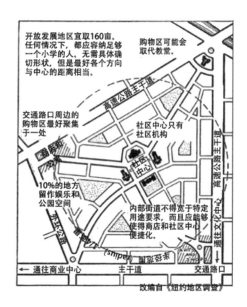

图 2.2 城市典范：随处可见

来源：芝加哥的公园地图和伯吉斯地图（左上）；泛化的城市地图（1925：51，55，右上）。左下为埃比尼泽·霍华德（Ebenezer Howard）的花园城市（1965，左下）；右下为克拉伦斯·佩里（Clarence Perry）的邻里单元（1929，右下）

规划师们的设计方案通过选择放入何种数据并隔离潜在的自然和人类"污染物"（contaminants），从而获得对其分析对象的精准掌控；这反映了在实验室中产生可靠结果的原则。中心化区划、田园城市和邻里单元等模式是一款普适的设计，均反映了机械化和标准化的常见实验室实践，以便拉开研究人员与研究对象之间的距离。实验室空间与这些城市模式具有相似的设计，使不同地点的科学家假设各地的背景环境条件相当，从而消除一些可能是由于某些特殊的和未宣布的环境因素产生的实验结果（Gieryn，1999；Latour，1987）。在"类似实验室"的城市典范同时期出现了一种新观点，认为城市是具有统一自然组成部分的完整系统，很大程度上就如同人体构造一样。正如理查德·塞内特（Richard Sennett）在《肉体与石头：西方文明中的身体与城市》（*Flesh and Stone: The Body and the City in Western Civilization*，1974）一书中所提到的，城市作为一种循环系统的代表，与人体血液循环系统极其相似，细菌会随之一起产生。由于非特异性的干预在 20 世纪早期公共卫生和城市规划中成为了常态，这两大领域从早期关注适应地方和社区细节的干预措施，转变为反映无场所性的普遍干预措施。

测量健康结果：20 世纪早期的城市规划与公共卫生

19 世纪晚期到 20 世纪早期被誉为公共卫生方面进展极大的时期，尤其是在降低传染疾病死亡率方面（Duffy，1990）。同时，这也是一个恶劣的种族主义时期，因为国家和地方政府否认非洲裔美国人的投票权，强迫他们使用各种低等且被隔离的公共服务设施，对恐吓运动、暴力行为以及当地执法人员和三 K 党（Ku Klux Klan）等种族主义群体的谋杀视而不见。由于 1933 年之前美国没有收集或分类死亡记录的国家系统（Haines，2001），因此也没有确切的数据能够确定在此期间所有人口的"健康"是否真的得到了改善。库兹涅茨(Kuznets，1965)以十年为单位粗略计算了 1875 年至 1920 年间的白人死亡率，发现这一时期的死亡率的确以平稳的趋势下降。爱德华·密克（Edward Meeker，1972）运用城市死亡统计办事处的数据，计算了 1864 年至 1923 年间纽约、波士顿、费城和新奥尔良的特定疾病的死亡率。这些数据表明，传染病死亡率的下降促进了一些大城市死亡率的整体下降（表 2.3）。然而，这些数据可能会通过年龄、阶级和种族来掩盖其异质性，统计数据也并未说明这些疾病死亡率显著下降背后的原因。

表 2.3 纽约、波士顿、费城以及新奥尔良特定疾病的死亡率

疾病 / 年份	平均死亡率（‰）	
	1864—1888	1889—1913[1]
肺病	365	223
胃病和消化道疾病	299	196
猩红热	66	19
伤寒和斑疹伤寒	53	25
天花	40	2
霍乱	8	0
白喉	123	58
黄热病	14	1
总计	964	524
粗死亡率	2 570	1 890

注: 1. 密克的研究涉及的整体时间范围为 1864—1923 年, 但当时只获得了相关城市到 1913 年为止的统计数据, 故本表按 1864—1888 年和 1889—1913 年划分了两个时间段。

来源: Meeker, 1972: 365

城市规划和公共卫生的干预是否是这些死亡率下降的原因所在呢？有一种解释认为, 大规模的规划、公共卫生的创新和基础设施工程的开展, 包括清洁水技术、市内卫生计划、牛奶巴氏灭菌法以及肉质检验等, 都是促进健康改善的原因。然而, 后来有些人认为财富和营养的增加才是重要原因（McKeon, 1976）; 而另一些人则认为医疗保健和个人卫生习惯（如洗手、食物清洗）的进步, 都对死亡率的下降有所影响。尽管这一争论并无定论, 但 20 世纪下半叶见证了医疗模式的发展与主导, 这一范式进一步拉大了公共卫生与城市规划之间的距离。

20 世纪 30—50 年代：生物医学模式与病原城市

第二次世界大战前期, 公共卫生领域起推动性作用的理论再次转向生物医学模式。该模式将发病率和死亡率归因于由个人生活方式、行为、遗传生物学, 或者基因学等原因引起的分子级病原体, 而且该模式将注意力从公共卫生领域转移到了如吸烟、饮食与锻炼等个人"风险因素"上（Susser, 1996）。尽管如此,

新政计划仍然把公共卫生活动与空间和社会规划联系起来，因为新的联邦机构的建立就是为了重建公共卫生的基础设施，比如饮用水和污水处理系统、诊所和医院，以及开发新的电力能源（Grey，1999）。新政还为市政规划和卫生部门提供了联邦基金，开启了"官僚城市"（bureaucratic city）的时代，由新上任且备受信任的专业人士组成了一个新的、有干预权的中立公共机构。随着从卫生到排污再到控烟等独立市政部门的建立，不同专业和学术的界限也随之而来（Peterson，2003）。像圣路易斯和匹兹堡等城市就制定了自己的法令，建立了烟检办公室来控烟（Stradling，1999）。然而好景不长，因为宾夕法尼亚最高法院规定，只有国家立法机构，而非城市政府，才有权制定控烟法律（Tarr & Lamperes，1981）。

尽管生物医学的观点持续升温，一些公共卫生领域的研究人员又重新开始研究经济剥夺、身体特征以及健康之间的联系。这一联系在 1933 年埃德加·赛珍珠（Edgar Sydenstricker）为总统社会趋势研究委员会准备的美国《健康与环境》（*Health and Environment*）报告中发挥了关键作用。赛珍珠认为，只分析经济大萧条对死亡率所产生的健康影响是错误的，因为死亡几乎不会瞬间发生（除非致命伤害、他杀或自杀等）。同时，赛珍珠声称，社会不公平对健康产生的影响首先体现在发病率而非死亡率的变化中。赛珍珠分析了十个城市经济大萧条对健康所产生的影响，提供了一些能够证明贫困与极端物质匮乏对发病率有严重影响的证据，同时也发现了一些大规模的黑人与白人在健康方面不平等的一手证据（Sydenstricker，1934）。

公共卫生与邻里单元

克拉伦斯·佩里的邻里单元理念与规划师和开发商相关，可能在 20 世纪早期也存在于规划与公共卫生之间最显著的关联中，即美国公共卫生署（APHA）的住房卫生委员会。美国公共卫生署委员会采用的邻里单元设计方案以两大文件为基础，一个是 1938 年的《健康住房的基本原则》（*Basic Principles of Healthful Housing*），另一个是 1948 年的《社区规划》（*Planning the Neighborhood*）。早期的住房指南详细列出了 30 项基本健康目标，被公认为"不论是在农场还是在城市住宅区的低租金、高成本的住房，都是促进物质、精神与社会健康所必需的"最低要求。第二份文件则为"住宅区环境"设定了标准，将其定义为"由小学提供的区域"，并且强调说：

任何完美的家庭建筑或设施，都无法弥补缺乏体面生活所必需的设
施的环境。我们不能只是一味地建造住宅，而是明智一些，为了美国的
未来而建造社区……不达标环境的影响不仅威胁身体健康，还涉及……
对精神和情感健康造成的重大损害。（APHA，1948：vi-vii）

1938 年和 1948 年的两份文件都明显指出贫困社区中长期存在健康不平等，
也认识到了这种不平等将会影响健康状况：

仅仅消除贫困社区的特定危害仍然无法达到环境规划的真正目标，
真正的环境规划能够促进一种健康正常的家庭生活……由于生活在不合
格房屋中而产生的自卑感，往往可能会成为一种比任何与住房相关的不
卫生条件更加严重的健康威胁。（1948：vii）

美国公共卫生署委员会认识到，广泛的居住隔离可能会导致健康状况不佳："为
了确定住房隔离或对不同人群造成的住房聚集是否会大幅度地导致精神紧张或影
响健康，需要做出进一步研究。"（1948：2）

班尔金和贝尔（Banerjee & Baer，1984）在《社区规划》的详细回顾中观察到，
美国公共卫生署的指导方针产生了即时影响，因为在这样一个不存在其他相似标
准的时期，大多数从业者们都认为它所提供的设计标准将建筑环境与健康问题联
系到了一起。但同时，他们也提出，由于根据美国公共卫生署报告的数值精度所
描述的大多数"社区效应"（neighborhood effect）尚未得到证明，这些数值
的精度最多属于人为预估的范畴，往往只能反映一组选定专家的意见（Banerjee
& Baer，1984：24-25）。《社区规划》中对于这个问题的其他批判主要是对其
物质性决定论发出了质疑，其指出某个地方的社会健康可能与邻里单元的范围不
完全匹配。但是，费斯克勒（Fischler，1998：390）曾提出，美国公共卫生署
采用的邻里单元及其出版的具体健康设计标准"代表了探索科学方法以确保集体
福祉的巅峰。这才是城市发展领域福利制度的最充分体现"。

52

住房与城市更新

尽管邻里单元和《社区规划》指南在规划师中颇具影响力，但另一套针对住房、
贫民窟清拆以及高速公路建设的政策，也对该时期城市人口的健康产生重要的影响

（Fullilove, 2004; Hirsh, 1983; Mohl, 2000）。1931 年，一群极具影响力的妇女想要重新激起关于美国公共住房的争论，部分原因是为了应对全国性住房迁移及缺乏，以及越来越多的贫民窟人口（Wood, 1931）。在劳工住宅大会负责人凯瑟琳·鲍尔（Catherine Bauer）和玛丽·辛克诺维奇（Mary Simkho-vitch）的带领下，这些妇女组织召开了全美公共住房大会（Bauer, 1945）。此外，新泽西州房屋委员会的成员伊迪丝·埃尔默伍德（Edith Elmer Wood）也出席了这次会议。鲍尔和伍德从欧洲公共住房计划中汲取灵感，认为应加强联邦政府在贫困人口住房建设中的作用，在超级街区中建设现代的、安全的、经济的高层建筑（Pluntz, 1990）。这次大会呼吁建立一个单一的联邦住房机构，同时承认住房应当是地方事务，并应该并入像城市发展和规划之类的地方政府职能，以满足广大群众的需要（Scott, 1971: 326）。这一群体公共住房计划的关键方面是清拆现有的贫民窟，以及建设政府补贴的廉租房。但有些讽刺的是，这些公共住房倡导者们对推动生成《1937 年瓦格纳—斯蒂格尔住房法案》（*Wagner-Steagall Housing Act of 1937*）产生了极大的语言和政治动力，尤其是贫民窟清拆条款，以及 20 世纪三四十年代其他类似的住房立法（Oberlander & Newbrun, 1999）。

由美国联邦住房管理局（FHA）推动的，始于 1934 年的联邦住房抵押贷款保险，将其目标锁定为新的独户郊区住宅。美国联邦住房管理局还发行了社区设计技术指南，而 1936 年《小型屋宇社区规划》（*Planning Neighborhoods for Small Houses*, FHA, 1936）这一公告反对城市电网模式，反而强制要求运用死胡同和曲线街道的模式来设计新的住宅分区，以便利用联邦保险的抵押贷款。这种郊区设计模式为 20 世纪晚期的郊区扩张奠定了基础（Fishman, 2000）。

同样，《联邦住房法案》（*Federal Housing Act*）也反对为老房子的抵押投保，有效地排除了计划之外的贫民区社区保险（Hirsh, 1983）。由于规划领域的认可，这一持续存在的隔离政策使白人在住房方面的种族主义得以延续（Abrams, 1955）。联邦政府补贴的抵押贷款通常都需要房产业主在契约中融入限制性契约成分。联邦政府为了分配联邦资助的抵押贷款，常常给黑人社区最低等级的贷款（Massey & Denton, 1993: 52）。联邦住房管理局负责为个人抵押贷款投保，同时提倡利用区划和文契约束来禁止不符合条件的人，并将黑人社区分类为"马厩"和"猪圈"来避免滋扰（Abrams, 1955: 231）。毫不奇怪，"建筑者通过种族限制公约，来使他们的产权在联邦保险的有效范围内"，"私人银行在做出贷款决策时很大程度上都会依赖联邦体系。因此，联邦政府不仅不为黑人社区提供联邦基金，还导致私人机构对黑人区进行了更大规模的撤资"（Massey & Denton，1993：52）。虽然联邦政府于 1950 年之后结束了这些歧视性的做法，但并没有采取任何措施来弥补这些做法所造成的损害，直到后来也没有阻止私人机构的持续性隔离。

1949 年的住房法案将城市更新体制化，市政府开始铲平"贫民窟"，转移了以非洲裔美国人为主的成千上万的贫困人口（Von Hoffman，2000；Weiss，1980）。城市更新的计划和理论旨在移除市中心的不良影响，这些问题仍然被视为道德邪恶的源泉和疾病的滋生地；而这一计划运用最先进的现代技术和科学化的理性设计重建了整个城市（Fishman，2000）。但是城市更新往往只是加剧了贫困社区居民的贫困程度，因为他们的家园被改造成了紧缺的公共住房，更为常见的是私人房地产开发商廉价收购了市中心土地，并选择建造价格高昂的办公大楼（Weiss，1980）。这样做不仅使社区变得支离破碎，就连社会和情感纽带、信任以及集体效能概念也都因城市更新而土崩瓦解，且进一步削弱了非洲裔美国人可用的健康促进资源（Fullilove，2004）。非洲裔美国人被排除在多数新郊区之外，也无权享受房屋所有权带来的健康福利，比如公积金、更好的学校的入学渠道，以及不断发展的郊区经济的参与权。

1956 年《联邦政府助建公路法案》（*Federal Aid Highway Act*）通过，在这之前，规划领域不仅对公共卫生计划的影响熟视无睹，还一直大范围地摧毁国家最贫困的贫民区社区（Mohl，2000）。1945 年 1 月，声名狼藉的罗伯特·摩斯（Robert Moses）在《大西洋月刊》（*Atlantic Monthly*）中题为《贫民窟与城市规划》（"Slums and City Planning"）的文章中捕获了精英规划师们的情绪，指出"必须有人来建设现代化的道路和港口，为了恰当地完成这些事情，试图阻止之人定会受其不便所扰"（Moses，1945：63）。

去工业化、城市以及种族差异

直至 20 世纪 50 年代，战后经济增长放缓，"富裕社会"分配不均的问题愈发凸显。中西部和东北部城市的制造业岗位减少，纺织、家用电器、机动车辆以及武器装备等行业开始失去成千上万个工作岗位（Sugrue，1996）。由于美国政府的鼓励支持，自动化生产和工厂迁移到了郊区与农村。联邦高速公路建设和军事开支促进了非城市地区的工业发展。然而政客和学者们并没有把经济失调提

54

上日程，直到后来像迈克尔·哈灵顿（Michael Harrington）的《另一个美国》（*The Other America*，1962）之类的，记录黑人贫民窟的世界的书籍面世后，该问题才引起关注。

该时期出现了三种在政治、文化和城市经济间相互关联的假设，对制定公共政策起到了一定的作用。第一种是把新古典经济学奉为正统的信仰，对战后临时错位时期的结构性变化进行解读，相比地方差异，更关注于国家综合经济繁荣指标。第二种是运用"人力"理念来解读由于个人教育或行为缺陷所导致的失业问题，但同时又忽视了失业的结构性原因。第三种则是联邦政府对私营部门吸收剩余劳动力的能力持乐观态度。其结果仍然是大多数美国城市的经济和种族福祉等问题缺乏政治关注度以及持续的撤资（Weir，1994）。

种族主义加剧了经济失调以及白人逃离城市等问题，这些问题混合到一起，使居住区长期存在隔离状态（Sugrue，1996）。每个大城市的非洲裔美国人都陷入迅速扩展却持续孤立的城市贫民窟中。在这一时期，生活在贫民区存在着一系列的生活风险，包括大规模的失业、基础设施建设的减少、来自白人的刻板印象以及黑人形象的污名化，这些都使一些人将这些城市居民定义为美国的"弃儿"（Wacquant，1993）。

直至这一时代结束，城市规划与公共卫生都处于危机之中。城市更新强调物质性规划对改善城市居民社会、经济和健康状况方面的重要性。1957年美国公共卫生署的年度会议主题是"公共卫生是否与时俱进"（"Is Public Health in Tune with the Times"，Duffy，1990）。在此期间，少数人健康状况下降，加上持续的城市撤资，都加剧了种族紧张关系，由此出现了挑战以国家为中心的规划的骚乱和新的社会运动。

20 世纪 60—80 年代：危机与活动家城市

到了 20 世纪 60 年代，规划应对的是广泛的社会动乱，但却难以回应活动家们对于大部分的公共发展项目、现代派设计以及城市更新项目，与基于现有秩序下旧社区网络的零星改变并无二致的看法（Goodman，1972）。此外，联邦政府已经开始鼓励私营部门掌控城市中心商业区的发展，并于 1977 年通过了《城市发展行动补助金》（*Urban Development Action Grant*）法案，其中包括免税债券和联邦税收制度的变化，来进一步鼓励建设准公共重建企业在大部分衰落的美国城市开展业务。这一立法代表了市政政策关键领域私人控制的重要形式化阶段。但正如托马斯·萨格鲁（Thomas J. Sugrue）在《城市危机的起源：战后底特律的种族和不平等》（*The Origins of the Urban Crisis: Race and Inequality in Postwar Detroit*）中所提到的那样：

> 著名的公私伙伴关系，包括像福特资助的万丽酒店和办公项目，以及通用汽车波兰镇厂，对于扩大城市就业基础助益不大，而且还耗费了更多的城市税收。20 世纪七八十年代，底特律的荒凉景象和持续贫困是二战末期城市经济转型的残留物，同时也源于战后数十年间住房和工作场所的长期歧视的政治种族文化。城市的希望来自城市居民不断抵抗贫困、种族紧张关系以及工业衰落影响中的努力。

活动家们还向公共卫生专业人士的权威性发出挑战，要求他们解释为何在经济不断繁荣、医疗技术不断改善的情况下，仍然存在健康不平等的现象，尤其在城市贫困人口和有色人种间（Krieger, 2000）。举例来说，1960 年非洲裔美国人的婴儿死亡率为每千人 44.3 例，而白人却仅为 29.2 例（Satcher 等, 2005: 459）。

约翰逊总统的"向贫穷宣战"计划[1]（War on Poverty Programs），加上医疗保险和医疗补助的推进，解决了一些老年人口和贫困人口的医疗护理需求。"向贫穷宣战"计划之一就是建设社区卫生中心（Sparer, 1971）。由新成立的经济机会办公室组织，社区卫生中心再次将临床护理、儿童教育以及社区参与度等联系起来（Lefkowitz, 2007）。然而，尽管公民运动并非出自专业领域的计划，却为该时期的规划和公共卫生打造出了最为牢固的联结。

在城市地区组织的民权活动家将社会、环境与健康正义联系起来。比如在厄尔巴利奥或东哈莱姆区的纽约市波多黎各的一群"年轻领主"[2]（Young Lords），在卫生部门拒绝收集社区垃圾后，这群积极分子组织开展了持续数周的街道清洁活动。他们说服当地卫生专业人士培训非专业人员挨家挨户地对居民进行铅中毒筛查和肺结核检测（Abramson 等, 1971）。回顾这个"进步时

---

① 1964 年 1 月 8 日，时任美国总统的林登·约翰逊在其咨文中提出"向美国的贫困无条件宣战"，这是对美国当时贫穷比例超过 19% 的回应。该宣言使美国国会通过了《经济机会法案》（*Economic Opportunity Act*），并成立相关机构管理联邦政府针对贫穷提供的资金在地方层面的使用。——译者注
② 一个芝加哥民权组织；其目标是支持波多黎各裔、拉丁裔美国人等少数族裔的社区赋权和自主决策。组织项目包括教育、选举拉票、社区计划等。——译者注

代"，组织成员们开始在当地教堂开展日间护理计划，在社区学校提供早餐，组织租户要求住房改善，并且还占用了一家社区医院来凸显医院对当地人口的不平等服务。组织成员们将当地知识与专业技能结合起来解决社区中的健康不平等问题，得出了与当时占据主导地位的专业信仰相反的结论，即城市社区并非是完全失序的，无须强行冠以"专家得出的合理设计"（"expert-derived rational designs"，Melendez，2003）。

如今对现代规划的经典批判，如简·雅各布斯（Jane Jacobs）的《美国大城市的死与生》（*The Death and Life of Great American Cities*，1961）一书中，我们能够捕捉到一些公众对规划的不满情绪。根据雅各布斯的观点，城市更新的超级街区项目正在摧毁社区宜居的各个方面，比如鼓励邻里交往的人性化街道。对雅各布斯来说，健康的社区既由社会特征决定，也由物质性特征决定，邻里与陌生人就像在由熟悉和偶遇构成的同一组"城市芭蕾"（urban ballet）中不断互动（Jacobs，1961：65）。

环境健康也有同样具有影响力的书，即1962年蕾切尔·卡森（Rachel Carson）出版的《寂静的春天》（*Silent Spring*）。卡森对该时期"化学使生活更美好"的理想提出了挑战，反对当时视工业化学为良性的观念。书中描述了DDT之类的化学物质对生态系统所造成的有害影响，比如能使鸣禽失声等，卡森让19世纪工业污染与环境健康的主题重新掀起风波（Gottlieb，1993）。或许同样重要的是，卡森的作品还挑战了规划和公共卫生领域的主导思想，也就是科学技术的发展是符合人民利益的进步标志且能改善人类健康的这一思想。但也有些人提出，卡森以消费者为导向对郊区空间的生态和联邦内受难的野生动物的关注，使农场工作者和内城居民对不断发展的环境运动视而不见（Lear，1997）。

至1970年，尼克松政府开始从城市到郊区采取了一些像综合补助、拆除模范城市计划，以及建立"良性忽视"（benign neglect）[8]等方式对资源进行重新定向。这些良性忽视给了城市确定性的信号，比如纽约采用了"规划紧缩"（planned shrinkage）政策，像图书馆、消防以及公共交通等基本服务都从指定的"病态"社区中撤销，被重新指向于"更健康"的社区（Fried，1976；Roberts，1991）。由于贫民窟将被烧毁，商店搬离，像超市之类的重要零售店调整了业务以适应新店址。

在20世纪60年代末和70年代初的同一时期，通过了一些20世纪最重要的环境立法。除了建立美国环境保护机构和职业健康与安全管理局外，议会还采纳了国家环境政策、洁净空气、洁净水法案等，并于 20 世纪 70 年代初开始逐步淘汰汽油中的铅。1974 年废除了《国家土地使用规划法案》（*National Land Use Planning Act*），但其所引发的争论，比如"工作与环境之争"却使城市中本将持续存在 20 年的非洲裔美国活动家联盟分裂了（Weir，2000）。然而，到 20 世纪末期，疾病控制中心认识到，若想改善城市健康，需要关注的远非社区的生理特征那么简单，还要注重住房、拆迁与搬迁带来的社会和心理影响（Hinkle & Loring，1977）。

全球健康城市运动

20 世纪 80 年代早期，全世界的学者和活动家们都认识到要重建城市与公共卫生之间联系。世界卫生组织欧洲办事处于 1986 年推出了健康城市工程（WHO，1988）。该运动旨在让城市提出一份健康城市规划，并建立致力于健康的城镇网络（Tsouros，1994）。在美国，健康城市和社区联盟成立于 20 世纪 90 年代，其宗旨是让城市和县郡的健康部门接受欧洲健康城市运动中所展现的健康观念（Norris & Pittman，2000）。到 1993 年，国际城市与区域规划师协会（ISOCARP）大会将重点放在了重建规划与公共健康之间的联系上，并命题为"城市区域和福祉：规划师为促进城市区域内人民的健康和福祉能做些什么？"（"City-Regions and Well-Being: What Can Planners Do to Promote the Health and Well-being of People in the City-Regions?"）。

重要之处在于，世界卫生组织的这场健康城市运动开始以多种方式重建城市规划与公共健康的联系。首先，参与该运动的城市需要制定一份健康概述和城市健康计划。其次，城市必须阐明他们将如何实现这一计划，不得与政治机构有所牵连，也不得出现资源分配方面的变更。最后，参与的城市需在市政府内设立健康城市办事处并配备工作人员，负责报告计划中列出的特定目标的进展情况，并且制定城市健康发展计划，使城市受到内部和外部的双重监督和评估（Barton & Tsouros，2000）。更通俗地说，健康城市运动强调的是地方政府在促进世界卫生组织的全球健康进程中所起的关键作用，而且旨在超越机构和应该参与健康促进过程的参与者之间的传统界限。但是，德莱乌和斯科夫高（De Leeuw & Skovgaard，2005）提出，对健康城市工程的评估并非易事，评估结果会有所不同，部分原因在于缺乏合适证据和指标的一致意见，也在于在城市政府内部计划的实施会受到限制。

58

59

20世纪90年代—21世纪：迈向健康和公平的城市

健康城市运动只是一系列促进健康平等的国际努力中的一部分。1980年英国出版的《健康报告中的不平等》(*Inequalities in Health Report*，通常指的是以其主笔作者名字命名的黑皮书）中，挑起了关于造成健康不平等的社会和经济决定因素的国际争论（Townsend & Davidson，1982）。1988年美国医学研究所（US Institute of Medicine，IOM）发布了《公共卫生未来研究委员会》(*Committee for the Study of the Future of Public Health*）报告之后，该领域的领头人一致认为该国的公共卫生活动处于混乱状态，该领域需要调整工作重点来解决整个群体中愈发严重的健康不平等问题（IOM，1988）。1998年英国出版的《艾奇逊报告》(*Acheson Report*）中再次强调，政府及社会各部门迫切需要采取行动来解决不断恶化的健康不平等问题，单靠医疗保健根本不足以扭转这令人担忧的全球趋势（Acheson等，1998）。

上述报告以及其他报告帮助研究者们对整个人口疾病分布重新进行了概念化解释，意在解读健康差异问题，为社会流行病学领域注入活力（Berkman & Kawachi，2000）。社会流行病学家推动公共卫生领域重新考虑贫困、经济失调、社会压力、歧视以及其他社会和经济不平等是如何成为健康差异的"基本因素"的问题（Link & Phalen，2000）。2006年，美国健康与人类服务部提出了一项全国消除健康差距行动议程，将对弱势群体产生的"建筑环境"影响作为联邦机构四大优先事项之一来推进展开（www.omhrc.gov）。但是，截至20世纪末，公共卫生领域出现了那些强调生物医学模式与关注治疗个人疾病"风险因素"的人与强调19世纪改善社区状况、消除贫困、加强社会健康资源等思想的社会流行病学家们仍存在分歧（Fitzpatrick & LaGory，2000；Geronimus，2000；Krieger，2000）。

19世纪后期，美国城市规划和公共卫生领域专业应相似的目标要求而出现，于20世纪期间逐渐分立，在此过程中将科学和城市治理机构进行了编码。而这些领域间的分立并非绝对：整个20世纪期间所发生的事件与实践都以各种方式将这两大领域间的思想与努力联系到一起。但直到21世纪，研究者和从业者们才逐渐意识到环境健康与城市规划决策之间的脱节严重阻碍了健康差距问题的解决，尤其是对城市来说，想要重建两大领域之间的联系还需要更加努力（Frumkin等，2004；Frumkin，2005）。

1 "检验点"是指通过参考特定的自然和人类建成环境以及赋予场所意义的文化解释和叙述,使论断具有可信度的一个被划定的地理位置 (Hayden, 1998)。

2 密尔沃基是一个重要的例外,该地于 1910 年选举了社会主义政府,并为公共卫生改革建立了广泛的社区支持,包括商界人士、神职人员、妇女团体、民粹主义者和工会人员 (Leavitt, 1986)。

3 该时代也是健康城市宏大乌托邦思想的舞台。英国医生本杰明·W. 理查德森 (Benjamin W. Richardson) 于 1876 年提出"Hygeia—健康之城"的想法,将有 10 万人居住在在这个城市 4 000 亩的土地上,烟草和酒精将被禁止,科技将消除空气污染并净化饮用水,公共卫生系统将服务所有市民。理查德森还提出了具体的住房、街道布局和公园系统设计指南,这些指南可以降低死亡率并改善社区居民——特别是儿童的道德健康 (Richardson, 1875)。

4 重要的是,如拉什 - 奎因 (Lasch-Quinn, 1993) 指出的那样,虽然安置所运动接纳了移民,但它往往拒绝为贫穷的非洲裔美国人提供服务。

5 在反思这个时代时,路易斯·芒福德 (Lewis Mumford, 1955: 36-37) 写道:"在 19 世纪的城市规划中,工程师甘愿成为土地垄断者的仆人;他们为建筑师提供了一个地段价值至上的框架,哪怕是事后也不会考虑视觉效果……一个城市除了吸引贸易、增加土地价值和发展之外没有其他作用。即使沃尔特·惠特曼 (Walt Whitman) 考虑过其他作用,但对大多数人而言,这些作用并没有对他们的想法产生过任何影响。"

6 伯纳姆自 1904 年开始,参与了旧金山的规划,并于 1906 年发布了一份关于该城市综合规划的报告,而就在几天过后,一场大地震和火灾将旧金山夷为平地。

7 他们的模型被称之为同心区理论,首次发表于《城市》(1925) 一书。该理论预测,城市将以五个同心环的形式发展,社会和环境恶化的区域将集中在市中心附近,而更繁荣的区域将处于城市边缘附近。同心区理论是最早用于解释城市空间组织(包括芝加哥某些地区的失业和犯罪等社会问题)的模型之一。

8 尼克松的城市和社会政策顾问丹尼尔·帕特里克·莫伊尼汉 (Daniel Patrick Moynihan) 在他的备忘录中提出了"良性忽视"(benign neglect),该备忘录以《关于黑人地位的莫伊尼汉备忘录文本》("Text of the Moynihan memorandum on the status of negroes")为题再版刊印于 1970 年 1 月 30 日的《纽约时报》。

第三章　城市治理与人体健康

　　设想你所在的城市中心有一项由会展中心、商品房和零售空间组成的新开发项目。其支持者认为这个项目会激活空置或未充分使用的土地，从而增加城市税收，并为本地居民提供大量就业机会，特别是对当前居住在市区的低收入群体。反对者则认为现有的居民和商家会因房价抬高而离开，空气和噪声污染也会增加，并且新的服务业岗位并不能提供满足基本生活的工资。你所在的城市规划部门将负责审核这个项目。那么现有的规划过程会如何评估这个项目对人体健康积极或消极的影响呢？

环境评估与人体健康

　　你所在的城市规划部门很可能会针对这个项目先进行一个环境影响评估（Environment Impact Assessment，EIA）。自从 1969 年《美国国家环境政策法》（*National Environmental Policy Act*，NEPA）出台后，环境评估使联邦政府机构必须切实复审"对环境和生物圈以及对人类健康和福祉"的潜在影响，三思而行（Sec.2,42 USC § 4321）。该联邦政府法规出现后，各类《美国国家环境政策法》的翻版在各州、各国及国际组织中盛行。伴随着环境评审的实践发展，各城市、州和联邦政府机构相继出台了一系列指导性文件，随后便出现法律方面的挑战和法庭对法条的诠释，比如什么情况可算作环境影响（Karkkainen，2002）。

　　你所在的城市规划部门很可能会围绕着一系列不同类别的环境影响类别进行复审。环境复审中典型的条目分别是：土地使用（例如，项目是否符合现行区划或其他土地使用的控制要求？）、环境污染（例如，新增的交通会在多大程度上影响空气质量？）、社会或社群特征（例如，项目的规模或设计特征是否会对周边社区产生不利影响？）。虽然这个过程被称为环境评审，但环境的定义却非常宽泛，通常包括物理危害，如噪声、空气、水体和土壤污染；能源、水资源利用和废弃物处理；建成环境，如房屋、公园、学校、街道和其他基础设施；经济环境，如就业和住房支付能力；还有社会文化环境，如历史文化资源和社区的审美取向。

在1997年，环境质量委员会（Council on Environmental Quality, CEQ）发布了导则，将环境正义纳入《美国国家环境政策法》的审核中，明确各机构需将少数民族和低收入群体纳入评估过程；"分析在政策行动中对于少数民族、低收入群体和印第安原住民群体在人体健康、经济和社会方面的影响"（CEQ，1997：4），并认识到由于社区独特的情况和文化习俗，政策行动对于上述社群的影响"可能不同于对一般人群的影响"（CEQ，1997：4）。从纽约州到加利福尼亚州，多个州都开始将环境正义纳入环境评审的法律。[1] 除了需要更清晰的指导意见以外，对于一个项目、计划、程序或政策将对公众健康，尤其是为贫困人口或有色人种将带来有利还是不利的影响，在现行环境评审的管理法规中仍然是有限或是空白的。一份最新由环境保护署（EPA）下属的总检察长办公室（Office of Inspector General, OIG）发布的报告基于该部门环境正义有关指令的监督和执行情况的评审，措辞严厉地确认了该缺失（OIG，2006）。

虽然环境评审中的公共健康和环境正义部分促使各部门开始考量项目将会给人体健康带来何种不利影响，然而这些评审却很少实行；部分原因是缺乏州内或联邦政府机构的导则（Steinenmann，2000）。在评估公共健康时，关注点总是聚焦在一个项目是否达到基于健康的环境控制指标。另外，大多数环境评审倾向依赖于风险评估来分析潜在的公共健康影响（BMA，1998）。风险评估的过程通常是针对单个健康结果作出定量可能性分析，例如某个体由于在生命周期内暴露在某种毒物中而罹患癌症，却没有对隐藏于贫困人口和有色人种中的过大的潜在影响进行分析（Kuehn，1996）。慢性疾病，是人体在日常环境中多因素和长时间暴露所致的疾病；其广泛的健康的社会决定性因素通常被大部分的风险评估所忽视。因此，使用环境影响评估的城市规划过程很少涉及复合的物理、社会和经济因素；而这些因素可能是影响人类福祉（human well-being）的主因和造成城市中健康状况不平等的重要推手（Lawrrence，2003；Geronimus，2000；Wilkinson，1996）。[2]

规划过程中缺乏广泛的公共健康分析是严重的问题，因为许多土地使用项目和城市规划将影响社会和经济环境，或影响卫生服务体系之外的要素。这些要素通常会超出个人控制范围，但对人体健康具有重大影响。对于健康状况而言，个体或群体的经济社会环境，在影响的重要性上与医疗护理或吸烟和饮食等

63

个人健康习惯是同等的，甚至超过后者（Evans 等，1994； Yen & Syme，1999）。这类能影响到人体健康的因素通常被称为健康的社会决定因素（Social Determinants of Health，SDOH）。根据世界卫生组织，这类因素通常借由不稳定的居住条件和就业状况等社会力量，以及"日常生活中的焦虑、缺乏安全感和支撑性环境"（Wilkinson & Marmot，2003）给健康带来不利影响。健康的社会决定因素可对人类福祉造成正面或负面的影响，最主要的因素有：长期的社会弱势地位、社会和心理环境、幼年成长环境、工作、失业和工作不稳定、友谊和社会凝聚力、社会排斥、酒精和毒品，以及获取健康食物和交通系统的途径（WHO，2008）。健康的社会决定因素对个体和人群健康具有直接影响，是个体和群体健康的最佳预测表征，也是结构化生活方式的选择；与其他要素互动促进健康或导致健康不公平（Acheson 等，1998；Evans 等，1994；Adler & Newman，2002）。虽然许多社会健康的决定因素在社区或邻里层面得以展现（如可支付性住房、获取健康食物、交通、社会交往），并且在现行环境评审过程中以被评估，但典型的环境影响评估却因采用标准模式，导致经常性忽视以下这些有关人体健康的决定性因素（表 3.1）。

表 3.1　典型环境影响评估类别和健康的社会决定因素

分析类别	典型分析内容	社会决定因素举例
环境质量	• 空气、土壤、水等的排放 • 污染物评估或排放要求	• 通过不同介质暴露于多元有害物质的累积性负担 • 对诸如老人、哮喘病患者等易感人群的影响
交通	• 机动车服务水平 • 交通系统能力	• 就业中心、货物、服务和医疗服务的交通可达性 • 人行道安全／伤害 • 步行和骑行等体力活动机会 • 企业迁移
土地使用	• 符合现有区划 • 与公示发布的地区或总体规划相一致	• 支持社会交往的公园／休闲娱乐场所 • 零售食品销售点、农产品交易市场、社区公园的可达性

表 3.1（续）

分析类别	典型分析内容	社会决定因素举例
社区／文化设施	• 人口分析 • 对历史场所资源的影响 • 对社区中心的影响	• 项目提升还是阻碍了居民之间的联系？ • 项目是否可以帮助既有公民组织增强能力？ • 项目是否会带来暴力和社会压力？
住房	• 满足现有／计划住房需求 • 指导住房和住户的搬迁安置	• 项目会导致搬迁安置／绅士化、种族隔离和社会分异、增加或减少区域中可支付住房和安全住房的供应量
环境正义	• 对贫穷人口和有色人种过重的污染负担	• 提倡安全的、满足基本生活工资的工作 • 实质性参与决策 • 平等接受品质教育的机会，特别是儿童

环境健康评审中的体制

65

让我们回到那个设想的开发项目，审视一下为什么说改变诸如环境影响评估等过程的分析类别，对于迈向健康城市规划新体制是必要但不充分的一步。记得在我们的开发方案中，规划师似乎是在项目被提交后才介入流程。到此时，该开发项目或者土地使用规划，从设计方案到资金安排，以及政治支持这些关键决策，很可能都已经完成了。然而，规划师和城市规划过程通常能够在环境评审之前对构建项目和规划产生影响。例如，你所在城市的总体规划，形式是一个多年的土地使用和发展蓝图，可能已经促进了市中心的发展或提供了其发展的激励措施；你的区划或免税代码可能也会影响市中心发展项目的规模和范围。例如，你所在的城市、县或州会编制一个促进旅游收入的战略规划，其中将包含减税或其他促进市中心发展的激励措施。

在环境影响评估之外，规划过程也通过这些及其他方式影响着城市发展的范围、位置和规模。[3] 城市规划过程通常置身于广义的城市体制之中，比如规划师可能会为了实现民选官员或委任官员的目标而工作，回应个人或利益群体关切的问题，促进经济效率和社会公平。"增长机器"是对城市体制限制的传统理念，精英阶层联合起来呼吁以经济发展为首要规划目标，因其所带来的税收对维持城市运转是必要的（Molotoch，1976）。规划过程往往通过有针对性的公共投资、公共事业或其他服务的私有化和公私合作开发，与促进私人开发和土地控制紧密联系在一起，以求能够降低私人投资者的财务风险，以及获得加快或取消审批和许可程序等非经济性的激励措施。然而，规划过程可能会要求私人部门对社会公共需求有所贡献，例如缴纳开发影响费或将可支付性住房的要求纳入区划或开发评审过程（Krugman，1998）。

民主的需求使规划体制变得更加复杂。在我们假想的开发过程中，环境影响评估包含至少三个法律规定的公众参与环节：①明确分析类别的内容时"范围界定"的起草阶段；②在初版环境影响评估报告发布后；③在环境影响评估报告最终草案发布以后。这些公众参与的机会通常仅限于公开听证会和书面评议，而且常因不能让所有公众都有效参与而受到诟病（Petts, 1999）。即便存在这些限制，规划师仍然可以通过会议议程对制度、合理会议时间的安排、翻译等服务的提供、公众审议的途径，以及化解争论并达成一致的过程作出民主的规划决策（Forester, 1999）。

因此，规划过程包含了基于项目和规划所推崇的价值观而作出的一系列自由裁量，包括公司部门的人员和组织如何应对各种不同的利益、分析的内容和范畴，以及参与的时间和规模。因为城市规划的历史满是各种迁移、强权政治、种族主义、文化歧视以及处理社区问题失败的案例，规划过程在作出迈向未来的行动导向时，也经常纠结于如何或是否需要处理过去遗留的问题。规划过程的自由裁量性、价值承载和公众性才是城市治理的核心特征。

作为城市治理手段的规划

规划中的自由裁量价值判断以及参与过程包含了一系列制度性的城市治理实践。所谓制度，并非仅仅指那些有能力制定城市政策的官方规划部门或机构及其制定的法规，还包括了随着时间推进而形成的非正式规定、惯例和做法；它们涵盖的内容从什么是合适的依据，到谁可以获邀参与决策讨论等方方面面，进而影响着公共决策。制度主义将规划作为城市治理手段，意在强调微观实践或治理的"情节"（episodes）和影响实践行为的广泛的社会经济与政治环境之间的相互联系（Healy, 1999）。

"治理"（governance）是制度主义者（institutionalist）规划观的核心概念（Innes，1995）。所谓城市治理（urban governance），广义上被理解为

是关注某地（例如城市）的政治、经济和社会生活这些交叠领域的相互关系，以及它们如何影响集体行为（Cars 等，2002）。治理从本质上讲离不开竞争和冲突，而竞争和冲突通常存在于有意维持现状的和那些寻求全新的、充满风险途径的机构和组织之间。这里的"治理"指的是"社会机构的建立和运行，或者说，是一系列用于界定社会实践并指导参与者互动的角色、规则、决策流程和项目"（Young，1996: 247）。换言之：

> 组建政治上的重要机构或治理体系，是为了在一个由相互依存的个体所组成的世界中解决社会冲突，增强社会福利，并且在更广泛的意义上，缓解集体行动所产生的问题。因此，治理并不预设创立物质实体或"组织—政府—管理社会实践"来履行职能 (Young, 1996: 247) 。

事实上，规划的治理观点强调针对具体项目在日常努力中开展明确和特定的讨论，同时也强调在规划背后超越具体问题的意识形态，比如新自由主义或社会正义（Nussbaum，2000）。正如此处所阐释的，治理观点既强调规划的过程，即"怎么做"（the how）；也强调规划过程的实质性内容和结果，即"什么时候给什么人分配什么"（the distributions of who gets what and when）。

空间规划的正式过程包含环境影响分析、总体规划制定、区划法规以及其他土地使用规划；而城市治理的规划观可以超越这些正式过程，从宏观和微观层面进行影响因素分析。这些因素分析首先明确了影响着现行空间规划的流程、内容和结果是如何形成的，也探究了权力、资源和话语的转移能否以及如何改变这些实践（Huxley & Yiftachel，2000）。在这种情况下，健康城市治理是达成健康平等的一种手段，并且批判性地质疑了那些在城市规划中看到、了解到、被实践且被视为理所应当的做法是否能够促进平等。更为具体地说，这种革新实践致力于：

> 帮助关注场所品质的治理群体，制定不同的方法来应对看似失败的现存的治理实践。这涉及关注具体环境中已经存在的、处于形成中的，以及在特定背景下可能浮现的论证与实践。这样可将分析、批判性评价以及创造性发明相融合；规范性认知不应上升到抽象层面，而应立足于特定的时间和地点 (Healey, 2003: 116) 。

68

根据泰恩河畔的纽卡斯尔大学（University of Newcastle）建筑规划与景观学院名誉教授派西·希利（Patsy Healey）的观点，规划政治学同时涉及场所品质的处理，影响这些品质的决策过程，以及影响地方决策的宏观政策的限制和机会（Healy，2007）。迈向健康城市需要一种健康规划的政治学，这既关乎认知什么是人类福祉的实质性内容（即健康的本质），又关乎日常决定如何或是否需要考虑这些实质性问题的过程（即机构与治理）。

规划实践与人体健康

在我们所假设的市中心开发过程中，上述的规划政治学或城市治理观能否帮助我们更好地理解规划过程对人体健康所带来的积极或消极影响呢？在以下段落中，我将以城市中心开发带来的潜在噪声污染为例，比较典型的发展规划过程与我称为"健康城市治理"的方法在处理其对健康的潜在影响方面有何差异。我想强调的是，随着时间的推移，发展和环境影响所隐含的意识形态、标准操作模式都已制度化，其整合作用使规划过程不再积极考量健康的社会性决定因素。

虽然噪声是城市中最常被提及的受抱怨的困扰之一，规划过程中却很少考虑环境噪声对人体健康的危害（Passchier-Vermeer & Passchier，2000；Stansfeld 等，2000）。如果在规划过程中需要审核噪声影响，分析人员很可能会先估算或测量现有的背景噪声，然后模拟或预测因开发项目而可能增加的噪声。建构模型中可能包含机动交通、行人、娱乐设施、暖通设备以及其他产生噪声的活动。要确定新的开发项目是否会产生显著的噪声影响，分析人员将在一段特定的时间内（通常在睡眠时间）使用在当地环境法规中的标准噪声分贝值。如果不存在这样的标准，那么分析人员会通过科学文献找到一个阈值，以确定特定活动（如睡眠）的最大容许分贝值。如果背景噪声加上预期增量未到这一阈值，那么环境评审就会认定其没有显著危害。

在"健康城市治理"的观点中，分析方法和潜在补救措施的制定在过程和实质上都有所不同。其分析将在没有测量和检验出合适的阈值之前，以是否可以消除或降低噪声为切入点展开思考。如果噪声不可避免，带有社会考量和治理观念的分析人员会检测在什么时间、谁（哪个群体：年轻人、老年人等）将受到噪声干扰？为了回答这个问题及针对其他具体背景的相关问题，分析人员可与当地居民一起使用调查、访谈或小组讨论等方式，了解现有的和未来的噪声影响。

健康城市治理方法还要求分析人员跟踪了解噪声对健康的多重复杂影响。例如，噪声污染会导致睡眠被剥夺，这对健康的影响非常严重。睡眠不足会导致压力增加，这是导致健康状况恶化的另一种因素，也对家庭、人际关系和工作业绩（学习成绩）产生负面影响。例如，压力会引发哮喘并损害免疫系统，紧张的人际关系会助长家庭和邻里暴力并导致不健康的减压方式如暴饮暴食、吸烟、酗酒和吸毒。而这些减压方式又将导致肝、肺和心血管疾病，增加心脏损害型高血压的患病概率。工作业绩欠佳可能会导致降薪或失业，二者都可能使一些如房租、饮食、交通，以及健康护理等必要支出削减。这并不意味着上述连锁结果应归咎于规划时未能充分考虑到噪声的影响。相反，这一系列的事件表明规划程序必须经受批判性检验，明确规划如何直接或间接地影响了一系列健康问题，且规划师可以采取哪些措施来规避导致健康不公平的实际的社会和经济因素。接下来，我将在表 3.2 中简要回顾健康城市治理模式与现有的大部分规划实践（尤其是环境评估）之间的不同。

70

表 3.2　城市规划过程与人体健康影响

71

健康要素与资源	对健康的社会和物质影响	健康规划过程示例
环境质量，包括噪声、空气、土壤和水污染	• 机动车排放加剧呼吸道疾病，增加心肺疾病死亡率，室内过敏源加重哮喘 • 长期暴露于噪声影响睡眠、情绪、听力、血压，这些均可导致儿童发育迟缓 • 树木和绿地空间阻挡了空气污染，减弱了热岛效应	• 在街道层面上监控以降低累积暴露效应，特别是对于低收入及有色人群社区 • 适当改造和再利用受污染的场所或棕地 • 不再将风险评估作为唯一的环境健康分析工具 • 加强并扩大城市铅减排项目
高质量交通，安全道路及人行道、车行道的可达性	• 在没有人行横道和步行道的地方，机动车事故伤害最为严重 • 步行道和自行车道有助于促进体力活动，可减少心脏病、肥胖、高血压、骨质疏松和抑郁症 • 公共交通提供了就业、教育、公园休闲和医疗服务的可达性	• 协同交通系统、土地使用、住房、经济发展以及公共健康的策略 • 交通规划将城市区域内孤立的低收入社区连接起来，并为之服务 • 交通安宁化（traffic calming），步行道和自行车道系统规划

表 3.2（续）

健康要素与资源	对健康的社会和物质影响	健康规划过程示例
优质儿童看护、教育、健康医疗设施的可获取性	・优质的儿童看护会增强对疾病的免疫力，增加未来获得教育和高收入的可能性 ・教育能够强化有关预防和服务的健康意识 ・及时的基础医疗服务，预防重大疾病	・对学校财政进行改革，提高城市和郊区学校资金拨款的公平性 ・土地使用／区划条款要求雇主对有新生儿的雇员提供一定程度的儿童看护和收入支持 ・规划安全到校路线 ・规划邻里健康中心
可负担的、安全的、稳定的、社会融合的住宅	・拥挤和不规范的住房会增加传染病、呼吸道疾病、火灾和心理压力的风险 ・过高的租金或还贷月供会导致房屋、食物和医疗的必要支出的削减 ・居住中的种族隔离限制经济和教育机会，集中不利因素，增加不同种族之间的社会距离	・整合城市和区域的新的公共住房和可支付性住房计划 ・区划和地方税收鼓励老房子更新，以符合绿色和健康标准 ・在区划中包含并持续补充关于住房的要求
安全、有质量的开放空间、公园、文化娱乐设施的可达性	・整洁安全的公园可以增加体力活动的频率 ・文化活动可以促进跨文化认同，减少暴力，并加强社会凝聚力	・社区间公园和开放空间的分布应合理分配，并满足不同文化习俗人群对休闲活动的需求 ・区划应要求学校在非上学期间向公众开放操场和设施
能提供有意义的、安全的和达到基本生活工资水平的就业机会	・高收入与更好的总体健康状况、低死亡率以及更高的情绪稳定性有关 ・失业是长期压力的来源，同时工作的自主性能增加自尊	・在区划编制与其他城市政策制定中规定维持基本生活的薪水标准 ・区划鼓励当地所有和运作的企业 ・地方土地使用规划通过公有、社区、私人间的合伙提供"绿领"（green collar）工作

72

表 3.2（续）

健康要素与资源	对健康的社会和物质影响	健康规划过程示例
可负担的高质量商品和服务的可达性	• 邻里食品杂货店提供富含营养的饮食 • 地方金融服务设施帮助家庭创造并保持财富	• 针对地区零售商业需求进行区划，如食品杂货店和金融服务设施，并限制酒行和快餐店集聚 • 区划限制有针对性的烟草和酒水广告 • 土地利用规划为城市有机农业和农夫市场留出余地
抵御犯罪和身体暴力	• 暴力和犯罪的非直接影响包括恐惧、紧张、疲劳、焦虑，以及不健康的应对方法、超重、抽烟和酗酒、吸毒 • 对犯罪的恐惧会迫使儿童待在室内，接触更多室内有毒空气及过敏源，减少户外体力活动时间	• 规划增进街道活动，提供充足照明 • 为年轻人和就业培训规划社区设施 • 制定社区政策
社会凝聚和政治力量	• 物质和精神支持可以缓解压力，防止孤立，有利于提高自尊和减少过早死亡风险 • 缺乏社会关系或不良社会关系而产生的压力会导致出生体重偏低，增加婴儿死亡风险，妨碍认知能力发展，引发多动症、超重和心脏疾病	• 公共参与计划有效涵盖社区成员，特别是弱势边缘群体 • 政府承诺实现环境正义的程序和分配目标 • 被排斥群体在治理中的有效参与会调节决策制定的平衡，确保其基本需求得到满足

空气质量

几乎所有城市发展都会对空气质量产生负面影响，从地方性的特定污染物到区域性臭氧污染，再到引发气候变化的二氧化碳排放。如前所述，典型的规划做法每次只分析单个污染物，却很少考虑室内外多种空气污染物对老人、孕妇和儿童等抵抗力低下群体的危害。另外，规划的过程只考虑了在审的项目方案，而没有考虑新项目会怎样与同一地方的其他设施（例如摩托车和机动车／货车的污染）结合，给周围人口造成累积性空气污染负担。

不同于一次只分析一项设施和污染物，规划的治理视角可以使用空间分析去捕获积累性的空气污染负担。新的监控协议要求在街区的多个位置检测污染，以确保规划过程中有足够的数据进行积累性污染物暴露的分析。城市规划过程可能也需要考虑恶性大气污染或有毒污染物，美国的环境保护署（EPA）已经从肿瘤到哮喘的一系列检测结果中，发现这些污染物对人体健康产生了有害影响。[4] 与其他有害的空气污染一样，有害的空气污染物的局部高浓度通常发生在有色人种居住的低收入社区（Payne-Sturges 等，2004）。加利福尼亚州环境保护所研究了城市大气毒物分布与土地使用政策之间的联系，指出这些污染在环境影响评估中一贯被忽视（Cal EPA，2005）。健康城市规划应分析这些大气污染物，评估特定的土地使用（如区划）是否会加剧有色人种社区的污染物浓度，并在污染物释放之前采取干预措施。健康城市治理也应评估是否存在多种空气污染物的累积性污染负担，以及空气污染是否与其他环境压力（如噪声）相结合，对特定地区或人群造成负担。

行人事故与活动

行人与机动车的冲突是造成城市地区事故的主要原因之一。当一个包括住宅和商业活动的新项目开发建设，行人流量会增多，这可能增加与机动车相关的事故及冲突。在交通量大的地区增加开发项目也会加剧事故的发生。然而，更多的步行将促进体力活动，从而减少心脏病、中风和精神疾病的发生（Chu 等，2004）。创造步行的机会也将通过增加社会互动的可能性来减少孤独感，改善福祉。

在规划过程中，从交通、公园和开放空间规划到道路景观和自行车道设计，不仅要明确它们对步行活动和行人事故或积极或消极的作用，还要认识到并非所有人都有时间或资源能够参与日常事务之外的休闲活动。规划治理的观点会就不同人群身体活动方面的资源、规范和价值进行社会、文化以及经济评估，从而有针对性地加以推广。健康城市治理侧重于如何将安全的体力活动融入日常生活之中。

交通运输和用地蔓延

市内的填充式再开发可以减少郊区蔓延以及相关的健康影响，如缺乏开放空间、通勤时间增加、陪伴家庭的时间减少、空气污染增加，以及由于通勤时间增加所带来的交通成本增加（Ewing 等，2003；Frumkin，2002）。运作良好的交通运输会为城市中所有人群和所有地区（无论阶层）减少健康不公平现象，同时改善整个地区的空气质量。缺乏足够的公共交通会增加城市人群的压力、减少陪伴家人和建立社会关系的时间，还被迫花更多的时间在通勤途中（Dora & Phillips，1999）。公共交通还通过为许多人到达单位、学校、托儿所、食品杂货店、银行和医疗部门提供重要途径来促进健康，尤其是汽车拥有率低的低收入人群（Besser & Dannenberg，2005）。对老年人和残疾人来说，公共交通的缺失或限制会阻碍他们参与城市生活，通常会导致压抑感和社会疏离感的产生（Cunningham & Michael，2004）。

正如第二章讲述的，交通规划历来是城市健康的决定性因素，诸如修建高速公路等会减少交往、破坏健康支持型的家庭结构和社会联系；以及在某些情况下，还会限制人们获得必要物资和服务的渠道（Fullilove，2004；Mohl，2000）。健康城市治理将评估接受公共交通和交通计划服务的是哪些人或地区，以及现在未被服务的群体是否能获得基本的健康服务的途径，例如食品杂货店、金融服务设施、就业中心和健康服务机构。

教育和儿童护理

接受更多的教育不仅有助于抵御大部分的健康危害，高等教育也与高收入密切相关（Adler & Newman，2002）。自 20 世纪 80 年代以来，本科学历以下的工作者的收入水平一直处于停滞甚至下降状态（Mishel 等，2007）。然而，正如其他问题一样，受教育程度与成年后获得的财富通常受到早年经历的影响。富裕家庭的孩子更容易获得高质量的学前教育，这使他们在幼儿园阶段就具有优势，因此，这些孩子也更容易在教育和工作中保持优势（Case 等，2005）。而由于社会压力、歧视、贫困、营养不良和产前护理的缺乏、居住环境恶劣等因素，

75

低收入和有色人种婴儿出生体重偏低的概率更高（Collins 等，2004）。低出生体重造成的后果包括：认知能力发育缓慢、多动、呼吸困难，以及日后更高患肥胖症和心脏病的概率（Conley & Bennett, 2000）。低出生体重也被认为会对学业成绩和受教育程度产生负面影响（Conley & Bennett, 2000）。在教育、学校质量和教育成果方面公共投入的差异，密切影响到健康状况的差异（Lynch, 2003）。

虽然受教育程度通常被认为是一种最为关键的幸福驱动因素，然而城市规划过程中却经常未能将城市教育质量视为环境影响因素或作为该领域的成败标志。[5] 健康城市治理方法将分析现有的学校质量、绩效和未来需求，批判性地评估土地使用政策在教育成果中的影响作用，并确保城市发展决策有利于增加儿童看护设施，并改善现有学校的资源。

住房与居住环境

住房对人体健康的影响发生在很多方面：直接影响包括暴露于含铅涂料、霉菌、杀虫剂、室内空气污染；间接影响则是如搬迁压力、社会隔离加剧、因住房花费而带来的大幅收入分流（Kriger and Higgins 2002）。室内过敏源，如霉菌和蟑螂，会加重儿童哮喘。难以负担的房价会迫使低收入人群不得不入住不安全或拥挤的住房，这会增大毁灭性火灾的可能性，以及暴露于供暖不足、含铅涂料、无保护门窗和通风不足等环境中的危害。当房价升高时，许多低收入住户通常会工作更长时间或做多份工作来支付房租，从而缩短了睡眠、休闲和陪伴家庭的时间。在住房租金上花费更多，意味着放弃其他提高健康的必要活动，如饮食、衣着、交通和医疗。

种族居住隔离

在美国，种族居住隔离是与住房相关的、造成健康不平等的最主要的决定性因素（Acevedo-Garcial 等，2003；Willians & Collins，2001；Massey & Denton，1993）[6]。威廉姆斯和柯林斯（Willians & Collins，2001）指出，通过以下五种方式，种族居住隔离对有色人种的总死亡率、出生率、结核病患病率和抑郁产生负面作用的方式主要有五种：①集聚贫困，②减少接受优质教育的机会，③限制高薪就业机会，④增大暴露于危险和毒物的概率，从由暴力犯罪造成的压力到由污染设施集中造成的犯罪，⑤限制如食品杂货店、银行和医疗等基本服务的可达性。虽然种族隔离社区内也可能提供一些健康支持保护，如社会支持和亲属照看关系网络，还有减少长期暴露于歧视（Geronimus & Thompson，2004），种族居住隔离仍然被怀疑是美国健康不公平的关键推手（Avecedo-Garcia，2004；Morello-frosh & Jesdale，2006）。

健康城市治理承认种族居住隔离是过去和当代政策的产物，正如《退伍军人权利法案》（*GI Bill*）和联邦房屋抵押补助使美国白人获得有利机会、限制了有色人种（多数为非洲裔美国人）的参与机会。正如第二章所述，联邦住宅管理局支持郊区单一白人种族邻里的房屋销售，同时也鼓励房屋购买者接受种族契约，防止向非白人出售补助住房（Frug，1999）。虽然与种族相关的契约和抵押政策都在1948年被宣布为违宪，但它们的后续影响促使私营公司继续在21世纪的房产市场维持种族隔离的红线贷款（redlining practices）和次级房贷（Bajaj & Story，2008）。

种族隔离社区对健康同样有害，因为这类社区阻碍了不同种族之间的社会关系，增加所谓的"社会距离"（Frug 1999）。梅西和丹顿（Massey & Denton，1993：2）指出了种族隔离社区可能对福祉产生复杂的多重影响：

> 住房终究不止于居住：它还代表着社会地位、就业机会、教育和其他服务。居住方面的种族隔离是自行延续的，因为在种族隔离社区，由于贫困加剧而引发的破坏性社会后果在空间上得到集聚体现，这产生了特有的不利环境，部分种族在地理、社会和经济方面逐渐地被社会孤立。

虽然住房政策是城市规划的核心之一，但分析和规划制定却鲜有考虑多种族居住环境的特征如何影响人体健康——从住房质量和可负担水平到隔离程度，再到就业和服务的邻近程度。居住环境包括住房的位置属性，也包括其周边环境的物理、社会属性，以及"居住行为"（acts of residence）所构成的一组关系（Harting & Lawrence，2003）。相比于"住房与健康"，居住环境与健康包含更多要素，并抓住了一系列如已建成房屋的所有者与他们的活动、"家"的概念和邻近的物质与社会特征及其影响力之间的相互作用。采纳健康城市治理的观点意味着聚焦于改善整体居住环境而非仅仅建造"健康住房"（healthy housing）。

开放空间、公园和休闲

安全、便捷的散步休闲空间有助于增加日常体力活动。体力活动会减少心脏病、糖尿病、骨质疏松和肥胖的风险，可降低血压，减轻抑郁和焦虑的症状，并降低精神疾病的可能（Diez Roux 等，1997 & 2001；De Vries 等，2002）。公园和开放空间会提供社交互动的空间，从而减少抑郁。树木和绿地也可减少空气污染，降低城市的极端炎热的影响和热岛效应，以相应降低与高温有关的死亡率，并减少中暑、体力透支、心血管疾病以及与呼吸压力有关的致病率（Semenza 等，1999）。健康城市治理不仅强调设置开放空间使其与居住地邻近，更强调空间能否吸引当地人群使用。这种评估应包括这些问题：公园与游戏场地是否安全、卫生、维护得当，是否服务到一定范围的人群，是否涵盖了当地的有关活动项目（体育运动、文化活动等）？

就业和经济机会

就业、收入、财富或阶级，可能是最常被提及的影响健康的非医疗因素，也很好地解释了现有的健康不公平状况（Acheson 等，1998；Kaplan 等，1996；Kawachi & Kennedy，1999；Wilkinson，1996）。失业不仅仅会造成实际收入减少，也是引起慢性压力和自尊缺乏的根源；有意义的就业有助于促进自我认同和自控能力（Fone & Dunstan，2006）。非工作压力的因素，如超负荷、工作轮班、低可控性（low control）、减薪或失业威胁，以及家庭责任和工作间的矛盾，都会影响生理和心理健康，这在低收入人群中尤其明显（Marmot 等，2005）。在美国，由于健康保险通常与就业挂钩，因此优质的健康护理都与安全稳定的就业相关联。更高的收入使一些人自我划分到"保护健康的环境"内，远离工业和高速公路的噪声及有毒物质，进入拥有高质量公共服务和设施的社区（包括治安和应急服务、教育，以及其他物质和社会的基础设施）。累积的财富和资产能够保障家庭免遭短期经济危机和可能对健康产生负面影响的物质剥夺与精神压力。

经济"环境"也会影响福祉。聚集酒行的社区，其居民必然酗酒率高。地方企业会提供就业机会、具有地方特色的饮食和其他服务。地方企业的流失会给健康带来不利影响，因为这会变更购买必要商品的便捷程度、可承受度和地方就业方式。企业流失也会导致物质环境的荒废——在到处是废弃房屋的贫困社区，处处是令人瞠目结舌的景观。无人居住的住房会增加非法堆放垃圾和危险废弃物的概率，增加犯罪和吸毒活动，从而对健康产生不利影响（Wallace & Wallace，1990）。

即使许多规划的目标是对社会经济水平做出空间评估，而且划定特殊的投资区域已成为规划师日益依赖的、用于刺激低收入社区的经济工具，但这些及相关的经济规划过程却很少评估其健康影响。健康城市治理会为经济发展决策提供健康保护措施，比如要求雇主发放基本生活工资、提供健康保险和带薪病假。健康城市治理还将明确地关注谁（如长期失业者、低技能工人等）能从经济发展和就业决策中受益。例如，健康城市治理会寻求促进"绿领工作"的经济决策方式，或给经济弱势群体提供就业机会，如基本生活工资、安全工作条件和晋升机会等，并能让就业人员为他们所在社区的环境健康作出贡献，例如通过循环利用、有机城市农业、建筑的检测与改造以提升其能效，以及可再生能源设备的安装与维护来实现（Jones 2008）。根据范·琼斯（Van Jones，2008：12）所说：

"绿领工作"是一种家庭支持型、事业发展型（career-track）的工作，有利于保持并提高环境质量。与传统蓝领工作类似，绿领工作也划分了从低技术、入门级的岗位到高技术、高薪酬的一系列岗位……若只对地球有所贡献而忽视了对人类经济贡献的话，那是完全不符合"绿领工作"定义的……我们必须确保绿领经济战略为低收入人群提供机会，使之向经济自给和致富迈出第一步。

80

商品、服务与健康护理

良好的健康会受优质商品和服务影响，包括可负担的营养食物供给、儿童照看、社会服务、金融服务设施和医疗机构（Cummins 等，2005）。对服务全面的可负担的食品杂货店或农夫市场的可达性，增加了使当地人吃上营养食品的可能性，而过多的酒行和快餐店则会降低健康饮食的可能性（Flournoy & Treuhaft，2005）。地方金融服务设施，如大型银行，能帮助家庭和小型企业获得信贷机会，从而创造和维持财富。而一个地区医院和诊所的选址则会提高居民寻求急诊和预防性治疗的机会，从而避免病重住院（AHRQ，2005）。

健康城市治理聚焦于那些遏制图书馆、食品杂货店、银行和医院在低收入社区的布点，并鼓励酒行和快餐店大量聚集的政策和土地使用决策。健康城市治理涉及城市内部和整个区域范围内通过交通规划和住房决策对必需品和服务的可获得性与可达性展开分析。特别是在低收入社区，健康城市治理也会考虑将必需品配送与医疗或健康促进的服务相结合的做法，例如把城市农业的发展与健康烹饪及营养学教育相结合（People Grocery，2008），亦如请借贷方提供健康护理的小额信贷计划（Lashey，2008）。

社会凝聚与排斥

81

社会凝聚或排斥可以通过鼓励或干扰个人同家人、朋友或邻居的关系来影响健康。这些关系会提供物质和精神支持，从而缓解压力、促进病愈、防止孤立并增强自尊（Adler & Newman 2002；MeEwen & Seeman，1999）。社会关系网也会提供有利健康的信息，比如哪里有好医生和优质的儿童护理，以及未来的就业和受教育机会；或者哪里有质优价廉的商品（如食品）和服务（如新的支票账户）。社会凝聚也包括参与到组织中，这可以通过集体力量来影响如制定立法议程或终止不受地方欢迎的项目等政治决策，进而促进健康。社会支持则会缓解种族歧视压力（Williams，1999）和羞辱（Jones，2000）。在一个种族意识强烈的社会中，压力缓解机制和社会关系网能为有色人种在健康决策中发挥有效作用（Geronimus & Thompson，2004）。

规划过程中的公共参与为规划师提供了许多机会，以促进社会凝聚力及建立社会关系网，尤其是在不同群体之间。遗憾的是，规划师们很少将公共参与过程视为建立持久的社会关系网和扩大社区凝聚力的途径。社区参与的规划过程已经转向致力于避免冲突、限制公众审议（public deliberation），以及安抚利益攸关方等。健康城市治理会着力扩大有意义的公共参与，以及将公共参与重塑为增进健康的机会，而不仅仅是公共决策的民主特征。

健康城市治理面临多重挑战，第一，需要认识到许多地方规划决策和制度影响了健康的社会决定因素；第二，需要寻找能够将社会决定因素分析纳入现有的规划实践中的新方法；第三，需要探索健康政策和多种决策方案，以避免规划决策对健康产生不利影响，促进达成有利于所有人的健康，尤其是正在经受巨大社会和健康不公平的人群的环境条件。下一章将会深入探讨这三个挑战，并提供一系列迈向健康城市的机制框架。

1　参见 http://www.dec.ny.gov/public/333.html 和《加利福尼亚州政府法典》第 65040.2 节（要求政策和研究办公室为当地总体规划制定环境正义指南）以及加利福尼亚州环境保护局的环境正义计划（http://www.calepa.ca.gov/EnvJustice）。

2　环境规划过程中的其他决定也将限制人体健康分析的范围。例如，在审核过程中被审查的项目、计划或政策备选方案的数量将影响诸如"这是否必要以及其他可能的备选方案是什么？"等关键问题。在大多数规划审核过程中，通常会考虑三种方案：不建设，建设提议的项目、计划或政策，以及建设所提项目或政策的极端版本。同样，关于规划过程的时间安排和参与者的决策也会影响其内容和结果。

3　当然，私人开发商和"增长联盟"对城市建设的影响巨大。这里需要强调的是，一系列的规划过程都会对土地使用决策的形成，以及这些决策对人类福祉的潜在影响产生作用。

4　1990 年《美国清洁空气法修正案》的第三章要求美国环境保护署（EPA）开始控制 189 种被认为最有可能对环境空气质量和人体健康产生重大影响的 HAP（有害空气污染物）。由环保署监管的 HAP 清单于 1990 年发布于《清洁空气法修正案》第 112 节中。33 种 HAP 和柴油颗粒物，被视为对城市健康产生危害最主要的来源，并被纳入美国环保署国家级空气有害物质评估（NATA）范围。http://www.epa.gov/ttn/atw/nata/34poll.html.

5　一个重要的反对来自豪威尔·鲍姆（Howell Baum, 2004）的成果，他认为社区规划者应该把教育质量和结果的不均衡作为他们的工作重点。

6　在各种有关隔离的概念中，用"相异指数"所计算的均匀度最常用于健康研究。均匀度可以衡量居住在居民区（例如人口普查区）的特定种族或族裔群体的比例是否接近该群体在整个大都市区的相对百分比。均匀度可以用相异指数进行计算，该指数可以解释为需要迁移到另一个人口普查区以在整个大都市区内实现均匀分布的某一人口比例。尽管大多数涉及隔离测定的健康研究仅限于二元比较，例如黑人／白人隔离，但目前已经开发出了多群体相异指数，用来在更典型的当代多民族大都市中体现隔离的特点（Iceland, 2004）。

第四章　探索健康城市规划体制

为了将健康的社会和物质决定因素融入健康城市治理，新的城市规划体制就必不可少。正如第二章所指出的那样，在历史上致力于将健康公平的社会因素与治理措施相结合的力量少之又少；20 世纪的城市进步改革大多为自上而下推进，并没有将不同的学科、行业、机关、社区组织与私人部门结合联动。在第二章所回顾的规划与公共卫生发展过程中至少包括了五项相互作用的动因，既在当时导致了这两大领域的分离，也始终阻碍着当代健康城市规划新体制的发展。

健康城市规划新体制面对的首要挑战是：如何不再忙于响应和解决城市问题，而是致力于在第一时间预防危害。在消除环境污染、基础设施"荒芜"和"致病人群"等问题的过程中，会在城市邻里中产生非均衡的分配影响；而预防性战略需要认识到这些影响并对其采取相应措施。城市政策与规划决策造成的物质困窘、贫困和有色人群的社会心理创伤等必须加以解决，也必须纳入预防未来危害的新策略编制中。

规划者所面临的另一项挑战，是调和自身对科学合理性和技术决定论的过分依赖，并认识到以科学为基础的健康城市规划在其分析方法和监测方面需要新的实验和创新。这种新的健康城市规划科学需要跳出传统学科的界限，并结合现有

的技术构建通向公平的社会责任感。该新型城市科学需要社会和政治承诺的联合作用，它们并不会损害反而能加强规范性科学中社会和政治的关联（Jasanoff，2004）。

健康城市规划所面对的第三项挑战是如何规避道德环境主义和物质决定论（physical determinism），即强行将不道德行为归咎于不卫生或不健康的环境，或认为建成环境的自身变化就能够改变集体行为。健康城市的规划者们必须认识到，尽管现实环境对人类身心健康确实具有一定的影响，但并不是唯一的或最大的影响力。正如政治社会对物质环境形成过程的影响不可忽视，规划者不应将人们置于行为与环境关系中的被动方。因此重要的是，健康城市规划的新体制必须将物质、社会、政治等方面联系起来。这意味着要认识到场所的意义和内涵，注

重其所有构成部分的相互作用而非依赖其中任一构成部分。

　　健康城市规划面对的第四项挑战在于，仅仅关注于城市的"实验室"或"实地考察"的观点还远远不足以阐释城市的不公平性和健康的差异性。正如我在第二章所述，过度依赖"实验室"的观点已导致许多城市健康干预措施忽视诸多场所特质，因而难以确保政策与环境条件相对应，也未能融入当地知识。然而，对"实地考察"的过分依赖又会限制干预措施大规模地扩大，以至于无法更好地利用医疗或其他技术上的优势。推进健康城市规划新体制需要批判性地接受人口健康观，规划者、公共卫生从业者和其他人需要共同参与分析以场所为基础的环境条件如何作用于生物特性上。正如我接下来将讨论的，一个理念表现为将"实验室"和"实地考察"观点相结合，前者知晓生物过程的重要性且不将"生物的"等同于"天生的"，后者强调物质和社会背景对健康结果的影响但避免社会决定论。

　　第五项挑战是如何解决当下困扰规划与公共健康、阻碍协同健康城市研究及其行动议程的学科专业化、官僚主义的碎片化与职业化。合作研究与城市治理的新模式需与政府内外新型跨学科、跨部门联盟齐头并进。建立在当地知识和专业基础上的区域或城市合作对于建立和推动健康城市规划的新体制至关重要。本章将就迈向健康城市所需的新体制框架展开详细探讨（表4.1）。

表4.1　推进健康均衡的城市规划政策

非健康城市规划框架	⇒	健康均衡的城市规划框架
消除危险和人群	⇒	预先预防
过度依赖科学理性	⇒	科学知识、新型度量与网络监控的协同合作
道德环境主义与物质决定论	⇒	场所关系视角
城市实验室观	⇒	人口健康和实施方式的实地考察观与实验室观
职业化、学科碎片化与专业化	⇒	跨学科合作与区域性协同建设

从迁居到预防和预警

正如第二章所述，在 19 世纪和 20 世纪的大部分时间中，规划与公共卫生领域一直以实地移除城市废地和搬迁安置城市贫民（尤其是穷苦移民及非洲裔美国人）的方式，来解决实际或感知上的城市健康危机。战后卫生时代通过种族主义住房政策下和城市复兴政策来实施的种种废地拆除计划就是其有力证明。政策制订者常用的做法是参考当时主要疾病（如瘴气、传染病等）的起因，对拆除项目做出合理化解释。在新的健康城市规划政策下，必须建立以预防为核心的新范式。

如今，这一广泛用于欧洲的指导环境健康决策的预警原则也许是更合适的社会法制框架，以应对当下重建城市规划与公共健康之间关系的挑战。[1] 该预警原则具有一个兼顾分析性和决策性的框架：通过探究某一毒素或拟定政策的必要性，或与利益相关人共同建立环境及公共健康的绩效目标并审查预防方案，即使缺乏明确的危害证据，最终也能减少乃至消除病原体对生态环境和人群暴露的概率（Tickner & Geiser，2004）。从"没有伤害为第一要务"（first, do no harm）的临床理念出发，预警原则对现有的环境健康规范模式提出了挑战：在该模式下国家应当先列明这些危害的科学性证据，再采取规范行为；相反，预警方案则要求在科学证据尚不确定的情况下，也要采取预防和保护措施，并且风险制造方要负责提供安全性证明。预防原则要求针对不确定性制定其他可替换的措施，将环境健康科学和政策从一味地评述问题重新指引回确定解决方案。[2]

然而预防措施的方法差异十分巨大，在公共卫生领域尤甚。例如，纽约和旧金山的卫生部门分别采取了两种截然不同的方法来预防疾病（表 4.2）。纽约的卫生部门建立了名为"关爱纽约"（Take Care New York）的十项目标，主要致力于临床活动与干预措施；而旧金山则制定了一整套预防性策略作为公共健康的一部分，致力于改变引发健康问题的结构性条件。因而纽约、旧金山的预防资源就会侧重于完全不同的干预措施。

86

表 4.2 纽约与旧金山疾病预防措施

关爱纽约，2004 年 [1]	旧金山公共卫生局，预防策略规划，2004—2008 年 [2]
• 拥有一名定期探访的医生或其他健康卫生人员 • 禁烟 • 保持心脏健康 • 了解自身艾滋患病情况 • 治疗抑郁 • 远离酒精与毒品 • 筛查癌症 • 采取必需的免疫措施 • 保持家庭安全与家庭健康 • 健康生育	倡议如下政策： • 满足基本生活的工资 • 就业发展 / 完全就业 • 有效的职业培训 • 充足的高质量儿童保育 • 住宅质量与数量提升 • 有力的社会安全网络 • 公共交通 • 提高政治、社会组织的公众参与度 • 休闲服务的普及化 • 公平公正的教育制度

注：1. 纽约健康与心理卫生部门，2004. 关爱纽约 . www.nyc.gov/html/doh/tcny/index.html.
2. 旧金山公共卫生局，2004. 预防策略规划，2004—2008. www.dph.sf.ca.us/reports/prevlan5yr/precPlan5yrMain.pdf

人群迁居的流行病：服刑与寄养

预防性方针可解决现代都市人群迁移的"流行病"，例如看护和服刑（Roberts，2003； Wacquant，2002）。2000 年非洲裔美国籍孩童的寄养量是白人儿童的四倍；而在芝加哥、纽约等城市，儿童保护体系中的非洲裔美国籍孩童的数目更近乎白人孩童的十倍（Roberts，2003）。有大量有色儿童生活在国家监护的社区中，相较之下却鲜有这样的白人孩童。而规划者们还尚未思考在空间上对看护区域的集中会使其中成长的年轻人如何看待自身、家庭、社区，乃至脱离国家监护后独立生活的机会。桃乐茜·罗伯茨（Dorothy Roberts）在自己的《破裂的纽带：有色的儿童福利》（*Shattered Bonds: The Color of Child Welfare*，2003）一书中提到，寄养体制中城市的种族地理分布破坏了社区本身维系内部成员健康关系、动员集体活动的能力，从而产生负面影响。罗伯茨指出，集中国家管治会摧毁为儿童未来进行公民活动和自我管理而准备的种种家庭和社区关系网络，而这些都是健康公平的强大社会决定因素。

87

美国的在监关押人群反映了与寄养体制相似的特征，即年轻的城市非洲裔和拉丁裔男性占了极大比重，他们亦是美国健康状况最差的族群。服刑体制造成两类空间的集中——剥离于家庭的年轻人的集中、劳动力和刑满释放人员回归社区的社会压力的集中，这给规划和公共健康带来了挑战（Conklin 等，1998）。例如在纽约，2002 年 70% 的在监服刑人员来自南布朗克斯（South Bronx）、哈莱姆（Harlem）、布鲁克林中央（Central Brooklyn）这三个地区，其中过半都是同年累犯，而在纽约监禁一名服刑人员的年度花费为 92 000 美元（Bloomberg，2003；NYC DOC，2003）。纽约与其他城市中入狱、服刑、再入狱的循环把监狱健康问题，包括传染病、毒瘾、精神健康以及暴力带入社区。然而即使因犯回到了自己所生活的社区，他们要面对无家可归、被公共住房驱逐、食品救济遭拒、医疗福利终止和一如既往的就业歧视（Steinhauer，2004）。

在纽约的一个名为"社区重建网"（Community Reintegration Network）的重返社区的项目正在致力于解决刑满释放人员集中社区的公共安全、社区健康、家庭稳定和市政预算压力等问题（Von Zielbauer，2003）。维拉司法研究所（Vera Institute of Justice）作为项目联盟成员就曾启动绿光计划（Project Greenlight），意在通过将刑满释放人员配置到其家庭所在社区的不同项目和组织——包括满足特定需求、支持性住房、戒毒治疗、就业培训、健康医疗等项目，为其获释后重新融入社区做好准备（Brown & Campell，2005）。这个计划旨在建立包含住房、就业培训、社会福利和卫生服务的一站式服务场所，城市规划者可通过参与社区中的相关项目、运用空间和社会规划方面的知识来帮助降低累犯率，最终与社会公平根基间重建联系（Black & Cho，2004）。在 21 世纪，寄养、服刑与社区累犯的问题必须受到规划与公共卫生领域的关注，这样才能重新定向市政资金，将其投入以场所为基础（place-based）的住房、教育、就业和社区服务，以支持相关地区安置寄养儿童、预防出狱再犯，从而降低寄养与服刑对社区的影响。

从科学理性到科学知识联动生产

在 19—20 世纪，科学理性与经济效能是许多城市用以实施健康干预政策的挡箭牌。通过科学方法与新兴技术让"致病"城市重新恢复秩序与常态，其中所使用的成本收益分析是具有合理性的，这本身是科学理性与经济效能两个领域的驱动范式。科学哲学家托马斯·库恩（Thomas Kuhn）认为科学是"规范化"

（normal）或范式化的，科学领域中的独立评论家，即规范化科学中在某专业领域具有良好声誉的人员，能够帮助确保领域标准的严谨性、持续性和公正性。

然而健康城市规划需要大量来自不同独立学科的证据，鉴于危害与健康结果间的随意性机制，健康城市规划具有高度不确定性。如先前所提到的，健康城市规划需要跨越传统学科界限，尝试实验新的分析法与新的证据基础，以便顺时、顺势地做出决策。所有这些特征包含了福托维茨和拉维茨（Funtowicz & Ravetz，1993）所说的"后规范"（post-normal）。在后规范科学中，社会和公共政策对科学提出了一系列问题，但仅凭传统科学方法又无法回应，只能通过在政策决策上的新科学实践来解决；而所谓的新科学具有以下这些特征：①跨学科的；②潜入过去未知的求知领域；③需要部署新方法、新工具、新协议（protocols）和新实验系统；④涉及政治敏感的过程和结果（Jasanoff，1990）。健康城市规划需要全新的科学方向，即需要具备以上特征，并将它们灵活使用到分析与干预过程之中。

而知识联动生产框架（co-production framework）提供了这样一种科学方向，力求接纳健康城市规划中的社会特征、不确定性特征和紧急特征。联动理念认为，科学与技术不仅不会因为社会与政治制度与因素的投入而有所"玷污"，还能更好地根植于"社会实践、身份、规范、惯例、话语、工具、制度——是我们统称为社会的一切方面"（Jasanoff，2004:3）。联动不仅要将社会重整到科学政策制定的过程中，更是要探究知识的长期应用、巩固、体制化进程。现实主义意识形态长期主张将本质、事实、客观与政治政策的文化、价值观、主观性和情感因素从广义上分离；而联动理念则是对其的批判。

联动生产框架意在讨论权威技术知识如何在社会中产生并随着时间的推移而固化和制度化，最终成为"理所当然"、众所周知的真理。联动生产框架还扩充了哈贝马斯（Habermas，1975）的"决定性"批判理论，该理论将政策制定过程概念化为一系列对问题、意义权属、合法地位等完全互不相干的决定。因而，联动生产的目的是对这些政策事项的意义源头与实体进行反思，明确在产生的意义中哪些被包括在内，而哪些被排除在外；在社会科学中的构建工作中，需要强调科学的合法性同样是一种社会、政治、物质现象，它们彼此间相互交织、难以划清界限（Hacking，1999）。联动生产理念还通过强调知识、专业技术、技术实践及物质在权力关系，特别是国家权威的塑造、支持、颠覆、转型中所起到的无形作用，以期在社会科学的解释性转折中（尤其是在后结构主义框架内）开展扩充分析（Scott，1998）。

　　这里所指的联动生产概念由于还不具备类似法律的高度一致性和强大预见性，因而尚且不能作为丰满成熟的理论体系；但其概念业已成为一种通行理念，被用来解读种种复杂现象，并用以规避其他多数方法中的战略性漏洞，以理解公共因素和非科学因素在科学决策中的作用 (Jasanoff, 2004: 3)。例如, 哈金 (Hacking, 1999) 曾阐释, 在针对 20 世纪 80 年代特殊文化焦虑现象的美国律法和政策进程中, 如何产生了儿童虐待和"恢复 (儿时受虐) 记忆"[①]的新的"社会类型", 并在此期间内还衍生出了这些现象的种种"客观"证据。在另一项联动生产的实例中, 伊夫林·凯勒 (Evelyn Fox Keller, 1985: 131) 展示了如客观性和公正性这类以科学实践为核心的概念, 如何历经几个世纪的修辞使用, 最终成为男性话语; 也展示了"自然法"构建中的政治起源。因此, 知识联动生产框架的核心目的其实是帮助明晰权力的来源、权力的嵌入、权力的使用者和使用方式, 以及这样复杂的科学政治网络将带来何种影响（Wynne, 2003）。

新式评测与监控网络

　　联动理念在健康城市规划实践中的一项实际应用, 是通过新模式来衡量与监测场所和公众的健康公平。在 2000 年, 加利福尼亚州的西奥克兰居民联盟与名为"太平洋研究所"(Pacific Institute) 的非营利性科技辅助组织合作, 为评估和追踪社区所面对的风险, 创造了西奥克兰环境指标项目 (West Oakland Environmental Indicators Project, WOEIP) (Pacific Institute, 2003)。据阿拉米达郡卫生部门 (Alameda County Health Department) 主管安东·伊顿 (Anthong Iton) 博士, 与加利福尼亚州的其他地区相比, 西奥克兰是空气污染的重灾区。从阿拉米达郡和加利福尼亚整体来看, 平均一位居民每年的柴油机颗粒物 (diesel particular) 排放量仅有 1.3 磅[②]; 而西奥克兰的人均排放量却有 9.4 磅之多 (Iton, 2007)。据阿拉米达郡公共卫生部门估计, 柴油机颗粒物所造成的空气污染导致西奥克兰居民患癌症的风险为 1 201/1 000 000 (相当于每万人中有 12 人), 远远超出美国环保局设定的 1/1 000 000 的可接受比例 (Iton, 2007)。然而空气污染仅仅是众多问题中最突出的一项而已, 社区成员共同列举了其他 17 项危害健康因素, 包括空气污染、

---

① 恢复的记忆（recovery memory）是指心理治疗师运用专业知识和方法, 唤起受治疗者对儿童时期遭受虐待的记忆。——译者注

② 1 磅约为 453.6 克。——译者注

化学污染、绅士化(gentrification)、缺乏政治管控等(Gordon,2007)。他们发现这些问题缺乏以社区为尺度的统计数据,当地活动家玛格丽特·戈登(Margaret Gordon)提出,缺乏确切的本地数据"会给我们公共机构工作造成困难,难以确定严重问题的所在之处以及各事项之间的关联,且无法了解需要采取即时行动的各层机构"(Gordon,2007)。

西奥克兰环境指标项目评选了六大指标分类(indicator categories)来评估追踪场所和公共健康:空气质量与健康、物质环境、化学毒品、交通运输、公民参与度、绅士化与搬迁安置(Pacific Institute,2002:10-11)。这六大指标分类中的每一项都包含了一系列易于收集数据的指标,这些数据可由当地居民自行搜集、分析及监控进程。该项目的主要目标之一就是防止所选指标过于依赖外部技术支持(Gordon,2007)。这样一来,分类所呈现出的将不仅仅是一张罗列清晰的指标和对应的数据,同时也是一个相信社区健康、经济机遇、住房状况和政治力量之间会联系紧密的动态过程。正如组织者玛格丽特·戈登所说的:

> 我们所做的一切都是为了表明,如果不能理解住房和搬迁安置、经济发展机遇和社区权力等相关问题,就无法测量和解决这个地方的"环境"不平等问题。对我们的社区而言,环境指标不仅仅事关柴油造成的空气污染问题,而且关乎社区的整体健康。(Gordon,引自 CEHTP,2006)

西奥克兰环境指标项目已经开始慢慢获得工作回报。比如,西奥克兰项目区域委员会(West Oakland Project Area Committee,WOPAC,2006)成立的初衷是为了向城市规划部门和市政厅提供整个社区重建活动的建议。美国环保署第九区办事处(The Region IX office of the US EPA)主动接洽西奥克兰环境指标项目,经过了为时一年的会议,制定了一套合作协议和原则纲领;双方携手减少运输交通污染、推行健康住宅项目、划分并整治受污染的棕色地带,参与开发项目的健康影响评估(US EPA,2006)。当地活动家玛格丽特·戈登在2007年受聘港务委员会,参与起草《奥克兰港口海事空气质量改良规划》(*The Port of Oaklands Maritime Air Quality Improvement Plan*)(Port of Oakland,2007)。

西奥克兰环境指标项目提出,如果测量和监控实验能与政治联盟相关联,就能够将知识成果创新与政治活动指令相结合。它反对采用其他地方的标准指标或

92

复制所谓的"完美实践模板";相反,它致力于提供"可视性和问责制的技术",因为其指标与监控能为社区带来显而易见的价值,并监督政府和私人机构履行职责。西奥克兰环境指标项目不仅使用新方法度量社区的环境健康风险,而且使奥克兰港务局与美国环保署区域办事处认真对待他们的要求,如奥克兰港务局采用新的实践手段来进行工作评测,而美国环保署则与之合作开发新的干预计划。这样一来,衡量与监测的创新技术能够帮助且落实治理与政府之间的转变。

西奥克兰环境指标项目工作还强调,以健康均衡为目的的联动科学还需要将地方知识(local knowledge)引入实际测量、评估和监测中。地方知识包括那些生活长期暴露于危险物、患有慢性病及社会边缘的人们的经历和陈述,可谓是一种有价值的"专业知识",能够缓解健康科学相关知识在产生过程中愈演愈烈的专门化、排他化趋势。地方知识还能优化科学分析、提升健康促进干预项目的相关性,以及改善公共决策的民主性(Corburn,2005)。

从物质决定论到场所关系视角

在规划史与公共卫生史中常见一个理念,即理性(rational)的物质与城市设计能够改变社会状况,尤其是城市贫民的社会状况。规划领域自20世纪的城市美化运动(City Beautiful)到21世纪的新城市主义(New Urbanism)、精明增长(Smart Growth)与积极生活设计运动(Designing for Active Living)[3],都为逃脱这一理念的影响而产生。意在将建成环境与人体健康联系起来的研究,总是将街景、高速公路、房屋、商业区、学校、公园等场所简单地描述为设计品与建筑物的总和。然而,如前文历史回顾中所强调的,正是从制度、文化的约定俗成到经济、社会政策这样一系列超出物理设计的动因,决定了地方如何发挥功能,以及哪些人群会有机会参与健康活动。探究建成环境与健康之间关系的调查通常会有意回避或忽视现实、社会、政治、经济和意义建构之间的互动与关联;在将其融合后,通常单纯的空间便转化为了场所(Cummins等,2007)。

场所关系视角

许多邻里效应、建成环境和健康研究都有变量静态不变的场所视角;而场所关系视角有别于此,其中场所同时具有物质和社会特质,生活于该场所的人们相互间的种种互动赋予场所以意义。一片空间通过其社会关系被赋予内涵而变成一处场所,而这些社会意义又会反过来重塑这片空间(Lefebvre,1991)。然而,场所特质与意义建构之间的联动具有偶然性和争议性,比如当具有崭新文化取向的新型群体迁移到新地区的时候就会产生这种情况。意义对证据是否具有说服力这一点至关重要,而意义本身其实也是另一种形式的证据。正如彼得·马里斯(Peter Marris,1996:31)所指出的:"不相容的意义产生的冲突不会随着证据的产生而简单消除,这不是说证据无关紧要,而是因为唯有意义本身才能决定其相关性。"权力、不平等、集体活动这样的社会过程通常都会在构造与再构造场所的物质形式和社会意义中被显现,故而场所关系视角在迈向健康城市规划的进程中至关重要(Emirbayer,1997; Escobar,2001)。

要理解场所对人类福祉的影响,城市场所的意义与互动格外关键。比如,"场所感"会唤起人的归属感和社群关联感;而"缺乏场所感"往往会引起孤独和抑郁(Jackson,1984)。[4]场所的质量与意义能影响到我们的行为、表现和机会结构(opportunity structure)(Hayden,1997)。一般而言,城市与大都会区域不太会受到自然演替和竞争这些隐性因素的影响。人们和组织(或联盟)积极构建场所,而各地的建构过程千差万别。场所建构中的政治斗争泾渭分明地划分出胜负双方。因而物理变量和社会变量的静态定义并不能把握场所构建的动态实质。

在健康城市规划的新体制中,场所关系视角要求多维度地综合多种对场所的表征和理解方式;包括居民自述、系统观察、现场定性定量的测量,以及资源的空间可达性。场所关系视角与建成环境、健康观之间的核心差异对研究与实践均会产生影响。例如,场所关系视角在测量时并不是优先使用现有的地理、行政界限,其度量的不仅仅是实际距离,还包括了社会距离和社会网络;场所关系视角力图纵向分析人口特征的演化,而不止步于横断面(cross-sectional)的人口特征。对政策制定十分重要的一点在于:场所关系视角考虑到了健康改善干预行为被赋予的具体文化意义,致力于解决那些场所塑造机构中现存的权力不平等问题,而不仅仅局限在某一场所健康改善资源的分布和数量(表4.3)。

表 4.3　建成环境对比场所关系视角

	建成环境	场所关系视角
地理	按照确切范围划分界限（即人口普查区）	没有优先设定的界限
距离	固定的实际距离	物理距离兼容社会距离；网络距离
人口	时间／空间内静态固定；各人口群体间存在跨区划差异	具有流动性和随机性，各人口群体内部及相互之间存在纵向差异
健康改善资源	物理社会资源存有地区差异，文化中立	被赋予具体的物理、社会、文化意义
政治力量	未明确解决	场所人口间的关系，由塑造场所的机构来维系

从城市实验室观到接受人口健康观

早在 20 世纪初，微生物理论（germ theory）细菌学和生物医学模型在公共卫生领域出现时，同时诞生了一门崭新的城市健康科学——城市实验学。城市实验学联合城市政策，共同反映实验背景的合法性。实验结果可以广泛应用到各种情况和所有人口群体，因为在某种程度上实验室本身是一个非具体场所化的、在限制和控制下的环境，通过机械化和标准化将实验者与被实验者间隔开。一般普通的干预行为——例如对饮用水的化学处理和由专业官僚机构统一管理的儿童免疫接种——无不反映了城市实验室观下的种种城市健康干预行为。实验室观还为国家对经济与个人生活的干预提供了政治合理性，使之有理有据，且或多或少地脱离于"外界"的变迁与混乱。

实验室观力图解释或者说寻求一个城市人口的健康状况差异的终极原因（Rosen，1993）。目前存在一种基于基因学的实验室观就承诺可以为健康差异（例如白人和非洲裔美国人）找到一个"唯一的原因"（Pearce 等，2004；Keller，2000）。然而人类族群的基因差异不仅缺乏证据，而且人类基因组的图谱（mapping）已然证明了不同民族的健康状况差异与基因没有根本联系（Goodman，2000）。《新英格兰医学杂志》（*The New England Journal of Medicine*）于 2003 年指出：种族类别不能作为对药物反应、诊断反应、致病原因反应差异的有效遗传分类（Copper 等，2003）。重要的是，医学研究所已经证明，不考虑收入、在同等的健康护理水平下，少数裔族通常比白人接受更少药物治疗和预防措施包括救命手术（IOM，2003）。

城市实地考察观有别于实验室观。实验室里的实证观察可以使研究者在人工干预之前，检测现实的情况。在城市实地考察观中，不论是专业人员还是城市居民，都将化身为检测员、民族志学者和分析人士，对自身所处场所显露出的特性能够产生强烈的个人感知。实地工作常需要长时间地浸润在某一特定场所中，并从中摸索出具体的感知、视觉和理解——因此实地考察与实验室里那些冰冷精确的实验器材不同。当实地考察观在城市规划与公共卫生中成为主流时，研究与实践就会更倾向于解决社会、政治、经济、生物因素之间的相互关系，因为它们在一定程度上影响了城市最贫困人口的健康状况。例如，在美国卫生进步时代（the American Sanitary and Progressive eras），实地考察观曾是主流的"城市科学"；例如社区文教服务中心（settlement houses）、邻里健康中心这样的地方机构会编写因地制宜的回应性政策。"实地"会伴随对真实现状的美化；"实地工作"会揭示一些独一无二、无法复制的场所特质。

人口健康：融合城市健康实验室观与实地考察观

健康城市规划的新体制要求实践者接纳人口健康理念，其中研究与干预措施都将建立在城市实地与实验的特质上。重要的是，以人口健康观指导的规划认为，实践需要脱离生物医学与建成环境这两种路径，因为前者关注基因学和个人生理行为，后者聚焦物理环境中的陈列物，实践需要转而与社会流行病学相结合。社会流行病学路径强调健康公平源于生物、环境、社会经济和政治力量间的相互作用，其研究与实践的目标在于改善所有社会群体的健康，尤其是减少人口群体中的健康不平等现象（Young，2006）。

人口健康方法的基础理念是：可在根本上降低发病率和死亡率的，是社会、经济及物质条件的变迁，而不是医学技术的变革（McKeown，1976）。这样的理念与生物医学对健康的看法截然不同——后者认为是人类的生理、基因、个体生活习惯的综合特质造成了健康差异（Mishler，1981）。生物医学模型通过分析个人的敏感性与群体差异来探求病因，其研究问题包括"个体为何在此刻患病"。根据这一观点，判断健康最重要的因素就是个人的生活习性及其潜在致病风险（比如抽烟），而不是个人生活或工作的环境。该模型的优势在于其强调个人风险因素，但其缺点在于无法解释疾病在不同人群和地理区域中的分布差异。相比之下，人口健康的核心问题在于：什么能够解释人群的疾病和健康的分布，又是什么促成当下人口群体的健康不均模式及其演变形态？人口健康观强调疾病的分布有别于疾病产生的原因，所以该观点质问了社会、政治、经济力量，从种族主义、政治经济乃至社区环境，如何共同造成了某些群体患病、早亡，以及承受不必要的痛苦。

人口健康观强调，健康不均反映了社会经济资源在城市不同地区的社区中分布的不均等（Marmot & Wilkinson，2003）。占有更多物质资源的人群在努力避免患病风险，或在疾病暴发时最大限度地降低其影响，而那些资源困乏的人群则无能为力，这便产生了健康不均。物质资源也会影响人们的健康行为，也影响群体对健康改善项目是否知晓、可否参与、能否承受、是否得到支持。根据林克和弗伦（Link & Phalen，2000）的理论，物质不均的恶性循环会导致健康不均；经济资源直接影响了受教育程度，这便会使受教育水平较低的人群从事高风险、低收入的职业，令其投入更多时间来赚取仅可糊口的工资，导致其生活风险加剧，以及与家人、社区人际网络接触的时间减少。

实验室观与实地考察观相融合：生物具象化（Biologic Embodiment）

将实验室观与实地考察观相结合，能极大地帮助规划者理解具象化假设的政策含义，人类由生到死如何在生理上融入我们所生活的物质和社会世界（Krieger，2001：694）。具象化假设认为，场所与政治制度的特征（例如收入差异，种族主义；缺乏超市、图书馆、健康中心等公共设施；流浪汉应对计划；治安策略；以及移民政策）可能像生物制剂（biologic agents）一样成为致病原因。有一类具象化假设强调实验室观与实地考察观知识（site knowledge）的重要性，认为种族主义、社会名声败落、贫困、失业、驱逐威胁、住房质量低劣、长期邻里暴力、环境污染（如含铅涂料和空气污染）等问题带来的长期压力会"侵蚀"人体健康，导致免疫力下降、新陈代谢不调、心血管受损，加剧传染病与慢性病的滋长肆虐（Geronimus，1994；2000）。[5] 侵蚀假设则认为：有色人种的健康状况将会更早恶化，因为与白人相比，他们会受到更强、更多的社会经济打击，包括应对各种长期的严重压力。该观点表明，当面对（"生死关头"这样的）巨大压力时，人体的对应能力具有自我保护作用，但在高强度的持续压力环境下，这些机制会损害人体健康。热罗尼米和汤普森（Geronimus & Thompson，2004：257-58）曾指出，在持续的压力之下：

由压力所激发的生理系统会损伤人体。适应系统使人体能够应对不断变化的物理状态，以及噪声、拥挤、极端气温、饥饿、危险、感染等外界压力。长此以往，势必导致"适应超负"，引起心血管、新陈代谢、免疫系统的耗损与衰弱。

这一侵蚀理念提出，一生中所面临的压力因素会影响人体应对压力所致不良影响的能力，引发有色人群的心血管疾病、肥胖、糖尿病、易感染性增强、早衰和早夭。

具象化假设将对场所关系的理解与"群体健康先于个人生理行为"的人口健康观相结合，对追求健康均衡的城市规划而言具有重要意义。该假设还强调，社会体验所积累的影响并不完全局限于某一种或几种特定疾病的结果。该理论一方面承认生物过程的重要性，并认清"生理"与"体内"间的区别（实验室观）；另一方面强调生理与社会影响身体健康但避免社会决定论（实地考察观）；最终将城市实验室观与实地考察观融合到一起。就如克里格（Krieger，2005:353）着重强调的那样：

> 具象化假设警示我们：一个人并不会周一是非洲裔美国人，周二就成了出生体重过轻的婴儿，周三成了在涂料废料中成长的孩子，而后周四又成了工作中备受歧视（并且无法获得健康保障）的成人，再之后周五又是居住在没有超市、却布满快餐厅的种族隔离社区的居民。身体不会将这些体验分割开——这些体验可能会加剧不可控的高血压，也可能引发像糖尿病这样的并发症，最终导致健康状况恶化。

围绕具象化假设展开的新健康城市规划政策，将规划实践的重点落在改变那些可能不利于生物特性表现、导致人口疾病分布和健康不均的社会环境。

从专业化，职业化到建立地区联盟

如第二章所强调的那样，各个领域专业化和职业化的不断提高与原本的常识基础、规划及公共卫生的实践之间脱节。职业化会滋生专业化官僚主义，增加学科界限，并增长对受过不同学科训练的新精英技术统治论者（technocrats）团体的需求。职业化、专业化与碎片化的官僚机构的叠合，使城市、社会法治根基等

99

各领域间的联系割裂。而这种割裂不仅在各个行政市范围内滋长，还渗透到整个大都市地区，致使数以百计的地方政府和特殊行政区为财政税收和国家资源进行零和博弈，最终削弱了地方合作和公平（Dreier 等，2004；Katz，2007）。新健康城市规划体制必须应对整个大都市范围内的割裂状况，以避免基本服务与治理中可能发生的重叠、重复、失调、资源浪费等情况。

因此区域性的健康规划势在必行。因为地方性政策可能过于狭隘；全国性的政策又容易忽略企业、艺术、文化、民间群体等至关重要的地方因素，而这些因素是处理紧张的城内社区关系与郊区老龄化问题的关键（Pastor 等，2007）。区域联盟能够将不同利益与组织聚集在一起，联手克服具有隔离主义、邻避主义（not-in-my-backyard）的歧视性进程（discriminatory agendas）。就像吉拉尔德·弗鲁克（Gerald Frug）在其著作《城市锻造：没有城墙的城区》（*City Making: Building Communities without Building Walls*）中所说的那样：

> 在我们城市场所肆虐的疑虑与恐惧可能会产生一种自我强化的异化
> 循环：人越来越多地离开市区，因陌生人涌入而引发焦虑的概率也就越高，
> 由此导致了人群间的进一步疏远（Frug，1999：80）。

弗鲁克认为，如果同城内不同出身背景的居民和决策者之间的交流减少，将限制理念共享与社会学习，最终将阻碍政策的创新。

因此有效的地区联盟势必需要关注地方制度，或注意到实施者与各个组织不同的思考方式和实施方法。制度的建立不一定依循传统公共制度的结构或程序，但需要是处理某些已有社会问题的重要解决方式，例如那些随着时间的推移而被认为"理所当然"、根深蒂固的实践规范（Healey，1999）。地方区域价值观和认知可在组织与联盟中得以商榷，而制度实践通常产生于这些组织与联盟中。希利曾提到：

> 在制度化视角中，感知世界、认识世界、应对世界的种种方式已被
> 建构在与他人组成的社会关系网络中，再由这些社会关系将种种方式嵌
> 入特定的社会环境中。通过这些社会环境中特定的历史地理因素，能形
> 成特有的态度与价值观。正是在这些关系化的环境中，孕育出了参照系
> 与内涵体系（Healey，1999：113；着重强调）。

因此，成功的健康城市规划在一定程度上取决于跨学科、跨部门新型联盟的成功组织，以期建立最终的新制度。

关于地方联盟有一个叫作"除垢柴油机运动"（Ditching Dirty Diesel Campaign）[6] 的案例。该联盟成立于 2004 年旧金山湾区，旨在通过重塑制度以达到健康均衡（Pacific Institute，2006）。该联盟召集了湾区低收入有色社区的积极分子，矛头直指湾区空气质量管理部门，即区域性空气污染规范机构（Prakash，2007）。联盟首先记录了当地的哮喘患病率和社区柴油机货车污染情况，并利用这些信息开展地方运动，从而消除货车闲置的情况。地方反闲置货车运动进而发展成为区域性组织，扩大到整个湾区。此后，加利福尼亚周边的几个邻近港湾社区（例如长滩和洛杉矶）也相继加入（Pacific Institute，2006）。

区域范围与全州范围的联盟率先将原有工作延伸，关注地方空气质量管理；同时拓展到分析运输与国际商品活动如何给全球经济中获利最少的人群带来了巨大重负（Pacific Institute，2006）。为此，该运动将运输交通与健康环境负担联系起来。例如，"除垢柴油机联盟"（Ditching Dirty Diesel Collaborative）发表了名为《健康为价：论加州交通运输的真实成本》（*Paying with Our Health: The Real Cost of Freight Transport in California*）的报告，其中着重强调了加州空气资源委员会（CARB）给出的关于交通运输所引发的哮喘等呼吸疾病导致 2 400 人早夭、2 830 人入院、360 000 人误工和超过一百万人误学的估算，并且其中绝大部分人都来自低收入有色社区（Pacific Institute，2006：3）。

"除垢柴油机联盟"与美国其他城市的类似组织联合，共同组成了全国范围内港湾及其周边社区的环境健康改革运动，名为"港湾清洁与安全联盟"（Coalition for Clean and Safe Ports，CCSP），其中包含劳动、环境、社区（议题的）活动家；他们在洛杉矶、长滩、迈阿密、奥克兰、纽约—新泽西和西雅图等诸多主要集装箱港口建立组织。港湾清洁与安全联盟还倡导港口管理组织——其中大部分都为准公共机构，借用其在地方的影响力来给货车货船公司制定标准条例，包括雇用驾驶员[7]，要求沃尔玛、塔吉特（Target）等大型公司购买干净燃料的卡车，以限制污染给驾驶员和港湾社区造成的健康危害（White，2008）。

另一项重构规划与公共健康实践的城市联盟案例是洛杉矶以社区为基础的组织——"菲格罗亚走廊联盟"（Figueroa Corridor Coalition）。该联盟与私人开发商洛杉矶竞技地产公司（Los Angeles Arena Land Company）就洛杉矶

102　市区斯台普斯中心二期项目,成功协商制定了一份社区利益协议(CBA)(Goodno,2004)。该协议从法律上确保开发商在项目中纳入可支付性住房和类似新公园这样的公共娱乐设施,并在新的商业设施建设中以满足基本生活的工资雇用当地居民（Gross 等,2002)。反观 20 世纪早期经济发展与社区改善间的矛盾,"除垢柴油机联盟"和"菲格罗亚走廊联盟"通过与工会组织的合作,确保了经济发展、社会机遇与物质规划携手共进。

还有一个名为"湾区健康不均问题倡议"（BARHII）的地方联盟,是美国为数不多的关注健康公平问题的国际规模的组织之一,并力图打破制度、官僚分裂和专业主义的局势（Prentice 2007）。该联盟是非营利性公共健康机构的合作组织,汇集了该地区的健康与规划部门,还有社区性组织,以制定提升健康均衡的地方战略。该区域联盟认识到将自身工作范围遍及全美的重要性,并与国家城郡健康署（National Association of County and City Health Officials,NACCHO）合作。其四大工作重心之一就是建成环境,意在将本地实践的重点从食品供应、食品安全、设计和物质活动转向致力于重构公共健康与规划实践,以解决健康不均（Prentice,2007）。

本章提出了一整套提升健康均衡的城市规划新体制的实施框架,接下来的三章将以旧金山湾区为起点,深入探究健康城市规划实验,并将着重讨论各个实验是如何嵌入政治结构、推动政策以迈向健康城市。

1　欧盟在 2005 年通过了一项改变其管理有毒物质方式的法令，旨在更好地保护公众健康，并将预防原则作为这一新的环境卫生战略的基础。

2　我在第六章讨论了旧金山如何采用了预防原则及其对整个海湾区环境健康的影响。

3　请在以下网站查阅这些运动的目标声明：http://www.cnu.org/；http://www.smartgrowth.org, and http://www .activelivingbydesign.org.

4　詹姆斯·鲍德温（James Baldwin）在 1963 年发表了一篇名为《教师箴言》（"A Talk for Teachers"）的文章，其中时而明确时而隐晦地强调了基于场所的意义和身份认知："我还记得第一次看到纽约的景象。那是公园大道，但我不知道公园大道对市中心意味着什么。我长大的地方也有公园大道，那里黑暗肮脏，现在仍然存在。没有人会想在公园大道上开一家蒂芙尼商店。当你去市中心时，你会发现你真的身处于白色世界。这里富有，或至少看起来很富有。这里很干净，因为有人收集垃圾。这里有门卫。人们走来走去，仿佛他们拥有这里，而事实也确实如此……你知道，你本能地知道，这一切都不属于你，在有人告诉你这一点之前你就深知了。"

5　社会和经济环境通过人或者所谓的"生物印记"（biologically imprinted）得以体现的一个例子是低出生体重。低出生体重由一系列社会不平等造成，这些不平等导致孕产妇面临（孕期和孕前）营养不良、有毒物质（如铅）、吸烟、感染、家庭暴力、种族歧视、街区的经济困境以及医疗和牙科护理不足等问题（Adler & Newman，2002）。

6　"除垢柴油机联盟"是由十几个环境司法和卫生组织在海湾地区组成的一个联盟。自 2004 年 10 月以来一直致力于减少柴油污染和改善整个海湾地区环境正义社区的健康水平。"除垢柴油机联盟"有三个活跃的工作领域：柴油怠速、货物移动和能力建设。"除垢柴油机联盟"的指导委员会包括湾景猎人角（BVHP）社区倡导者、旧金山公共卫生局（SFDPH）、湾景猎人角健康与环境工作组、康特拉科斯塔健康服务／康特拉科斯塔哮喘联盟、种族健康研究所、健康圣莱安德罗合作组织、自然资源保护委员会、北里士满邻里之家、太平洋研究所、区域哮喘管理和预防倡议以及西奥克兰环境指标项目（Pacific Institute，2006）。

7　目前，大多数从港口运输货物的卡车司机都是独立承包商，而美国反垄断法禁止其参加工会。

212

第五章　重构环境健康实践

不妨环顾此处。我们看到卡车、烟囱和废弃的有毒军事用地。我们这边没有你在郊区经常见到的那种大型超市。我们吃大量便宜的食物。我有时候会去喜互惠超市（Safeway）看看有什么在打折出售……即使我有钱买健康的食物，我也没有时间和精力去买，因为每天工作12到13个小时本身就很艰难了，再难以顾及其他事情。去喜互惠超市需要1个多小时，而且去不去还取决于市政铁路（MUNI）来不来，有时候根本就没车！我有时候去街边小店，但那里并没有新鲜有机食物。我还不能经常去，因为路上不安全，你知道吗？毒贩子在外面闲逛，找别人的麻烦。一旦晚上看见有人拿枪，你就别想在附近买吃的了。

　　——一个 29 岁的非洲裔美国居民如是说，他住在旧金山湾景猎人角街区[1]

环境健康、规划和社会公正

上面一段话出自一位旧金山湾景猎人角街区的长期居民之口。该街区历来是个工业区，毗邻旧金山码头。数十年来，该街区内的大型军舰制造厂和修理厂不断排放有毒污染物。这个街区的环境危险源包括：工业有毒废物造成的土壤污染、发电厂造成的大气污染，以及附近高速公路和工厂的卡车运输带来的噪声污染。该街区有 187 个泄露的地下燃料罐（LUFTs），包含 124 种美国环境保护局（EPA）规定在列的危险污染物；大气污染物排放量是旧金山其他街区的四倍，危险物存放量是旧金山其他街区的五倍（美国环境保护局，2005）。

这块街区像其他后工业城市地区一样，饱受有毒污染物之苦，失业现象严重，基础设施损坏，曾经充满生机且文化凝聚的社区不复存在。第二次世界大战初期，美国海军在湾景镇建造船厂的时候，创造了上千个高薪岗位。1944 年，多个联邦住房工程在猎人角启动，被称为"战时用房"（war houses），将近一半的非洲裔船厂工人居住在其中（Broussard，1993）。尽管这些房子最初是用作工人的临时住房，却保留至今。在第二次世界大战前后的一段时间里，旧金山湾景猎人角的非洲裔美国人口激增，这个街区逐渐变成旧金山最大的非洲裔美国人聚居区。1974 年，海军造船厂关闭，随后大量工人下岗。1994 年，整个区域全部停工关闭，但是有毒污染物、失业人数、破败的基础设施和"临时的"公共住房留存下来。造船厂曾经是该地区居民的收入来源，现在却被美国环境保护局（EPA）认定为重大污染场地（toxic Superfund site）；它和附近其他小型工业设施一起，使湾景猎人角内和附近地区成为旧金山土壤污染、水污染和大气污染最严重的地区（SFDPH，2006）。20 世纪 90 年代初，旧金山的失业率不断增加，生活成本提高，很多美国黑人被迫搬离这个街区；而留下来的人们居住在这个隔离的城市中最贫穷的社区。

20 世纪 90 年代早期，湾景猎人角（邮政编码94124）仍然是旧金山最大的黑人聚居区，也是最贫穷、最不健康的街区（BHSF，2004；Katz，2006）。现在超过一半的居民拥有自己的住房。超过48% 的居民是非洲裔美国人，20% 的人生活在贫困线之下，13% 的人失业。这个社区的住院率在旧金山所有街区中最高，住院原因包括成人和小儿哮喘、成人糖尿病、慢性阻塞性肺病（COPD）和充血性心衰（BHSF，2004）。

20 世纪 80 年代早期，住在湾景镇伊万斯大道公共住房、太平洋天然气发电厂对面的居民开始发起组织，清除发电厂的污染排放物并关闭了电厂（Fulbright，2006）。活动家也迫使联邦政府、州和地方政府去清理被废弃的海军造船厂。1992 年 1 月 22 日，美国环境保护局、海军和加利福尼亚州政府签订了《联邦设施协议》（*Federal Facilities Agreement*），从而为湾景猎人角的海军造船厂的环境调研和清理提供更好的合作。1993 年，在《基础关闭法案》（*Base Closure Act*）之下，开始将造船厂转移到旧金山的计划（Katz，2006）。但是对于海军造船厂、废弃的有毒场所和发电厂对健康环境影响的担忧在继续；很多居民怀疑当地污染导致了他们的健康问题，使很多人因慢性病而陷入依赖循环（Huntersview Tenants Association and Greenaction，2004）。居民向地方和国家反映环境不公正，要求政府机构证明他们的不良健康状态并非当地污染所致。

105

建立健康城市规划的基础

本章着重讨论街区居民如何通过对环境正义的呼吁重新定义环境健康，转变政府机构的实践，使其变得健康公平；并为旧金山和湾景地区的健康城市规划建立基础。20 世纪 90 年代早期，湾景猎人角的居民为了环境正义而聚集起来，他们的要求之一是希望旧金山公共卫生局（SFDPH）进行调查，研究有害污染物对居民的身体健康是否有害。联邦政府和州政府都决心提升环境正义，解决湾景镇和旧金山其他地区健康差异的问题。部分迫于以上原因，旧金山公共卫生局的慢性病与环境健康科与街区环境正义活动家建立了合作关系。这种合作关系非常独特，因为它始于询问社区成员，通过一个详尽的社区调查和几次小组会议，来界定街区居民最关心的环境健康问题。旧金山公共卫生局本以为居民们最关心的问题会是大气污染和附近工厂的废弃物污染，但调查及谈话却显示出不同的结果：犯罪、失业、食品健康的获取及住房状况是他们最关注的"环境"问题。

很多环境健康机构看到这个调查结果也许会说这不是他们的管辖范围，或者说自己不具有处理犯罪、住房、食品等问题的"技能"，但旧金山公共卫生局没有这么做。卫生局把这次调查作为一个契机，重新定义环境健康要求，融入了并不特定针对健康的政策和机构，重新设计评估健康的社会决定因素的新流程。机构逐渐创造了一个新项目，称之为"健康、公平和可持续计划"（Program on Health, Equity and Sustainability，PHES），集中通过研究和倡导城市政策和规划解决健康不公平（www.sfphes.org）。

本章将探讨旧金山公共卫生局转向健康公平和规划问题的原因及方式，以及对于更广泛公共机构和社区团体推进健康城市规划的启示。社区对环境正义的需求、国内和国际对健康的社会决定因素的关注、旧金山公共卫生局的领导方式以及机构实验的决心，一起推动了旧金山环境健康的重构。最终，正如本章所言，重新定义环境健康以纳入健康公平的社会决定要素，是健康公平的城市规划的先决条件。

环境正义促进了新型政府社区关系

在 1994 年，湾景猎人角的环境正义活动家要求旧金山公共卫生局解决他们关心的问题，环境健康科与社区居民开始进行对话。在这些对话会议中，居民认为，街区里居高不下的患癌率与污染性企业有关（Huntersview Tenants

94

Association，2004）。随着美国环境保护局（EPA）的《1992 年环境公正报告》（*1992 Environmental Equity Report*）和克林顿总统的 12898 号总统命令在同年发布，环境正义已经获得联邦政府的高度重视。20 世纪 90 年代，加利福尼亚州在社区层面努力提升环境正义引人瞩目；他们所付出的努力迫使环境和公共卫生机构加入解决这些问题的队伍。一个拉丁裔社区团体在凯特尔曼城打出"争取干净的空气和水"的标语，并依据《加州环境质量法》（*California Environmental Quality Act*，CEQA）提出诉讼，指出提议的垃圾焚化项目没有分析其对圣华金河谷的空气质量和农业的影响。这项诉讼迫使加州环境保护局声明其在环境正义方面的立场，并且保证环境审批程序中会纳入低收入人群和有色人种社区（Cole，1994）。

旧金山公共卫生部开始每月与湾景的环境正义活动家开会，并和其他研究人员一起讨论街区环境健康的研究。旧金山公共卫生局的首要任务之一是在街区内定位所有危险污染点，并在社区居民的要求下收集高发癌症的检测数据。这些数据表明，该社区的非洲裔美国年轻女性患乳腺癌的数量异常高。虽然研究人员对乳腺癌的发现结果存疑，但似乎印证了居民们长期以来的观点，即污染与居民们的健康问题有关联（Rojas，1997）。活动家以这些早期研究结果为依据，要求街区发电厂停工。因为发现前期研究显示出湾景猎人角居民的确承担了过量的环境暴露和疾病高发（风险）（Rojas，1997），公共卫生局公开支持社区运动。由于这些活动家成功加入卫生局对环境健康的研究，居民们关心的问题被合法化，并促使政治关注度的提升，推动了海军造船厂清洁计划（Bhatia，2003）。

公共卫生局对社区关心的问题给予积极回应，并公开支持关闭发电厂，提高了环境正义活动家和旧金山公共卫生局彼此的信任，推动了更深入的合作。他们的合作促进了加利福尼亚卫生署对癌症的后续研究，发现湾景猎人角无论男女在任何年龄段的癌症患病率没有显著升高（Glaser 等，1998）。尽管有很多不确定的发现，旧金山公共卫生局和街区居民一致同意组成一个社区联盟，从而使监督研究工作朝居民们需要的方向进行（Bhatia，2003）。

除了癌症，居民们还十分关心不断蔓延的哮喘。美国环境保护局授权旧金山公共卫生局调查湾景猎人角触发哮喘的环境因素。作为调查的一部分，卫生局的调查员去了湾景猎人角的公共住房，记录下住房内部大量可能引起哮喘的不健康环境，从霉菌、湿气到剥落的铅漆。当调查员在社区会议上报告调查结果时，居民们说，他们不愿意把房屋状况的信息告诉房东或住房管理局，担心会被驱逐，

107

108

而该区域缺少其他可支付性住房选择（Bhatia，2007）。开始于针对湾景猎人角大气污染、癌症和哮喘的相对常规的环境流行病调查，转变成为对土地使用、住房质量和区域内住房可支付性的讨论。作为讨论什么可以"算作"环境健康问题这一离题转变的一部分，旧金山公共卫生局采用了这样的政策定位：即使现有的流行病学方法不能确证环境和疾病之间的关联，湾景猎人角的环境负担已太重，无法再承受任何危险暴露。他们落实这个政策定位的第一步是成立一个"社区—学术—政府"联盟，用以制定减少和消除湾景猎人角环境威胁的策略。

社区环境健康调查

1999 年，健康机构和湾景猎人角的活动家组建了一个联盟，定名为"健康与环境评估工作小组"（Health and Environmental Assessment Task Force）。为了确定社区居民首要关心的环境和健康问题，工作小组在旧金山公共卫生局、加利福尼亚大学旧金山分校的协助下，发起了一项家庭和个人调查，一共调查了 249 户人家和 171 位个人；调查的内容涉及人口统计、住房、环境和健康。其中一项发现是，35% 的居民总是或经常担心无法支付基本的家庭支出，如房租、

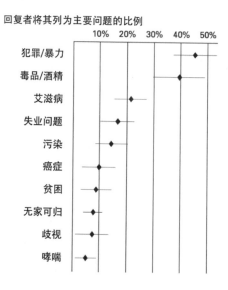

图 5.1 海湾健康与环境工作小组的社区调查结果

来源：湾景猎人角健康与环境评估项目，2001：11

食物和衣服（BVHP HEAP，2001：15）。调查还显示，相较于环境污染，居民们更担心犯罪与安全问题、药物上瘾问题和就业问题（图 5.1）。

让机构惊讶的是，只有 14% 的居民比较关心化学污染和其他污染问题。调查结果在名为"梦想中的家园：社区对话"（Landscape of Our Dreams: A Community Dialogue）的社区论坛上讨论，居民们提供了他们关注点的额外细节。很多居民提到，街角食物市场是他们唯一可以买食物的地方，但那儿也是非法毒品交易和暴力事件集中的地方。此外，社区成员还认为街角商店出售价格过高但质量很差的食物。

旧金山公共卫生局职业与环境健康科的负责人拉吉夫·巴提亚（Rajiv Bhatia）认为，与社区的合作让卫生局看清很多问题，如环境正义的呼吁不仅仅需要减少污染，而是一系列的相关需求，包括经济公正、安全且可负担的住房、健康且价格合理食物的获取渠道以及社区安全和暴力问题（Bhatia，2003）。纵观湾景猎人角居民提出的环境健康问题，其实反映出的正是社会健康的核心决定要素；这些问题驱动政府制定战略，将并不针对健康的城市政策和计划也纳入，从而提升社区福祉。

食品系统项目的制定

食物和健康通常是由健康科处理的问题，但仅限于营养检查和餐馆视察。以前，大家普遍认为规划更好的社区以获得高质量的食物和预防社区暴力并不属于环境健康问题，也不属于健康科的工作范畴（Bhatia，2003）。但环境健康科认为，社区食品安全是世界卫生组织和世界各地反饥饿倡导者所认可的健康公平的核心问题（Wilkinson & Marmot，2003）。为了解决在社区调查中出现的问题，在健康与环境评估工作小组的支持下，旧金山公共卫生局的环境健康科在食品系统项目之下发起了一系列活动。来自美国农业部和旧金山社区基金会倡议计划（San Francisco Foundation Community Initiatives）给予的经济支持，使旧金山公共卫生局在食品系统项目中更具实验性和创造性，同时也招募了更多市政预算之外的员工（Bhatia，2003）。该项目的首要目标是让湾景镇的居民都能够买到健康的食物，同时弄清楚为何在全市范围内和地区之间，有些地方的居民能买到更好更健康的食物而有些地方却不能。

湾景社区食品安全

2001年春季,公共卫生局(DPH)的环境健康科通过与旧金山城市园丁同盟(San Francisco League of Urban Gardeners, SLUG)、环境正义联盟(Literacy for Environmental Justice, LEJ,也是一个致力于赋权于年轻人以推动社会公正权利的民间组织)建立了新的伙伴关系,扩大了他们在湾景猎人角街区的活动范围。他们的目标是增加年轻人的参与度,以解决社区食品的获取问题。旧金山城市园丁同盟的协调员宝拉·琼斯(Paula Jones)认为,由联盟发起新的健康食物获取调查,旨在为当地街区的年轻人提供一种方法,以识别出获得健康食品之渠道的阻碍所在并找出解决方法(Jones, 2006)。调查问卷的内容包括居民们去哪里购买食物,购买新鲜食物存在哪些障碍,有哪些方法可以帮助居民买到水果和蔬菜。

公共卫生局培训了17个年轻人来进行调查,他们作为一个团队在邻近街区收集了超过280份个人调查数据,调查地点包括杂货店、教堂、社区大学、邮政局和快餐馆。经过对调查结果分析,联盟提出一系列改进食品获取渠道的建议。一项重要的调查结果发现,尽管街角店铺是居民购买食物的首选,但这些店里只有2%的货架上摆放的是新鲜食物(SFDPH, 2001)。

随后,调查团队讨论出四项具体措施来加强湾景猎人角街区的食品安全。第一,联盟应努力寻找吸引新的零售店或超市进驻此地的方法。第二,联盟应创建邻里农夫市场。第三个措施是制定一个鼓励街角店铺能够提供更多新鲜食物的计划。最后一项措施则是找到(供应)健康快餐的零售商。联盟也认为,在邻近街区找到新的、更好的食物渠道之前,湾景猎人角街区的居民们要先去别的街区买东西。该团队还与城市交通部门协商,要求调整现有公交路线,在邻近街区设立停靠点,方便湾景猎人角街区的居民能够直接到达超市。经过多次讨论之后,交通部门同意在湾景猎人角和旧金山东南部街区的众多杂货店之间设立一条专门的巴士路线,终点站也将设在市中心农夫市场。

健康与环境评估工作小组、旧金山公共卫生局和环境正义联盟合作发起的另一个项目是鼓励湾景镇的杂货店提供更多的健康食物。这个名为"好邻居计划"(Good Neighbor Program)的项目旨在鼓励街角商店将其至少10%的库存用于新鲜农产品,剩余库存的10%～20%则用于其他健康食品;让这些商店接受食物优惠券的使用,并且限制他们对烟草和酒精的推销(Bolen, 2003)。这项计划的激励措施包括帮助商店升级其能效标准,如提供新的制冷设备、专业的营销助理以及首次进货的资金。在项目实施三年之后,湾景猎人角街角商店的营业额提高了15%(Duggan, 2004)。

湾景社区的市场

公共卫生局和社区合作伙伴在湾景猎人角发起的增加食物获取渠道的第三个项目则是在街区开辟新的农夫市场，并且确保食物优惠券能够在整个城市的农夫市场使用。但由于食物优惠券现在改成电子磁卡，很多农夫市场和小型杂货店没有相应的设备，造成接受公共援助的人没办法买到农夫市场里的新鲜产品和其他食物（Food Trust，2004）。

在哥伦比亚基金会（Columbia Foundation）的经济资助下，公共卫生局与市里四大农夫市场合作，找出并解决其中的障碍，让商家像接受政府电子给付转账（EBT）一样接受纸质的食物券（SFFS，2004）。这个问题受到了旧金山公共卫生局的高度重视，卫生局主任米歇尔·凯兹（Mitchell Katz）亲自打电话给旧金山消费者保障协会的领导人大卫·福瑞德（David Frieders），希望消费者协会能够在电子食物券项目上资助农夫市场（Ona，2005）。湾景社区的居民们喜欢在阿莱尼曼农夫市场（Alemany Farmer Market）买东西，这是距离他们最近的市场，并由纽约市消费者保障协会经营。公共卫生局的主任如此写道：

许多社区组织和旧金山市民都找到我们（公共卫生局），表达了对食物有限的获取渠道的担忧，特别是那些依靠食物优惠券、妇幼农夫市场营养计划（Farmer Market Nutrition Program，FMNP）和年长者农夫市场营养计划生存的居民。对于这个问题，我的理解是：在阿莱尼曼农夫市场上，食物优惠券需要通过某种方法可以同电子券一样使用……而且，阿莱尼曼农夫市场需要找到一种使用和兑换妇幼农夫市场营养计划优惠券的方法……旧金山的城市和区县优惠券的兑现率比南部的城市要低很多……我相信你们已经发现了，在旧金山的城市和区县里正在开展很多活动，帮助居民获得更多买得起且有营养的食物。从长远角度来看，如果农夫市场能够提供更多新鲜的食物，那么就可以减少与食物有关的疾病对健康带来的不利影响。由于阿莱尼曼农夫市场是旧金山低收入街区比较便利的市场，因此确保这个市场新鲜食物的供给就可以间接推动公共健康。

在地区民选官员的支持和不断的游说下，阿莱尼曼农夫市场的新运营者——行政事务部同意与公共卫生局合作，以确保市场可以接受任何形式的食物援助（SFFS, 2004）。

通过食品系统实现的社会公正

除了解决街区范围内食物获取问题，公共卫生局还借鉴了他们与湾景镇活动家合作的经验，开发了旧金山食品系统（SFFS），旨在通过社区组织、企业和其他城市机构的共同努力，解决食品系统规划和居民健康问题（SFFS，2004）。旧金山公共卫生局环境健康科在营养和食物健康工作中分离出系统解决食物问题的方法是一个重要开端。成立旧金山食品系统之后，公共卫生局更加注重食物的消费层面，主要是确保零售食物的安全性，通过妇幼项目提供直接的营养服务，或者由营养服务科提供营养健康教育。旧金山食品系统项目的目标不仅仅是食物生产，也希望通过社区公园来推广都市农业；也有一些社会服务项目旨在改善因用地模式而产生的"食品荒漠"（food deserts）现象或街区缺乏健康营养食物获取渠道的困境，以进一步解决城市饥饿问题（Jones，2006；Morland 等，2001）。旧金山食物系统项目的前负责人费尔南多·奥纳（Fernando Ona）认为，这个项目主要目的是开发一种食品系统研究及行动的方法：

> 抓住食品系统内的全部问题，包括生态和农业影响、对特定农耕方式的公共补贴、营养与人体健康、在不同种群中食物与社会和文化的关系，以及以上内容是如何形成的；还有它们与食物生长、收获、加工、包装、运输、营销、消费和处理这些流程的相互关系如何（Ona，2005）。

奥纳认为，旧金山食品系统项目也提醒人们关注在获取食物方面和都市农业运动中的种族主义、白人特权：

> 我们意识到这项运动其实是为了解决像湾景猎人角这样的社区群体所提出的问题，应该将这个运动变为多种族多民族的项目。食品公司、健康食品店、"购买当地有机食品"项目通常都是白人特有的精英活动。在食品系统里工作的大多数人和组织都是白人（或由白人构成）且充满善意，但他们没有意识到自己的白人特权是否影响到有色人种参与健康食品工作。与此同时，通常这些工作的目标又包含改变社会不公正现象：从土地使用和拥有权到健康食物的分配，再到工人权利、健康和安全。我们想设计一个项目，一个能够从一开始就与食物运动中的"特权"合作，同时积聚能量进行社会变革的项目。

为了实现目标,旧金山食品系统项目围绕一系列指导原则来组织活动。首先,项目的主要目的是解决低收入人群的迫切需求。这个项目的建立以反饥饿运动为基础,旨在满足低收入街区居民对食物的需求,但不仅仅是通过食物分配的方法。想要满足这些需求,要先开发新的项目来进行职业培训、业务技能拓展、城市绿化、耕地保护和社区复兴与再开发。反饥饿运动也讨论过城市和乡村地区的土地所有权和控制权的问题,以及这对低收入及有色群体街区食物供给的影响(Ona,2005)。

旧金山食品系统项目的第二项原则聚焦于特定的街区,同时将其需求和地方、国家及国际的农业政策相关联。这样做的动因在于,一个街区应该有满足其人口需求的食物来源,但这受到街区之外力量的影响。当地食物的自足体系或需要包括超市、农夫市场、花园、运往其他街区的食物运输工具、街区食品加工企业和城市农场。如果与地方、国家及国际食品问题相联系就会涉及农业补助、食品采购合同和贸易协定(SFFS,2004)。这个目标明确将"地方与全球"相关联。奥纳(2005)认为:

> 我们认识到,食物既非常私人和私密,但同时也是政治系统的一部分,有时候它能够促进社会整合,有时候会加剧社会分层。很少有其他系统能够如此近距离地接触人们的日常生活,并且能够发挥巨大的政治影响。

持续的社区参与,如同旧金山公共卫生局和湾景猎人角活动家之间的合作关系一样,被视为服务社区的关键因素,同时是整个旧金山食物系统面向全球的关键因素。

在社区参与的承诺基础上,旧金山食品系统项目成立了一个名为"旧金山食品联盟"(San Francisco Food Alliance)的具有高参与度的治理机构;该联盟是基于用户的政府食品系统,由公共和私人志愿者组成,而且有一系列工作小组,[2]负责发布旧金山首个协作食品系统评估(Collaborative Food System Assessment)(SFFS,2005)。

环境健康公平制度化

旧金山公共卫生局环境健康科将食品系统项目当作一个正式的项目,这说明在制度上已经发生了重大变革。但卡米·博图库(Kami Pothukuchi)和杰罗姆·考夫曼(Jerome Kaufman)(1999,2000)认为,城市政府机构在推广食品系统项目的时候，通常并没有侧重于社会公正或食品安全，而是选择了一些比较局限的目标，如增加食品服务、社区花园或农夫市场的数量和地点。他们也指出，"食品公正"更常见的是由社区组织或非政府组织推动，而不是城市政府的事情。

那么，是什么力量促使市级公共卫生部门将新的环境健康方法制度化了呢？其实健康公平制度化和解决由于社会因素引起的健康问题是旧金山公共卫生局整体改变的一部分。在食品系统项目启动之前，卫生局已经做出了一些改变；其监测和数据分析的实践，已经反映出他们转向致力于改变造成健康不公平的具体的非健康因素。

健康公平和生活工资法规

一个案例证明了旧金山公共卫生局在传统的公共卫生问题之外推动健康公平做出的变化，即对拟定的生活工资法规（Living Wage Ordiance）进行评估。1999 年，旧金山监事会开始讨论城市生活工资法规，要求合同工的最低工资标准为每小时 11 美金。由于生活工资提案本身存在争议，所以旧金山市就设立了一个跨部门的特别工作小组，负责监督提案的讨论过程。特别工作小组从经济的不同方面研究了工资可能发生的改变，包括公共和私人部门的货币成本、生活工资法规对劳动力市场的潜在影响（Katz & Bhatia，2001）。在看过研究草案之后，旧金山公共卫生局的流行病学家提出，在这项立法提案中没有涉及健康的收益（Bhatia，2003）。因此在城市立法委员的要求下，旧金山公共卫生局分析了收入对非正常死亡、可预防的住院治疗和急诊就诊的影响。分析结果表明，在生活工资法的基础上"适度增加"收入，能够大大提升全职和兼职工人的健康效益，包括降低非正常死亡率、改变整体健康状态并减少抑郁症和病假（Katz & Bhatia，2001：1400）。卫生局还表示，生活工资法规的建立能改善工人子女受教育状况并减小未婚生育的风险。

最终旧金山市通过了生活工资法规。尽管旧金山公共卫生局的分析对立法委员的影响尚未明确，但卫生局主任米奇·凯兹（Mitch Katz）认为，这项活动的确对卫生局产生了深远而持久的影响（Katz，2006）。对经济政策进行健康影响评估为城市健康部门的研究、分析和政策打开了一个新局面，即在传统的公共卫生领域之外解决社会不公正的问题。政策分析也表明，如果想要拥有内生力量重新制定政策和政府行动，如公共卫生和公平问题，需要将不同的部门和项目在这方面的努力进行整合（Katz，2006）。

一个机构对影响健康的社会决定因素的承诺

作为年度报告的一部分，旧金山公共卫生局发布了针对城市居民健康状况的数据分析；这些报告是很多公共卫生部门的传统职能。旧金山的公共卫生部门——人口健康与疾病预防科发布了年度报告：《旧金山：健康概述》（*San Francisco: Overview of Health*）。这份年度报告旨在"提供旧金山市健康状况的最佳证据，指明其健康需求，并提供干预措施"（http://www.dph.sf.ca. us/reports/HlthAssess.htm）。

在2000年到2002年间，当湾景猎人角街区进行协作项目和生活工资分析时，旧金山公共卫生局的健康数据也发生了重大的改变。具体而言，卫生局的研究重点不再是个人行为和生活方式，或疾病的生物医学模型，而是转向社会流行病学方向。这一转变表现在卫生局解释健康不公正的具体假说上，并且促成了卫生局在健康促进战略方面的转变。

旧金山公共卫生局在2000年的健康状况报告中强调"我们的健康状况很大程度上取决于我们是什么样的人和我们的生活方式"(SFDPH, 2000: 26)。报告还指出，每年报告都会有改变，主要是为了"提升我们对健康的认识"，"由于社会状况和个人健康行为均对健康具有显著的影响，今年的报告内容进行了统计数据上的扩展，包括如贫困和失业等社会问题、缺乏锻炼（身体活动和超重）等健康威胁，以及高血压等健康风险"(SFDPH, 2000: 1)。虽然认识到社会问题会影响健康，但很明显其重点仍然是个体风险因素和行为影响健康结果的方式。

下一年，即2001年的报告的语气和目标截然不同。在修订和扩展的介绍部分，报告指出：

> （卫生局）继续收集造成旧金山健康、疾病和损伤现状的主要原因。此外，我们还努力提供有益于预防活动的数据——通过展示不同群体之间的差异、致使健康状况差的决定因素、随时间变化的趋势，对比国家水平或国际标准；或者通过选择测度过早死亡或残疾的方式以呈现。(SFDPH, 2001: 1)

2001年报告的主要内容是关于不同社会群体之间的健康差异。而上一年度报告中强调的个人风险因素在这一年并没有提及。此外，2001年的报告中新增加了一个健康因素模型，名为"健康实地模型"(field model of health, 图5.2)(SFDPH, 2001: 1)。"实地"其实是流行病学中"生态学"方法的参照，通常用于研究影响发

117

病率和死亡率的环境因素。通过"实地"的角度来看待城市健康问题也源自一系列历史模型；这些模型关乎如何发现城市生活中准确的"事实"。正如第二章所提到的，在研究城市时，实地角度通常与实验室角度相并列（Gieryn，2006）。

重要的是，在旧金山公共卫生局的健康实地模型中，社会环境和自然环境位于顶端，如同遗传因素，表明它们一样对健康产生了巨大的影响。该模型与其他模型相似，都致力于解决影响健康的社会决定因素，且明确致力于解决健康不公平问题（Whitehead & Dahlgren，1991；Wilkinson & Marmot，2003）。

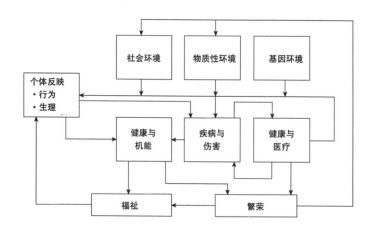

图 5.2 旧金山公共卫生局制定的健康治理模型

来源：SFDPH，2001：1

在 2001 年的年度报告中，旧金山公共卫生局做出一系列声明，表达了卫生局致力于改善健康公平和找出影响健康的社会决定因素的决心。旧金山公共卫生局的报告（2001：2）提到以下内容：

- 医疗服务对个人健康的作用是有限的。
- 社会环境和自然环境的状况是造成人们健康差异、疾病和受损模式的重要原因。
- 个人因素如风险决策或抗压能力能够缓和大环境因素对健康的影响。个人因素也会由社会环境和自然环境塑造。
- 通过临床确诊，在健康系统里通过数据显示出来的疾病和受伤（情况）与健康和福利并不完全相同，后二者通常是基于人们对于自身状况的感知及功能回应。

- 想要改变人们的健康状况，我们应该改变他们所处的自然环境和社会环境，改变影响他们行为的因素，而不只是调整医疗服务。实际上，在导致疾病或伤害发生的漫长过程中，许多医疗服务介入时间过迟；在大部分情况下，医疗服务的及时介入将有效且经济地减轻疾病的最终负担。

场所的物质和社会环境品质，以及它们如何影响人类福祉，已牢牢扎根于旧金山公共卫生局的语汇之中。卫生局强调只注重医疗服务有其局限性，需要让健康专家及其他人了解"人们的经历"，了解他们的生活和工作状况，从而最为有效地促进福祉。

公共卫生局的主任凯兹认为，卫生局内部政策的转变在某种程度上反映出国际和国家层面对公共健康的新认识：社会决定因素对健康的重要性（Katz，2006）。例如，美国公共健康行动的蓝图《健康人民 2010》（*Health People 2010*）认为，健康差异及其原因是健康与人类服务部需要解决的两个首要问题中的第二个（http://www.healthypeople.gov）。到 2003 年，旧金山公共卫生局内部报告数据转向检测一系列影响健康的社会决定因素；卫生局开始重组，以满足其核心功能的改变。[3] 旧金山健康委员会（The San Francisco Health Commission）也关注了这个问题，要求公共卫生局为旧金山市制定一个预防框架。于是预防规划小组和公共卫生局内部工作群组得以成立，由 15 个公共卫生部门的领导和员工代表组成。这些部门包括艾滋病办公室、环境健康部、妇幼健康部、牙科以及初级保健科（SFDPH，2004e）。

工作组负责回顾和甄别什么是"需要优先考虑的预防问题，并需开发出最好的策略来分配有限的公共卫生资源，从而缓解旧金山市主要健康问题带来的压力"（SFDPH，2004e：2）。在公共卫生局主任的要求下，工作组查看了世界卫生组织发表的《不争的事实：影响健康的社会决定因素》（*The Solid Facts: The Social Determinants of Health*）及一系列关于影响城市人口健康的社会因素的文献（Katz，2006）。工作组还被要求探讨社会和经济政策如何促进公共健康。该工作组达成共识，下列四个社会决定因素是造成旧金山健康差异的主要原因，应作为推动健康和预防疾病提案的基础。四个首要社会决定因素包括：社会经济地位低下、社会隔离／社会连通性、制度性种族歧视和交通（SFDPH，2004e：4）。

119

在这四个首要原因的基础之上，旧金山公共卫生局提出了"预防战略规划 2004—2008 年五年规划"（Prevention Strategic Plan，2004—2008，Five-Year Plan），其中包括十项政策目标（表 5.1），反映出卫生局始终如一地推动"健康实地模型"的决心（SFDPH，2004e：7-8）。

表 5.1　旧金山公共卫生局，战略预防计划 2004—2008 年

目标 1.3（a）推广提高健康状况的政策，如：

· 生存所需的工资
· 就业发展 / 充分就业
· 基于成果的职业培训
· 提供充分、有质量的儿童保健
· 提高住房的质量和数量
· 确保社会安全网
· 改善公共交通
· 提高公众在政治和社会组织中的参与度
· 增加暂托服务
· 公平公正的教育政策

来源：SFDPH，2004e：7-8

　　这些政策目标充分展现出旧金山公共卫生局对特定的非健康相关城市政策能够预防疾病和死亡的明确认同。预防体系与他们的"实地模型"相结合，可进一步将卫生局内影响健康的社会决定因素制度化，并为城市政府体系内的非健康特定政策和机构的介入提供框架（Katz，2006）。

　　国际上对影响健康的因素逐渐达成共识，尽管旧金山公共卫生局提议的政策和收集的数据看上去应该对这一共识有所延伸，但其他卫生局对改善社会和健康公平的努力或与其相悖。例如，在旧金山公共卫生局发布战略规划的同一年，纽约市健康与精神卫生部门（New York City Department of Health and Mental Hygiene，NYCDOHMH）也发起一项推动健康和预防疾病的计划。这个纽约市的项目名为"照料纽约"（Take Care New York），旨在"创造更为健康的纽约市"，提出"综合的健康政策，计划在十个主要地区进行干预"；该项目所花费的时

120

间可能将会超过四年（NYCDOHMH，2004）。纽约的预防计划（图 5.3）强调个人和医生的首要行动、健康责任和重要干预，与旧金山公共卫生局强调的社会角色完全相反。简单来说，"照料纽约"项目从生物医学的角度来促进健康，而旧金山公共卫生局的战略预防规划体现的是人口健康的途径。事实上，纽约市健康与精神卫生部门的总监托马斯·J.弗里丹（Thomas J. Friedan）在"照料纽约"项目启动时强调过，该政策的"成功主要依赖于临床环境、医疗人员的影响力和其他的贡献者（例如你们自己）"（NYCDOHMH，2004：1）。因而旧金山的策略侧重于可能改变人们居住和工作的物质环境、自然环境和社会环境的公共政策，而纽约市的政策则是朝着改变个人行为和临床干预的方向发展。

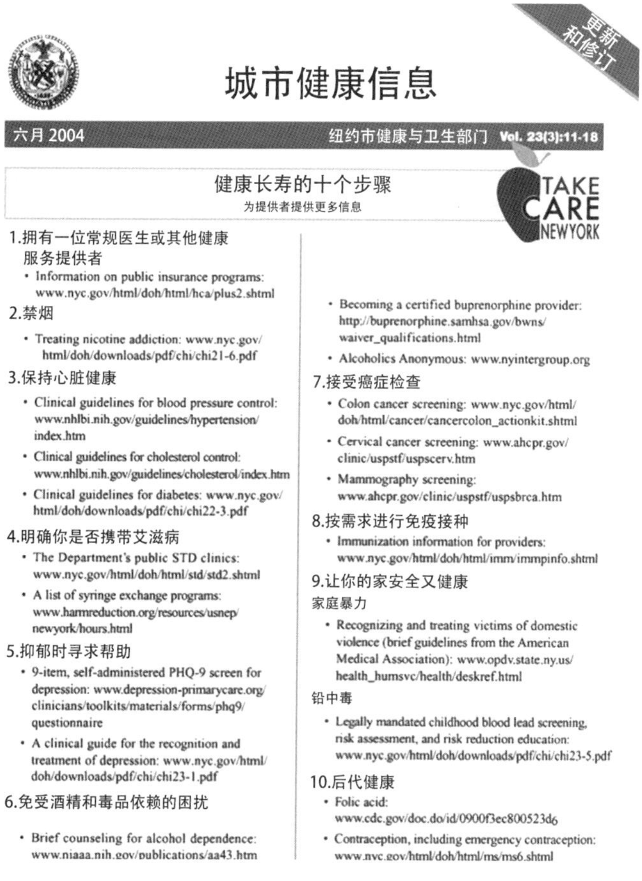

图 5.3 2004 年纽约市提出的健康推广计划

来源：详见 http://www.nyc.gov/html/doh/html/tcny/index.shtml

健康、公平和可持续计划

旧金山公共卫生局通过将生态学和社会学融入健康，创造出鼓励创新和推动健康公平的组织文化。公共卫生局的环境健康科以此为契机，提出了一个新的项目；其主要目的是通过改变旧金山市民每天居住和工作的自然环境、社会和经济状况来改善他们的健康状况。在 2001 年之前，旧金山公共卫生局的环境健康安全部门专门负责环境安全工作，并且通过监管和制裁强制推行环境健康措施。环境健康科分析并规范了化学品的使用和处置，加强了违反规范标准的处罚，并采用风险评估等量化工具来评估单一污染源的健康危害是否会对人类造成恶劣效应。但环境健康科也有一些专注于研究健康不公平现象的员工；他们调研了如生活工资法规对健康的影响以及食品系统项目对健康公平的影响等问题。拉吉夫·巴提亚提到，该研究工作小组很快意识到，在他们工作的过程中经常会与城市的其他组织合作，并且会涉及特定的非健康政策和项目。

意识到自己针对健康公平的工作已经超出了设定的研究范围后，环境健康科组织了一个正式的流程，并提出了新的项目以协调和管理多样化的工作。健康科的主任在那些对健康的社会决定因素感兴趣的员工当中发起了一个充满愿景和价值的计划。这些员工参加了一系列内部对话，形成了一个名为"健康、公平和可持续计划"的新项目（Program on Health, Equity, and Sustainability, PHES），并发布了一份任务说明和项目清单（PHES, www.sfphes.org）。

健康、公平和可持续计划的目标是，通过在一系列社会环境、建成环境和其他领域中开展工作以促进健康，并响应世界卫生组织和美国医学研究所关于环境健康实践的呼吁。例如，世界卫生组织提到：

> 从广义上讲，环境健康由人类的健康、疾病和伤害多方面组成，并受环境中的因素决定或影响。这不仅包括针对直接病理影响的各种化学、物理和生物因子的研究，也包括广泛的自然环境和社会环境对健康的影响研究，例如住房、城市发展、土地使用、交通、工业和农业（WHO, 1989）。

美国医学研究所在 2001 年提出过类似的报告，题为《重建健康与环境的统一：21 世纪环境健康的新愿景》（*Rebuilding the Unity of Health and the Environment: A New Vision of Environmental Health for the 21st Century*）。这份报告呼吁环境健康领导者与决策者、其他健康职业人员、产业界人士同公众一起，扩展并巩固 21 世纪的环境健康愿景。关于这一点，报告的内容如下：

> 我们需要新的方法来改善环境健康状况，包括处理废弃物、不合理的建筑、市区拥堵、郊区蔓延、住房条件恶劣、营养不良和环境相关压力等一系列策略。

同样，国际与国内的力量再次和地方政府相联合，鼓励旧金山公共卫生局内的环境健康科创立这一"健康、公平和可持续计划"。

健康、公平和可持续计划的指导原则和核心价值提供了一定的洞察力，能够借此了解将环境健康和城市政策制定相结合的必要行为，从而推动健康公平。健康、公平和可持续计划的主要任务包括协同工作、对不同形式的环境健康知识和实践进行评估（例如"促进和推动公共机构和社区组织之间的对话合作），向公众宣传自然环境、城市环境和社会环境与人体健康之间的关系，以及开发和评估跨学科的、全面参与公共政策的新方法"。(SFDPH, 2005)

除了食品系统项目和在旧金山湾景猎人角的实际行动之外，健康、公平和可持续计划发起了关注零工、儿童健康、交通和社区规划的多个项目。每个项目的实施方法都包括健康公平五个要素的具体责任：公共使用权和问责权、环境健康、公平性、可持续性、相关联性和有意义的参与。例如，在健康、公平和可持续计划中的公共使用权和问责权提出："城市发展的过程对于没有经济和政治资源的人来说是存在异议而又遥不可及的；受公众和私人开发决定影响的社区必须能够介入这些过程，才能保持和提高他们的生活质量。"对（健康环境）的承诺指出："一个健康的'建成环境'能够为健康生活创造机会；良好的土地使用模式、合理的社区设计和交通系统是改善公共健康的关键。"机构的公平性的承诺则声明："相较于其他社区而言，发展过程更偏向旧金山的社区。我们的工作目标是为不同的团体提供平等的机会，让他们能够自由地加入'健康城市'的发展。"最终，社区规划项目的可持续性目标则是："保护和发展城市不同群体之间的差异性，并且达到环境、政治、经济和社会的可持续性。"(链接 5.1)

链接 5.1 旧金山公共卫生局，健康、公平和可持续计划

健康、公平和可持续计划通过不断将地方政府和社区力量融合，以及评估旧金山市民的需求、经历和知识，支持旧金山市的合作方式，改善城市健康、社会公正和环境正义。对此，我们取得了以下成果：

- 发起和推动公共机构和社区组织之间的对话合作
- 增强公众对自然环境、建成环境和社会环境与人体健康之间关系的认识
- 支持地方居民参与公共政策制定
- 开展和支持地方和区域研究
- 制定和评估跨学科的、全面参与的公共政策
- 记录并交流我们的策略

在我们对旧金山的愿景中，社区应当参与民主机制，努力维护平等和多样性。我们相信这将为所有的旧金山人创造和维护一个适合生活、工作、学习和休闲的健康可持续的环境。

指导原则和核心价值

环境健康 人们的健康能够反映出环境健康。根据《1986 年世界卫生组织促进健康章程》（*1986 WHO Charter on Health Promotion*），我们认为健康所需的基本条件和资源包括和平、住所、教育、食物、收入、稳定的生态系统、可持续的资源、社会正义和平等。

公平性 经济、政策、社会和自然中的资源和机会合理分配，能够提高个人生活和社会的整体健康。

可持续性 保护和改善经济、社会和环境系统，这样现在的和未来的社区居民才能够拥有健康、高效和愉快的生活。

相关联性 自然环境与建成环境、人类活动与人际关系彼此之间相互联系。

公共使用权和问责权 公共选择的过程必须公开，且受其影响最深的人需参与其中。良好的公众政策决策过程应该确保所有参与其中的人都能够获得相关信息，包括对潜在冲突和竞争性利益的了解。

有意义的参与 为确保在制定政策过程中人们能有意义的参与，需要真诚地欢迎人们加入其中，重视当地知识和经验，并且在决策过程中考虑社区的需求。

来源：www.sfphes.org.

125

健康、公平和可持续计划受到卫生局主任米奇·凯兹的帮助，得以解决超越传统公共卫生领域的问题，雇用更多的新员工，并给予老员工时间去了解健康公平的问题。健康、公平和可持续计划还受益于组织管理战略，允许员工去尝试、研究新的分析技术和主题，并允许他们根据本单位的优先问题、项目开发和执行策略做出决策。健康、公平和可持续计划负责人巴提亚认为，关于影响健康的社会决定因素和组织文化的新知识越来越多，对于实践并履行社会公正的承诺均有所助益；此外员工绩效考核也相对灵活，这些因素都促进了健康、公平和可持续计划的成功推进（Bhatia，2007）。

作为一个有很多重叠计划的项目，健康、公平和可持续计划在旧金山公共卫生局和旧金山市内提出了环境健康的新取向。健康、公平和可持续计划中的食品系统、与城市健康和场所的相关工作为各组织和政府机构建立了新的关系网，并且使原本认为自己与环境健康工作不相关的成员也加入其中。环境健康网络的扩大使原来被政府机构（包括公共卫生部门）所系统性忽略的社区组织和公众成员成为该项目的合作者。卫生局为健康公平和影响健康的社会决定因素成立了具体的机构，帮助环境健康科为项目寻求外部资金，支持他们尝试新的、有争议性的计划（Bhatia，2005）。总体而言，这些因素开始为健康城市规划在旧金山和湾景区的更广泛的推广奠定了基础。

126

为环境健康规划建立新基础

本章讨论了城市健康部门如何回应健康不公平问题和居民们对社会公正的要求。正如之前的章节中所提到，将城市规划和公共健康重新联系起来提升城市健康公平，需要改变现有正式机制（例如组织结构、问题定义／行政权限、跨部门协作和报告要求）和非正式制度实践（例如公共参与过程、生成证据和专业知识的规范），以及以公共责任为目标的实践。本章案例强调了即使是具有严格授权的政府机构也能够且确实作出改变。虽然某些地方压倒性的官僚惰性可能难以逾越——旧金山的体制可能不同于其他地方——但这个案例证明，一系列相互交错的力量将有助于重新界定环境健康，并提供健康城市规划的动力（表5.2）。

表 5.2　为了健康城市规划而改变环境健康

特征	传统的环境健康	健康城市规划
环境健康的定义	·多种化学、物理和生物介质的直接病理学影响	·社会因素和背景 ·包括住房、交通、建筑、土地使用、食物获取、经济资源和社会排斥对于福祉的间接影响
典型机构实践	·法规、标准实施、周围环境的监测	·通过健康促进战略解决健康不公平问题 ·审查不针对健康的特定城市政策 ·社区组织和其他组织合作以解决不公平问题
可靠的证据基础	·定量测量、模型建构和风险评估	·定量和定性数据 ·社区为基础的参与式研究
专家	·专业科学家,尤其是毒理学家	·专业人士和非专业人士 ·多学科参与
对待不确定性的方法	·收集额外数据 ·在模型中使用安全因素 ·更细致地研究	·出现新的信息时,及时调整实验干预
公共参与	·法律规定的听证会	·合作研究和日程设定 ·顾问委员会 ·由公共和私人机构组成志愿委员会
实施目标	·符合法规要求	·根据具体的地区情况和人群调整 ·如果没有改善福祉,采取参与式监测进行调整 ·从街区到国际的多维尺度

在这个案例中，带来改变的第一个因素是环境正义运动的组织和声明。环境正义运动对环保主义和环境健康有重大的影响，该运动重新定义了"何人，何物，何地"——或换言之穷人和有色人群在他们的社区里所面临的危险的生活环境——构成了环境健康（Di Chiro，1996）。环境正义认为，社区的视角和知识、草根阶层的领导和合作式的科学研究也在重新定义环境健康的过程中起到了核心作用（Frumkin，2005；Wing，2005）。

第二个推动旧金山公共卫生局工作转变的因素是在该领域出现的一个共同认识，即从生物医学的角度研究健康行为和医疗保健无法解决的健康差异问题。从世界卫生组织到美国医学研究所，环境健康领域的研究者和参与者越来越意识到，只关注毒素本身、而不考虑人们所在的社会经济背景的环境科学研究路径是不充分的。在找寻方法把环境健康新政策落实到机构实践的过程中，卫生局及环境健康科的负责人发挥了重要的领导作用。因此，来自上下两方面的压力迫使官僚机构发生着改变。

第三组有助于解释旧金山环境健康重构的因素包括采用新的、有时是实验性的，且基于科学证明的方法来促进健康公平。旧金山公共卫生局对生活工资规范进行健康分析——这是全美第一个这方面的分析——虽有很大的风险，但也展示了健康分析和特定的无关健康的城市政策之间的关系（Bhatia，2005）。将环境正义和住房及食品系统联系起来，也需要新的数据收集过程，并扩大机构之间的合作关系。

另一个推动环境健康规划定义和实践转变的因素是新项目中的公开透明且负责任的监管委员会的设立。旧金山公共卫生局没有将各个新项目看做独立的部分，而是设立了一个跨领域的顾问委员会，用以制定议程、组织研究和数据分析、发布报告、提供宣传和干预。在大多数案例中，例如食品系统项目，旧金山公共卫生局的员工们帮助项目组确保资金，这样项目组就可以独立于城市基金，自行决策。卫生局为社区成员提供培训和论坛，使其发挥领导作用，并在特定社区内培养成员能力——从湾景镇的食品公正倡导者到临时工和社区健康工作者。这个做法转变了公众责任和信任的理念，因为这些新的环境保护计划并未被认为已超出健康部门的管控范围。将被边缘化的人群和问题带到公众的视野中，看重他们的知识与能力，在研究和实践的过程中将他们的意见放在比较重要的位置，旧金山公共卫生局的这些做法不仅改变了管理具体项目活动的方法，而且改变了社会上弱势群体参与城市治理的方式。

128

213

1　采访引自旧金山卫生部食物政策办公室前主任费尔南多·奥纳。

2　工作小组的案例包括第 10 区工作组（负责获得健康食品）、组织工作组（负责结构、身份、媒体）、政策工作组（负责制定和影响当地和全州的政策）、教育工作组（负责营养、粮食援助、可持续农业、全球性问题）和食品系统评估和报告卡片工作组。

3　根据国际移民组织和旧金山公共卫生部在其 2004 年《预防战略计划》中的重新解读，公共卫生的核心职能是评估和改善整个人口的健康状况；通过推动支撑和强化健康的条件和行为，重点预防疾病传播和伤害的发生；强调社会正义；以及采用系统的方法来实现这些目标。

第六章　健康城市发展

2003 年夏天，三一广场（Trinity Plaza）公寓综合体再开发方案成为旧金山开发商和社区居民之间持久战的焦点，主要分歧是选择可支付性住房，还是更宽泛的土地使用规划。三一广场公寓位于旧金山市中心附近的中央市场大街（Mid-Market Street），是一座受租金管制约束的大楼，按再开发方案会被拆除并建成市场价格的新公寓。现有的房客要被驱逐，但开发商没有任何安置这些低收入家庭的计划。教堂区（Mission District）的活动家们行动了起来，致力于阻止开发商拆除建筑和绅士化（gentrification），并要求保留可支付性住房；市场街南区（South of Market area，SoMa）的居民们也参与其中。

三一广场项目引起特别的争议，是因为这是旧金山首次提出要拆除租金管控住房。在三一广场提案之前，旧金山的市场街南区和教堂区已经有了大量的商品房。商品房的激增主要是为了迎合年轻人的需求，他们主要是在家工作或在硅谷上班的高科技工作者。这些新建住房减少了旧金山可支付性住房的比例，也是房东们赶走现有租客提高房租的诱因。而在这个项目中，比较新颖独特的一点是，在社区活动家和居民的要求下，城市的公共卫生局决定参与复杂的土地使用规划，加入这个有争议的项目。旧金山公共卫生局的"健康、公平和可持续计划"与居民们一起，分析三一广场提案对人体健康可能会造成的影响。该计划按照《加州环境质量法》（*California Environmental Quality Act*，CEQA）规定，对环境影响报告的完整性提供一份评价简报，定性分析了三一广场项目引起的直接或间接的住宅置换及其健康影响。城市规划部门已经认定，这个项目对住房和当地居民"无重大"影响，但公共卫生局的分析结果却给规划部门带来难题——他们从未被要求在环境审查过程中考虑住房置换对居民健康的影响，但现在却要求他们按照法律，对卫生局提出的证据和争论做出回应。

紧接着引发了不同机构、社区活动家和开发商之间的一系列会议。公共卫生局认为，他们的分析报告，即健康影响评估应在该项目中加以考虑，并且《加州环境质量法》也规定规划部门要考虑健康的广泛决定因素。城市规划部门不愿使烦琐的环境审查流程变得更为复杂，因此他们反对将健康分析纳入审查流程。与此同时，社区反对规划部门的决定；活动家们以健康数据为支撑，要求规划部门重新考虑其决定。规划部门最终修订了环境影响评估的范围，要求分析"租户搬迁安置及其潜在显著影响"，也要求分析不需要搬迁安置的替代方案。三一广场的开发商提交了修订后的项目计划和环境影响报告，这表示开发商们接受了社区保留可支付性住房的要求以及卫生局对搬迁安置的分析。在新的项目计划中，开发商同意将该项目中 12% 的住房以低于市场价格出售，并允许三一广场现有住户保留现有住房并保持房租不变。由此，公共卫生局进入城市开发的世界，并且为人类健康确定了新的领域。

迈向健康城市发展

卫生局为什么同意分析三一广场项目？他们如何选择健康影响评估方法并进行分析？分析结果又如何被添加到标准刻板的环境影响评估流程中？规划部门和卫生局如何协调对三一广场项目的不同看法？健康呼吁提出之后，社区争取可支付性住房的活动会受到怎样的影响？

本章将解答以上及其他问题，通过研究旧金山和许多其他的美国城市一直关心的问题——可支付性住房的冲突问题作为切入点，开发新的工具，并推动更健康和公平的城市规划实践。我将重点讨论住房的可支付性和质量方面的力争过程如何及时且显著影响到物质、经济和社会层面的健康决定因素；同时，我也将在更广阔的"居住环境"层面讨论关于人类健康问题的分析和决策，并且为社区团体与政府或者政府机构之间重建谈判关系提供战略切入点。正如本章所示，住房和健康只是规划问题中的一个，但对于展开政治程序、对话，以及从更为广阔全面的角度讨论分析城市发展对人口健康的影响而言，至关重要。本章探讨了将影响健康的社会因素融入城市发展决策的具体实践、方法和过程。更为具体地说，我将介绍旧金山公共卫生局的"健康、公平和可持续计划"如何将健康影响评估引入土地使用和发展规划流程中。通过探讨该计划如何将更多影响健康的因素引入到发展决策中，本章讨论为了健康城市的决策而建立新的跨机构合作关系会遇到哪些政治障碍。此外，本章还将展示该计划的健康影响评估如何在社区的非健康组织间（包括致力于可支付性住房问题、环境正义和社区经济发展问题的组织）扩充新的研究、分析和决策能力。跨机构合作关系的建立，与新的社区专家一起，共同围绕开发决策的健康影响，促进旧金山首批健康城市规划试验的诞生。

城市发展和全球变化对地区的影响

三一广场项目开发商安吉洛·圣贾科莫（Angelo Sangiacamo）宣布计划拆除现有的建筑并建造高层商品房，激起了当地居民的担忧和愤怒。既存建筑原是一幢七层高的酒店，在 20 世纪 80 年代初改造成了 360 个受租金管制的居住单元，现在则要被三至五幢 12~24 层的高楼取代，提供约 1 700 个新的商品房居住单元。现有的租户从一开始就反对这个项目，他们与开发商之间的纷争成为社区掌控土地使用决策和反对快速全球化的高科技经济的象征。

从 20 世纪 90 年代到 21 世纪的高科技浪潮期间，三一广场附近的活动家，即市场街南区和教堂区的居民，组织起来反对他们所谓的"绅士化发展"（Shaw，2007）。高科技公司的繁荣发展使大笔资金和新的居民涌入旧金山（Epstein，1999）。距离旧金山市区南部不足 60 英里[①]的硅谷，已成为世界顶级高科技公司的聚集地，是巨额财富的代名词。在 1992—2000 年间，硅谷创造了超过 275 000 个新的工作岗位，大部分都是高薪的专业岗位和管理岗位（Silicon Valley Network，2000），并且大部分岗位都是面向年轻人的电脑技术人员。然而，硅谷里无论是城市还是镇上，例如帕洛阿图（Palo Alto）和山景城（Mountain View），土地使用限制非常严格，使新的住房建造过程变得艰难且耗时（Urban Habitat，1999）。这些年轻的高科技工作者们蜂拥至旧金山，过上生气勃勃的生活，并在以前的工业区——市场街南区和教堂区找到廉租房；这些廉租房靠近 101 公路，可以直接到达硅谷（Borsook，1999）。对于硅谷的高科技工作者来说，旧金山成了他们的"卧室社区"（Solnit，2000）。

开发商很快把工业建筑转换成可以居住—工作两用的阁楼公寓；房东开始驱逐现有租客，以求从新的租房需求中获利（Lampinen，1998）。从 1997—2000 年间，数十幢楼房被拆除，其他的建筑物则被非法改为阁楼公寓（MAC，2004）。许多生活在教堂区和市场街南区的居民是低收入的移民，由于担心自己被驱逐，他们组成了一个包含社会服务、住房和经济公正的组织，叫作教堂区反搬迁联盟（Mission Anti-displacement Coalition, MAC, http://mac-sf.org）。这一组织的创始成员包括租户自建组织，例如教堂区议程（Mission Agenda）、圣彼得住房委员会（St. Peters Housing Committee）；社区发展公司，例如教堂区发展公司（Mission Development Corporation，MHDC）、教堂区经济发

---

① 1 英里 =1.61 千米，此处距离约为 96.6 千米。——译者注

展协会（Mission Economic Development Association，MEDA）；还有一个环境和经济公正组织，名为维护环境和经济权利人民组织（People Organizing to Demand Environmental and Economic Rights，PODER）。

教堂区反搬迁联盟提出抗议，并与这些住宅相关联，引起媒体的关注，这样也许能够迫使市政机构不再批准新的建设项目（Wetzel，2000）。联盟成功地说服旧金山监事会颁布临时禁令，禁止拆除建筑。但当临时禁令到期后，三一广场项目就立刻启动了。很多活动家认为，三一广场项目获得批准，是政府漠视低收入的居民和有色种群的有力证据（Grande，2005）。

2003年3月，在一个与城市规划部门召开的公开会议上，社区成员列明了三一广场项目可能给街区带来的影响。教堂区反搬迁联盟的艾瑞克·柯萨达（Eric Quezada）认为，三一广场的"位置十分重要，因为在此之前的一切都可以证明"。当地居民马赛拉·阿苏卡（Marcela Azucar）说，三一广场项目可能会迫使很多家庭无家可归，若没有可支付性住房，居民们将被迫搬社区，到时候"你没办法去卡萨卢卡斯（Casa Lucas）这样的街角商店，买到来自故国和对你而言有归属感的东西"。圣彼得住房委员会的尼克·帕古托拉斯（Nick Pagoulatos）认为：

> 如果你家里有两三个孩子，全家都住在100平方英尺①的房间里，与别人共用浴室，没有厨房设备……现在，解决方法当然是建造更多的可支付性住房，这也是为什么今天社区里的每个人都到场了。因为这是社区的迫切需求，这些居民并不想要赚更多的钱。这是生死攸关的大事。

活动家认为这座城市多样性十足，能够成为躲避中美洲暗杀小组的难民和在圣经信仰地带受歧视的同性恋的避难所，也能作为艺术试验和政治活动的场所，但它的相对支付能力现在却受到威胁，并有可能被破坏（Shaw，2007）。教堂区反搬迁联盟组织了500多名居民参加与规划部门的会议，他们要求采取一些行动来减缓开发速度，并且针对土地使用变化，给予社区更多的控制权。当时的规划部门主任杰拉德·格林（Gerald Green）拒绝采取任何行动。教堂区反搬迁联盟决定和居民一起，发起自己的规划流程，最终起草了名为《人民的规划》（*People's Plan*）的草案。

---

① 100平方英尺约为9.3平方米。——译者注

《人民的规划》

在经过数月的社区工作以及与一千多名居民一起讨论流程后，教堂区反搬迁联盟起草了一份针对就业、住房和社区方面的《人民的规划》（MAC，2005）。该规划优先考虑以下三方面，即保留现有住房并建造新的可支付性住房，保留轻工业和制造业的岗位，增加社区对土地使用决策的监督。在 2002 年，教堂区反搬迁联盟组织超过 600 位居民参加一系列社区会议，并为教堂区的发展提供了蓝图。城市规划部门对教堂区缺乏关注，尤其没有更新区划以允许更多以社区为中心的发展，该规划是社区对此作出的回应。规划部门承诺之后会对教堂区及其附近地区调整区划，使其重建事项更为清晰，但《人民的规划》发布时，城市的规划并未明确。教堂区反搬迁联盟发布了该规划，宣称：

> 今天我们收回我们的社区，主要是为了可支付性住房、社区服务业以及改善不同社区的生活条件，包括工薪阶层、拉丁裔家庭、移民、老年人和青少年。我们聚在一起，展望未来，确保社区的发展基于公平、公正和民主。（MAC，2005：2）

教堂区反搬迁联盟把《人民的规划》上交给旧金山规划委员会、规划局和监事会，但政府机构不愿意在规划部门已经计划启动的区划调整流程中考虑该规划的提议（Grande，2005）。

健康影响评估的尝试

针对有些社区的快速发展变化，活动家们起草了他们自己的土地使用规划；与此同时，旧金山公共卫生局也在寻找方法，希望从健康公平的角度参与旧金山市的土地使用变化。卫生局想要与湾景猎人角的环境正义活动家建立合作关系，并与其他社区组织合作。公共卫生局的环境健康科在实施"健康、公平和可持续计划"（PHES）[1] 的过程中，找到了解社区居民想法的方法，同时也能够将新的影响健康的社会因素纳入土地使用的决策（Bhatia，2005）。

通过研究欧洲、加拿大和澳大利亚等地对健康影响评估的探索，旧金山公共卫生局决定与社区组织一起，设计并成立有关社区组织的研讨会。旧金山公共卫生局的职业与环境健康科主管拉吉夫·巴提亚认为，这些研讨会的目标是和社区组织建立联

135

系,就像卫生局和猎人角的活动家所做的一样,"一边学习健康影响评估一边实践"。巴提亚回忆到,最初的健康影响评估研讨会为卫生局和社区组织提供了学习经验:

> 我们对健康影响评估这个新工具会以怎样的方式在社区内推广更加全面的健康观念非常感兴趣,但我们不确定这是否会起作用。我们从美国和澳大利亚等其他地方的健康机构的实践中收集了一些背景材料,设立了一个初步研讨会。目标是让社区组织确定他们认为比较重要的问题,然后帮助他们思考这些问题对健康产生的积极或消极的影响。我们希望能够将知识运用到实践中。(Bhatia, 2005)

具体而言,健康影响评估的文献在欧洲和世界卫生组织内不断增加,公共卫生局借鉴了他们研讨会的理念和结构(Ison,2000; Samuel,1996; Samuel 等, 1998;WHO,1999)。公共卫生局还回顾了美国环境和社会影响评估的参与过程(NOAA,1994)。通过借鉴这些材料,公共卫生局设计了两个小时的研讨会环节,一开始是小组头脑风暴环节,首先要求参与者描述他们对健康、可持续和公平社会的愿景。然后描述这些愿景与现实中他们所关心的社区问题的关联,最后选出一个亟待解决的问题进行分组讨论。分组之后,参与者们将思考,在刚刚提出的问题中,哪些人群受其影响最大、这些问题可能给社区带来哪些影响,以及问题中存在哪些信息缺口和不确定性。研讨会的后半部分活动是带领小组分析问题,并着手确定一系列可以解决问题的方法。研讨会结束时,制定了一份能够将学习和行动传达到更广泛的社区的计划,以及一份落实和监管提议的行动计划。尽管形式比较简单,但研讨会是朝着新兴的健康影响评估迈出的有代表性的一步。

健康和环境影响评估

健康影响评估是一项不断发展的实践;欧洲、加拿大和澳大利亚的健康和环境规划者们为了推动人口健康,采用这一方法来评估规划、项目和计划对社会、经济和环境的影响(Kemm,2004)。健康影响评估的发展是由于非健康相关的公共政策和规划对人类健康存在负面影响,加剧了健康不公平;并且在环境或社会影响评估的过程中,人们并未发现和分析这些影响(Kemm & Parry,2004;Samuel,1996)。1983 年世界卫生组织发布了水和卫生设备项目在发展中国家对健康发挥积极作用的分析流程，成为健康影响评估的一项评估内容。健康影响评估的另一项评估内容出现在 20 世纪 80 年代的加拿大，分析了非健康相关的公共政策对人类健康的积极和消极影响，并创建了一份国家环境评估的健康指南（Milio，1986）。20 世纪 90 年代初，在英国马其赛特郡的《健康影响评估导则》（*Merseyside Guidelines for Health Impact Assessment*）这个先例的影响下，曼彻斯特机场的第二个跑道修建项目引起了大家的关注，并激发了一系列旨在明确项目对社会和人类健康影响的努力（Samuel 等，1998）。英国将健康影响评估看作是解决健康不公平问题的方针性策略之一（Acheson，1998）。

　　健康影响评估的从业者将其定义为程序、方法和工具的结合，通过这一结合可以判定一个政策、项目或计划是否对人类健康具有潜在的积极或消极的影响（Lehto & Ritsatakis，1999）。在分析这些影响时并没有统一的方式或方法，但健康影响评估通常遵循的是筛选、检查、分析和减缓发展的流程。另外，健康影响评估实践通常被用于延长环境影响评估流程，尤其是针对开发项目，会加入健康公平的分析（Quigley 等，2006）[2]。尽管健康影响评估的研究范围和目标仍待解读，但实践内容可包含从桌面分析过程（使用二次数据源以记录影响）到参与流程（收集数据并旨在转变对人类福祉存在负面影响的社会不公平）（表 6.1）。

137

表 6.1　一些对健康影响评估的定义

・针对提议的政策或项目对人群健康的潜在影响进行预期估计；或者是多种程序或方法综合评估某个提议的政策或项目对人群健康的影响（Kemm，Parry & Palmer，2004）。

・针对特定行为对特定人群的健康产生的影响进行预估（Samuel，1998）。

・特定流程和方法的整合，从而对政策、项目或其他发展对人类健康或对存在健康不公平的特定人群带来积极或消极影响进行判断（Kemm，1999）。

・特定程序、方法和工具的整合，从而评估一项政策、项目或计划对人群健康的潜在影响，以及这些影响在人群中的分布（WHO，1999）。

・一种方法论，用以识别、预测和评估一项政策、项目、计划和开发行动对特定人群健康风险带来的变化，可能是积极或消极的（单个或多个的）（BMA，1999）。

・健康影响评估是正规的系统性分析，主要针对提议的项目、计划和政策的潜在健康影响进行评估，并将评估结果告知政策制定者和利益相关者（Cole 等，2004：1154）。

・健康影响评估是一个流程，将不同利益相关者（政治家、专业人士和市民）纳入对话，讨论（不同类型）证据、利益、价值及含义，目的是理解和预估变化对特定人群的健康和健康不公平的影响（Williams，2007）。

由于健康影响评估仍在发展中，并且没有一种通用的方法，所以很难评估它的功效。然而，针对在欧洲、亚洲、非洲及北美洲于1996—2004年间开展的88项健康影响评估（范围从地方到跨国）的综述，发现如果关键决策者参与设计和分析的过程，健康影响评估就能够成功影响政策；如果有针对健康影响评估的制度性承诺，决策流程就会包括法定框架（Davenport等，2005）。

对比美国的健康影响评估（HIA）和环境影响评估（EIA）

尽管加拿大、欧洲和澳大利亚在广泛使用健康影响评估，但健康影响评估在美国还是个新兴的、未经广泛试验的事物，尤其是在社区规划领域中（Cole等，2005；Dannenberg等，2006）。1969年的《美国国家环境政策法》（*National Environmental Polilcy Act*，NEPA）有意向将人群健康加入环境影响评估过程；这项法律的目标是减少"对环境和生物圈的伤害，促进人类的健康与福利"（Sec.2，42 USC §4321）。《加州环境质量法》规定，环境影响评估需要分析"项目的环境影响，即直接或间接对人类产生的潜在影响"（CEQA，1998：§15065）。《美国国家环境政策法》要求政府机构考虑环境影响；而《加州环境质量法》有一项法规，规定公共机构应避免批准有重大环境影响的项目，特别是有可行的替代方案或缓解措施可以减少或避免这些影响的时候（CEQA，1998）。但《美国国家环境政策法》和《加州环境质量法》都要求，无论提议的项目是否对人类环境质量具有潜在的影响，都应该给政府机构设定"重要"标准的自由，而且要求分析内容应包括直接、间接和累积的影响。

重要的是，健康影响评估的分析内容与环境影响评估的内容存在显著差异。因为前者的主要目标是通过大量高质量的数据，评估自然环境和建成环境、社会和文化关系及社会经济条件的变化是否会改善或损害人类健康（Kemm，2005）。美国的健康影响评估和环境影响评估的最大区别在于，前者没有法定权力或法律地位，只能并入环境影响报告。由于没有法律约束力，在正式的环境影响评估流程之外的健康影响评估可能不会被决策者看作是环境影响评估的一部分。如果将健康影响评估加入现有的环境评审环节，那么测定其中的益处和潜在的不足将是环境规划者的一大难题（表6.2）。

表 6.2　对比美国的健康影响评估和环境影响评估

特征	环境影响评估	健康影响评估
权属	·在《美国国家环境政策法》和大部分州的环境政策法下合法	·环境影响评估之外无权属 ·认为公共健康是环境影响评估的一部分
分析的时机	·在做出项目的关键决策之后	·灵活多变，大部分是预测性分析，也有可能是回溯性分析 ·也有可能分析现存的政策对人类健康的影响
分析重点	·方案、计划、政策或项目按照法律发展	·分析范围没有限制 ·通常分析具体非健康相关的规划或政策
方法论	·线性筛选、范围界定、草拟、点评和撰写报告	·按照与环境影响评估一样的线性流程 ·也可以采用灵活的方法和数据输入
健康分析	·如果进行健康分析，仅限于分析实质性的危险因素 ·目的是为了达到现行的监管标准／风险评估流程	·对福祉的间接影响 ·影响健康和健康公平的社会因素 ·没有限定的特定结果、风险因素或规章制度
公共参与	·分析之后的讨论环节 ·公开听证会	·在早期决策过程可以灵活地参与其中 ·看重地方居民的想法
输出	·发现和解释影响 ·很少有代替方法或监管	·将之前没有关联的、非健康为重点的参与者和组织都联系起来 ·对健康的积极和消极影响 ·提出修改政策的建议，以减轻负面作用 ·通常使用指标跟踪流程

　　尽管将健康影响评估的部分纳入正式环境评估，能够确保这些评估发现具有更高的法律地位，但将健康影响评估并入环境影响评估仍存在一定弊端。例如，在项目的关键决策已经确定和获得政治支持之后才会进行环境影响评估，因而在这样的流程中进行的健康分析结果不太可能产生重大影响。但是，在环境影响评估之外的健康影响评估可以在政策和设计过程中的任一环节进行，而且可能在早期就对项目的发展产生影响（Kemm，2005）。此外，只有在涉及联邦或州的资金时，才会进行《美国国家环境政策法》和州政府要求的环境分析，因此，很多"遵照法律"的社区开发都可能对地方健康产生重要的影响。相比之下，健康影响评估可以广泛应用到一系列项目和政策上。当健康影响评估在《美国国家环境政策法》的束缚之外执行时，分析师可能更倾向于使用跨学科的实验方法来研究在环境影响评估过程中常被忽略（或被隔离到社会影响评估过程中）的社会和经济影响。比如说，在欧洲，健康影响评估不仅分析影响，同时也把健康当作组织原则，将行为模式、社会、经济和环境综合考虑，形成更具包容性的公共决策（London Health Observatory，2002；Williams，2007）。

　　最后，尽管《美国国家环境政策法》立法要求须有如定期公开听证会和讨论环节等社区参与，但却仅限于"决定—宣布—讨论"的模式。在此模式内通常由专业机构或顾问分析，在起草文件中宣布结果，并在口头和书面讨论环节维护自己的分析结论（Petts，1999）。假如影响评估过程没有受到环境影响评估判例要求的严格的流程所限，那就可以选择采用更具包容性、协商性的参与式规划方法，如表 6.2 中所示（Karkkainen，2002）。尽管从理论上讲，确实存在这些选择和机会,但少有实证工作能够检验健康影响评估在美国规划实践中的潜力(Cole 等，2004）。

从健康影响评估研讨会到项目分析

　　"健康、公平和可持续计划"组织的健康影响评估系列研讨会邀请了城市里很多社区居民和团体。在一个研讨会上，高中生们选择评估一家新的农夫市场产生的影响；而在另一个研讨会中，来自许多社区组织的代表们评估了一项城市政策草案，该草案提议提供租房补贴给那些在联邦的《住房质量工作责任法》（Quality Housing Work Responsibility Act）下被剥夺了公共住房补助的移民。在某次研讨会期间，维护环境和经济权利人民组织的成员向旧金山公共卫生局询问到，如果针对《人民的规划》进行健康影响评估，能否提高报告在政府官员中的地位，以及城市内的健康机构是否会协助他们进行健康影响评估（Grande，2005）？为了深化其推动健康公平、健康影响评估和社区规划的工作，旧金山公共卫生局在 2002 年 11 月开始与教堂区反搬迁联盟进行扩展式对话，讨论合作的本质和潜在评估的范围（Bhatia，2005）。

教堂区反搬迁联盟表达了希望保留研究的所有权和过程的控制权的强烈意愿，并且要求旧金山公共卫生局提供技术支持。为了促进对潜在健康影响评估内容的相互理解，旧金山公共卫生局和教堂区反搬迁联盟的领导举行了一次公开、社区式的会议，以明确健康目标并公布了他们在《人民的规划》中确定的土地使用优先类型以及相关的公共健康证据。知识和数据的缺失已经补充，卫生局同意继续提供研究方法的培训和帮忙收集相关数据：例如通过深入访谈，帮助教堂区反搬迁联盟收集新的信息。卫生局还同意收集已有的数据，与居民意见一起纳入《人民的规划》未来的健康分析。为了这一系列流程，旧金山公共卫生局与维护环境和经济权利人民组织合作撰写了数据手册，并提到：

> 为了建设更加健康的社区，通过应用研究、政策分析、技术支持和协同合作，旧金山公共卫生局职业与环境健康科的"健康、公平和可持续计划"与社区居民一起努力将城市规划中对公共健康的考量制度化。这么做能够使土地使用项目和政策制定过程中的健康影响透明化，并增加社区参与决策过程的机会。这本数据手册可以作为居民之间共享健康信息的一个工具。对于居民们来说，可以和公共卫生局以及其他公共或私人组织分享社区资产和优势信息——这些都是在评估和城市区划调整提议阶段需要考虑的内容（SFDPH，2004d）。

虽然教堂区反搬迁联盟和公共卫生局之间仍保持着健康影响评估的合作关系，但政府机构依然在批准了与《人民的规划》中社会公平目标相背离的房地产项目。教堂区反搬迁联盟努力保持实时参与新的健康影响研究，同时组织社区居民反对那些他们认为可能威胁社区健康的开发项目。市场街南区社区联盟请求教堂区反搬迁联盟加入他们，一起阻止三一广场项目。教堂区反搬迁联盟同意帮助市场街南区社区联盟，他们与公共卫生局一起，组织三一广场的居民成立焦点小组（focus group），讨论和记录可能与搬迁安置相关的压力源。焦点小组发现居民们对搬迁安置的担忧，如来自家庭的压力、日常生活习惯所带来的影响；同时提供了该项目可能对健康产生不利影响的宝贵的当地信息（Bhatia，2006）。焦点小组所讨论的搬迁安置对健康影响的过程，也促使"健康、公平和可持续计划"决定更广泛地记录房屋政策和决策对健康的影响。

住房、居住环境与健康

旧金山公共卫生局的研究人员从公共健康、社会学、环境心理学和社会医学等方面研究了社区健康和住房的文献。他们把研究发现汇总到一个报告中，明确住房成本、无家可归、住房置换和居住环境质量都与人类健康存在紧密联系（Fullilove，2000；Hood，2005； Krieger & Higgins，2002）。公共卫生局决定着重研究无法负担的高价住房和被迫搬家对健康的间接影响，因为这些方面在环境评估流程中经常被忽略（Bhatia，2005）。

公共卫生局的报告强调，住房不足及高价住房迫使居民住在拥挤或不达标的环境中，增加呼吸道感染、耳部感染的风险，并且增加了暴露在有害健康环境中的风险，如霉菌（一种已知的哮喘病诱因）、潮湿、寒冷和有毒铅涂料（Krieger & Higgins，2002）。不达标的住房环境增加了虫患鼠患的风险，导致很多居民使用有毒的杀虫剂和杀鼠剂，从而可能阻碍胎儿生长，造成低体重新生儿（Perera等，2006）。住房的不安全感，如被驱逐威胁或租金上涨等，会给个人和家庭带来影响健康的压力（Sharfstein 等，2001）。住房丧失就意味着无家可归，这会导致心理压力，并增加流感、心脏病和糖尿病的发病率（Thomson 等，2001）。流浪汉收容所让无家可归的居民面临暴力威胁，增加传染性疾病（如肺结核）的传播，造成更多的危险行为，并耽搁儿童的学业（Freudenberg 等，2006；Zima 等，1999）。直接或间接搬迁安置通常会切断有益于健康的社会和家庭之间的联系，如提供精神和物质上的支持。社会和家庭的支持可以减少孤立感，缓解有害健康的压力。拥有一个稳定的住所能够增加人们的安全感、控制感和稳定感（Fullilove，2000）。

报告也强调无法负担住房对地区健康的影响。比如说，公共卫生局举证说明，当城市住房对普通工薪阶层来说无法负担时，他们会被迫搬到城市外面，降低其对城市工作、商业和社会服务的可达性。当就业者离就业中心越来越远时，这个地区能改善人体健康的珍贵的开放空间和自然资源（例如可防洪和净化污染物的沼泽地）会减少；与此同时，污染环境的活动（例如机动车空气污染）却在不断增加。无法负担住房也可能使中低等收入居民需从事多份工作以维持生计。高昂

143

的租房成本使一些家庭需减少食物等生活必需品的支出。在企业选址时，高昂的房价将成为一项阻碍因素，因为就业者难以负担附近的生活费用。

正如哥伦比亚大学梅尔曼公共卫生学院精神病学与城市健康教授明蒂·福利拉夫（Mindy Fullilove）所指出，尽管健康部门和其他机构已经研究过个人住房特点和动态对人体健康的负面影响，但住房和街区的不稳定性对人体健康所产生的整合和层级影响并未深入研究：

> 我们（研究人员和活动家）没有处理好的是孩子们的健康状况，是房东发现能够将房租翻三倍的机会而使居民被驱逐后整个社区的福祉。这种因搬家引发的反应链对身心健康都极其不利；与家人、朋友一起挤在收容所里，孩子转学或过了很多天才能上学，可能引发家庭暴力或抽烟酗酒的压力，在更远的贫困社区重新定居，增加了经济上和种族居住上的隔离。这种情况持续存在着，但规划者们在谈论开发对有色人种社区的影响时，并没有注意到这一系列情况（Fullilove，2006）。

为了给出一个更全面的分析框架以分析负担不起住房对人体健康的影响，旧金山公共卫生局发布了关于无法负担住房和搬迁安置的间接影响的报告，其中包括住房如何提供一系列基本生活需求的模型。他们没有将工作局限于建筑结构质量对身体健康的直接影响，而是围绕充足的住房和居住环境是如何满足人们的基本生活需求而展开研究；同时提供一个框架，强调应该分析住房是否对福祉所需的基本环境条件有所贡献（图 6.1）。在教堂区反搬迁联盟和其他组织的要求下，公共卫生局在住房和健康的框架下评估了三一广场项目（Bhatia，2005）。

评估三一广场项目的健康影响

结合居民焦点小组讨论中所收集的搬迁安置的压力源和关于居住环境和人体健康相关文献的综述，旧金山公共卫生局分析了三一广场开发项目。教堂区反搬迁联盟告知公共卫生局，《加州环境质量法》规定在环境影响评估流程中必须包含健康影响评估，但三一广场计划的环境影响报告中缺失了这一项。据卫生局的拉吉夫·巴提亚所谈，卫生局并未了解到《加州环境质量法》中关于健康影响评估的规定，是教堂区反搬迁联盟所提供的信息使卫生局重新思考其在开发决策中的角色：

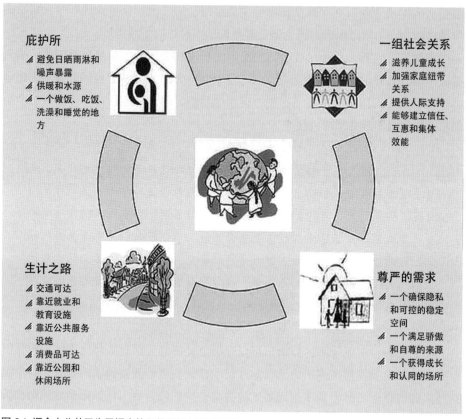

图 6.1 旧金山公共卫生局提出的居住环境与健康框架
来源: SFDPH, 2004c

　　教堂区反搬迁联盟向旧金山公共卫生局提供了《加州环境质量法》中的部分法律条款，说明了关于健康评估的要求。这些条款指明：《加州环境质量法》要求研究与环境变化相关的健康影响。但这些在规划部门先前对旧金山公共卫生局的陈述和立场中并未被反映出来。它改变了我们对《加州环境质量法》的理解。

　　依据《加州环境质量法》所要求的人体健康评估的数据及意识，旧金山公共卫生局向规划部门发出一封意见函，指出该方案可能对人体健康和环境造成负面影响，其中最主要的原因是低收入居民的搬迁安置（SFDPH，2003a）。函中还提到，规划部门在根据《加州环境质量法》对三一广场项目进行环境审查时，应该包括这个项目可能给健康带来的影响。旧金山公共卫生局的函中还详细说明了开发项目所造成的搬迁安置导致"缺乏可支付的住房、房源不足或流离失所都对人体健康有负面作用；土地使用规划和政策之间的冲突，包括适当比例住房的目标、可支付性住房的目标，公交优先的目标，以及家庭住房目标"，导致了"潜在的环境正义影响"（SFDPH，2003a：1）。

145

健康机构首先通过衡量和解析加州环境审查中的"重大影响"条款发挥作用。旧金山公共卫生局指出，环境影响评估流程包括"任何对人群健康的直接或间接影响"，加州要有决心面对这些"重大影响"（§15382）。旧金山公共卫生局认为，加州也要求"如果存在与物理变化相关的社会或经济变化，应当考虑这个物理变化是否重要"，"环境影响报告能够通过预测决策提案和项目的经济或社会变化，或者由经济或社会变化所引起的物理变化，从而追踪其因果链和效应"（California CCR §15131）。旧金山公共卫生局强调，三一广场项目计划拆除租金管控的房屋，直接或间接地导致居民被迫搬离；基于他们对《加州环境质量法》的理解，这一行为是否对人体健康存在潜在的重大影响需要进一步分析评估（SFDPH，2003a）。

146

在意见函的第二部分，旧金山公共卫生局表示，他们决心建造新的住房，作为潜在的健康推动活动，并且将对新住房的需求合法化，以满足中等收入、低收入和极低收入居民的需要，而不仅仅是那些高收入居民，这都在旧金山住房要素中有所体现（SFDPH，2003a：2）。他们还提到，三一广场现有的住户中很少有人能够支付得起新开发住房的租金，居民很可能被迫接受超出其消费能力的住房，或者被迫搬离城市或地区，甚至无家可归；或者这种种情况会同时发生在他们身上（SFDPH，2003a：2）。旧金山公共卫生局表示：

> 假如居民把大部分家庭收入用来支付房租，这意味着如食物和衣服等其他生活必需品数量的减少。如果住在不达标准或过分拥挤的环境中，将影响健康状况，如哮喘、自控力、压力程度和孩子们在学校里的表现。无法负担住房的人需要在额外的时间里工作或同时做几份工作，这都是以个人健康和家庭关系为代价的。搬家导致家庭支持缺失，社区关系脱离……频繁搬家导致孩子们留级、停课，出现情感问题和行为问题。无法负担住房最严重的后果是无家可归，并且导致上述问题加剧，容易生病，自尊心下降，失去自控力和照顾自己的能力，甚至被认为是社会的污点。(SFDPH，2003a：3)

旧金山市已经决心要建造可负担的且以家庭为目标的住房，而三一广场项目与这一目标相违背；因此旧金山公共卫生局也认为，三一广场项目可能有违环境正义。旧金山公共卫生局指出，《加利福尼亚议会 1553 号》（*California Assembly Bill 1553*）草案要求将环境正义原则纳入地方总体规划的指导原则；而在《2003 年总体规划原则》的草案中则加入了混合收入住房开发原则，作为环境正义战略的一部分。卫生局的函中指出："针对该项目的环境正义分析将重点关注其对现有和周边中低收入和少数族群居民的不合理影响。"（SFDPH，2003a：3）为了先发制人，旧金山公共卫生局在意见函的末尾建议到，应该采取一系列分析措施，进一步评估三一广场项目对健康的潜在影响，并且希望与规划部门合作，制定缓解战略，以便该项目能够在不损害人群健康的情况下继续进行（SFDPH，2003a：4）。

健康评估与规划实践机制

旧金山公共卫生局做出了战略决定，发布了一份针对三一广场项目的环境影响评估的正式意见函；根据法律规定，这些意见函是永久公共记录的一部分，并且要求规划部门对其中的意见做出正式回应。阿密特·高殊（Amit Ghosh）是旧金山规划部门的高级官员，他认为：

> 公共卫生局强行介入这个项目并逼迫我们开展工作，我们对此不会做出任何回应，也不会在环境影响报告中讨论健康问题。他们（公共卫生局）如果不发布这封公开信，也许能够和我们一起高效地工作。如果是我的话，我不会采取这种做事方式。

在审查了公共卫生局提交的证据之后，规划部门表示，《加州环境质量法》的确要求项目提议人评估建筑拆除可能对健康造成的影响。然而，规划部门，尤其是环境审查部门的主任保罗·莫尔兹（Paul Maltzer），要求公共卫生局就搬迁安置对健康影响的分析提供行之有效的定量评估方法（Chion，2005）。

规划部门要求提供的定量且行之有效的方法体系，正是政府机构的质疑所在：影响人体健康的内容，尤其是与社会、经济和政治因素相关的内容是否应该纳入《加州环境质量法》。在三一广场项目之前，旧金山市的环境影响评估只包括对物理和化学危险的分析。公共卫生局的拉吉夫·巴提亚表示，健康科向规划部门提出建议，《加州环境质量法》的指导性文件为地方机构制定具体的"评估项目的目标、标准和流程"留出了一定的选择自由，而且加州的法律允许使用"定性的或定量的数据"来测定健康影响，这些数据可以参考健康目标、服务能力标准、生态耐受标准、城市总体规划或任何基于环境质量的其他标准（CEQA，1998）。事实上，加州很多城市都在《加州环境质量法》下编制的地方导则中明确可支付性住房的减少具有潜在的显著影响。

规划部门没有试图基于这个项目解决这些问题，而是找到开发商，要求他们分析搬迁安置对健康造成的潜在的不利影响，并要求修改环境评估，提出另一套不需要搬迁安置的方案。规划部门认为，当项目有可能直接导致搬迁安置时，那么就需要提供详尽的环境影响说明（Selna，2007）。规划部门立场的改变提供了新的论据以支持活动家们和民选监督员克里斯·戴利（Chris Daly）的要求，即三一广场项目应该建造一些低于市场价的单元楼，并且保留现有住房（Carroll，2006）。由于项目推迟导致经济成本上升，开发商修改了最终的计划，并未完成搬迁安置的健康分析。修改后的计划仍旧会拆除现有建筑物，但向现有的住户保证，他们可以住在新修建的租金管控单元楼。而且，开发商也同意在修改后的计划中加入游乐场和社区中心（Goodyear，2005）。

在三一广场项目审查过程中加入有关健康的论证开始改变规划与公共健康之间的联系方式。首先，卫生局提出了在环境审查过程中什么才是"重大影响"的问题，并且成功地证明了直接或间接搬迁安置成为影响之一。公共卫生机构一直以来在环境规划和土地使用问题上都保持沉默；旧金山公共卫生局打破了这个状况，通过发展内在研究能力，即使面对棘手的规划官僚主义，他们也能提供证据。尽管规划部门不愿承认居民和公共卫生局提出的环境影响，他们第一次被迫考虑如何在开发项目的过程中实现健康公平，尤其是在环境审查过程中所提出的相关问题（Chion，2005）。虽然环境部门在三一广场项目上并未采取任何行动来调查或推动健康，但他们首次意识到健康分析能够改善项目的成果。同时健康分析为社区团体推动更多的公平发展提供了重要的动力。

大尺度的城市开发与健康：林孔山地区规划

在三一广场项目后不久，旧金山市区南部林孔山（Rincon Hill）地区提出公寓开发计划，规划部门找到旧金山公共卫生局，请他们评估并审查这个计划对社区和人群健康的影响。林孔山项目主要部分之一就是关于斯皮尔（Spear）和福尔索姆（Folsom）高层塔楼的开发，需要在一块还未充分利用的土地上分别建造两幢 35 层和两幢 40 层高楼，共 1 600 个居住单元的建筑物。规划部门请公共卫生局在项目公开听证会上提出意见，特别是关于可支付性住房和公共基础设施效益的社会价值；规划部门这么做的部分原因是规划委员会希望将公共效益纳入环境影响评估批复中（Bhatia，2005）。

林孔山项目是旧金山最大的开发计划项目。这是城市规划部门想要充分利用滨水地区土地，将市区打造成新的居住地的战略决策的一部分（图 6.2）。根据项目提议者的影响评估草案，林孔山项目将使市场街南区的人口数量增加 7 300～8 800 人。但规划部门担心开发商没有考虑到建设满足新增人口所需的基础设施，包括学校、公园和交通等。规划部门的高层管理人员请旧金山公共卫生局开展了一个与三一广场计划类似的评估，并且在公开听证会上说明林孔山项目对公共健康的潜在影响。

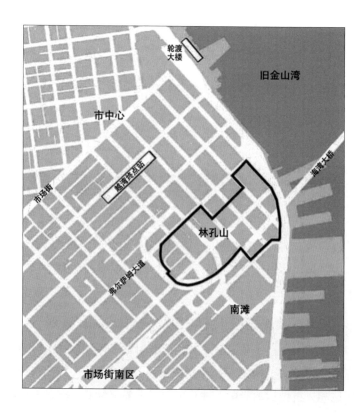

图 6.2 林孔山区域边界

来源：San Francisco Planning Department, www.sfgov.org/site/planning_index.asp?id=2507

公共卫生局同意出席听证会，并且在 2003 年和 2004 年给规划部门发出了两份意见函，使用健康文献中的案例作为佐证，总结了该计划中可能存在的影响。公共卫生局的分析主要针对新公寓的高房价，相对较高的房价就意味着在这个区域内的住房只有一部分人能负担得起；而想要满足可支付性住房的需求，只能在其他地方建造价格合理的住房，比如在现有的贫困或公共住房集中的邻里。在这个案例中，公共卫生局强调了住房不可负担性和居住隔离可能造成的健康影响。

公共卫生局在意见函中提到，开发商在环境影响报告草案中提出，该项目产生新的工作岗位"将由已经在这里居住和工作的人、住在这里但没有工作的人、住在附近社区的人或者付不起这里房租的人填充"。公共卫生局质疑林孔山项目中提出的从事收银员、服务员或销售人员等零售或办公室工作岗位的低收入人员，能否支付得起新的市场房价（SFDPH，2004b）。环境影响报告草案中列出林孔山项目中房屋的市场价为 625 000 美元，根据他们的分析，家庭收入需要达到大约 157 000 美元才负担得起一个住房单元（SFDPH，2004b：5）。

旧金山公共卫生局强调，显著的负面影响可由间接途径造成，包括那些由社会或经济力量调整或修改过的途径。公共卫生局曾经在意见函中提过："环境影响报告能够通过预测决策提案和项目的经济或社会变化，或者由经济或社会变化所引起的物理变化，从而追踪其因果链和效应。"公共卫生局直接担心的是林孔山项目可能加剧工作和住房的空间"不匹配"，换言之市区工作所提供的收入不足以支付林孔地区的新房子。卫生局参考了加州总体规划中环境正义和可持续发展的部分来支撑他们的观点，即工作与住房的不平衡应该纳入环境影响报告：

> 2003 年，加州总体规划指导原则同样强调，应该使居民的就业潜力、因其收入水平和类型而产生的住房需求与新住房的建造相匹配。如果混合社区的住房负担能力与当前和预期的收入水平分布不一致，公交导向性混用用地开发所预期的环境效益和收入阶层混合街区的社会效益或都无法实现（旧金山公共卫生局，2003b：6）。

公共卫生局要求林孔山项目的环境影响报告估算新居民在市中心工作的比例，以及现在或将来有多少比例市中心就业者能够负担居住在被提议的开发项目中。公共卫生局的分析显示，整个地区都会受到工作和住房的空间"不匹配"所带来的环境和健康影响。林孔山项目可能潜在增加到市中心的机动车出行，而例如增加步行机会、徒步活动和减少当地汽车出行数量等健康收益可能会低于因区域机动车出行增加而造成（额外）空气污染的损害（SFDPH，2003）。

最后，公共卫生局的分析强调，开发商为了满足关于"住房可负担能力"的要求（旧金山的法律规定可支付性住房为总住房数的12%），准备在林孔山几英里外的低收入区建造住房。这可能使城市不同种族和阶层居住隔离的情况更为严重，并可能会进一步集中贫困人口，这都将对健康产生负面影响，使健康不公平的状况一直持续下去（SFDPH，2004b）。旧金山公共卫生局在一张表格中汇总了林孔山项目对人群健康特别是弱势群体可能产生的不利影响（表6.3）。

表6.3　旧金山公共卫生局的林孔山项目的健康影响总结

健康城市的要素	林孔山项目	对地区人口健康的影响	对弱势群体的影响
商品和服务：食物、零售商品，公共交通，托儿服务，以及医疗卫生设施的可获取性	·65 000平方英尺[1]的零售/办公面积 ·靠近区域公共交通节点；毗邻市中心	有利影响	不确定
住房充足：可支付的、充足且稳定的住房	·5 500套新住房，预计基本价为625 000美元 ·低收入邻里预计新建900套可支付性住房	不太理想	不利影响
经济健康：多种综合的商业提供有意义、安全且满足基本生活工资的工作	·65 000平方英尺的零售/办公面积 ·中低工资水平的就业岗位增长	不确定	不确定
公共基础设施：高质量的道路、步行可达学校、图书馆、公园和休闲娱乐设施的可达性	·现存公共交通走廊 ·新设计的"居住型街道" ·新公园，但开放空间不足 ·没有社区学校的选址	有利影响与不利影响并存	不确定

----

①约6 039平方米。——译者注

表 6.3（续）

健康城市的要素	林孔山项目	对地区人口健康的影响	对弱势群体的影响
安全与防护：保护人们免受犯罪、人身伤害和物理危害	潜在的新交通工具——步行冲突	有利影响与不利影响并存	不确定
社会凝聚力：朋友、邻居和同事之间的团结和相互支持	提出建设社区中心	不确定	不确定
社会公平：经济和种族多样性，平均分配公共资源和机会	住房的可支付性将低收入人群排除在外	不利影响	缺失
环境管理：环境资源可持续使用和管理	靠近市区的住房数量增加房价超过就业者的承受范围	有利影响与不利影响并存	缺失

来源：SFDPH，2004b: 1

健康评估和社区力量

旧金山公共卫生局针对林孔山项目的分析并没能使规划委员会修订环境审查，开发规划仍获得了批准。但公共卫生局的研究结果被相关的社区组织和城市监事会使用。由克里斯·戴利（Chris Daly）带领的一组监督员，以公共卫生局关于搬迁安置和居住隔离的研究为依据，要求开发商将林孔山项目中低于市场价住房的比例由原来的 12% 增加到 17.5%，并需建在现址及当地规划区内（Brahinsky，2005）。除了市场街南区社区联盟，监督员小组也和反对三一广场项目的教堂区反搬迁联盟合作，一起使用旧金山公共卫生局的健康影响评估结果反对林孔山项目。

市场街南区社区联盟敦促城市监督员回应当地社区的需求和林孔山项目的负面影响。他们认为，规划部门将市场街南区划定为"规划区域"，使社区居民为了社区福利互相竞争，限制了他们为整个市场街南区制定社区规划的能力。社区联盟发现尽管该社区已经比城市界定的其他社区的规模小，但规划部门却将其划分成 13 个独立的规划区（图 6.3）。市场街南区社区联盟的发起者之一克里斯·杜拉佐（Chris Durazo，2005）认为：

（将市场街南区划分为这么多个规划区）是市政部门发出的明确信号，采用"细分再征服"的方法重建该地区，使居民之间以及历史盟友之间相互对立。这一战略的效果非常显著；环境影响评估的边界仅是重新开发的小型区域，而不是整个社区；更为具体地讲，是城市的东部邻里。实际情况是，当时市场街南区至少有60个已提议或在建的项目。通过审查这些小型的、人工设定的"开发区"，规划部门可以加快审查和批准，并且"忽略"这些项目对曾经生气勃勃的文化社区产生的累加效应。[3]

市场街南区成为很多菲律宾移民到达旧金山后的落脚点是他们的"马尼拉镇"（Manilatown）。然而，破坏了旧金山菲尔莫尔区（Fillmore District）的城市更新计划也威胁到其附近的"马尼拉镇"（Broussard，1993）。20世纪70年代，城市政府、开发商和菲律宾移民陷入一场争斗，移民们要求保留国际旅馆——里面住着很多季节性的亚洲劳工,尤其是菲律宾人和中国人,[4]还有许多老人(Salomon，1998)。历史学家们认为，由美国的亚裔居民领导的保留国际旅馆的运动，是亚裔美国人争取住房权利史上重要的篇章之一（Solomon，1998）。这场活动一直持续到1979年，直至活动家们被暴力驱逐，国际旅馆被夷为平地。

图 6.3 市场街南区规划
和再开发区域

来源: SOMCAN，2006

市场街南区社区联盟与城市政府争论，指出林孔山项目可能加速本地区绅士化的压力，破坏现有的结构。市场街南区社区联盟对绅士化的定义是：

> 存在一个过程，且在此过程中，穷人或工薪阶级，尤其是有色人种群体会被迫搬离原来的住区，或因上涨的生活成本，或受新涌入的、更富裕的白人所带来的外力所致。而这些力量包括市场力量和公共政策的力量，有意或无意地使某个社区对高收入人群更有吸引力或使其更容易进入。(SOMCAN, 2004: 4)

在一场关于林孔山项目的公开听证会上，市场街南区社区联盟提供的一组数据表明，该计划还将破坏市场街南区的重要基础设施，如开放空间和小学。通过一张旧金山公共卫生局绘制的地图可展示社区内现有的开放空间和小学（图6.4）；市场街南区社区联盟认为，林孔山项目应当考虑如何减轻新搬入的上百个家庭对现有公园和学校的影响。此外，根据旧金山公共卫生局提供的数据，市场街南区社区联盟提出，孩子们缺少开放空间和娱乐区域将增加行人损伤，并造成学校过分拥挤，从而对社区健康产生不利影响。市场街南区社区联盟的负责人安普尔·文内新（April Venerasion, 2005）认为：

155

图 6.4 市场街南区
范围内的公园和学校

来源：SOMCAN, 2006

　　这张地图非常清楚地显示出市场街南区居民生活福利设施的不足。尽管这不是我们整个社区平台，但这提示了我们现在所忽略的东西，也显示出把十三个区分开分析缺少连贯性。同时这张地图还表明了缺少公园和社区基础设施对孩子们的健康影响最大。这些数据和基于健康的可支付性住房观点一起，帮助我们调整了项目的新需求，尤其是征收支持社区福利的开发影响费。

开发影响费和社区福利协议

　　市场街南区社区联盟呼吁征收开发影响费，要求林孔山项目负责人为社区提供可用于建设新的基础设施的资源。经过活动家、开发商和城市监督员特别是克里斯·戴利（Chris Daly）数月的协商之后，规划委员会于 2005 年 8 月 9 日起草了《第 217-05 号城市条例》（*City Ordinance 217-05*），要求该项目在本地区加入可支付性住房，增加其比例，并且支付每平方英尺 25 美元的开发影响费。影响费本身是非常显著的成就，但金额需要注意，因为它超过了市长办公室和城市规划部门雇用的咨询师建议的每平方英尺 10~15 美元的影响费。开发商支付开发影响费后，可以获得"区划奖励"作为交换，或被允许建造高于当前规定的建筑。部分影响费将用来建造可支付性住房。总体而言，城市政府期望从中产出约为 5 000 万美元的市场街南区社区稳定基金（SoMa Community Stabilization Fund）（Goodyear，2005）。

　　虽然开发影响费不是规划中使用的特殊工具，但采用公共卫生的观点证明和支持征收影响费是新方式。更重要的是，市场街南区社区联盟说服城市监督人员，这些影响费应该由新成立的市场街南区社区咨询委员会管理。该委员会由市长办公室社区发展部的代表，和从社区选出并经由监事会全体人员投票通过的七名代表组成（SFMOCD，2005）。渴望推进项目进程的开发商，同意了社区居民提出的影响费和修改意见（Vega，2005）。

　　但旧金山市市长盖文·纽森（Gavin Newson）却认为这个协议是"不合适的强势策略"，这种行为是"无法接受的"（Vega，2005）。2005 年 8 月 11 日，《旧金山纪事报》（*San Francisco Chronicle*）发表题为《敲诈市政厅》（"Shakedown at City Hall"）的社论，文中批评道：

[监督员]戴利强势胁迫了开发商，开发商希望在市场街南区建造六幢公寓大楼，预先商定拨款 6 800 万美元用以建造可支付性住房，如果坚持，这是一个高尚的目标……但戴利和他的同事们一起，以"非营利性社区基金"的名义从开发商那里追加了 3 400 万美元，这笔钱由他们亲手挑选出来的人来管理……这种可疑的交易通常闭门不宣。令人气愤的是，市政厅竟然没有人站出来阻止他们。

然而，城市规划部门赞美这个协议是"旧金山城市规划重回深思熟虑"的体现，上百位市民参加了公共研讨会，讨论起草初步计划，最终的协议是包括政府官员、市长办公室、监督员戴利和社区组织负责人在内的多方公开会谈的结果（Macris，2006）。尽管市长对此不情愿，但他还是在 2005 年 8 月 19 号签署发布了这项法律条例。

到 2008 年 3 月，社区稳定基金会的咨询委员会[5]起草了一系列重要的目标，以增强社区凝聚力，支持市场街南区内低收入居民和企业的经济和劳动力发展，增加区域内可支付性住房的数量，并改善社区内基础设施和环境质量（http://www.sfgov.org/site/mocd_index.asp?id=44635）。委员们亦同意基金会实现这些目标的主要策略是资金杠杆，通过现有资金投资、购买土地、发展市场街南区社区土地信托基金、确认和雇用可以匹配其基金的其他资助者，以加强现有社区组织的能力。社区咨询委员会现在管理着约 500 万美元，并为希望开展社区发展项目的社区组织提供小额拨款。委员会还在制定投资战略，以确保其规划活动的长期财政可行性；并考虑为被迫搬家的居民设立应急基金。

由于社区稳定基金会需要等到建筑完工后才能拿到影响费，故而在基金会成立大约两年之后仍未得到资助。但在这两年里，咨询委员会与社区居民和市长办公室一起明确了管理问题。例如，委员会将福利范围重新划定为整个市场街南区，而不仅仅是林孔山项目开发区。此外，社区咨询委员会的联合主席杰西·柯林斯（Jazzie Collins）提到，最初两年的会议明确了社区的需求，为居民、地方商业、年轻人和老年人提供了一个新的平台，用以讨论最需要稳定基金的地方（Collins，2007）。市长办公室的社区发展委员会也认识到稳定基金体现出来的社会公正性，指出：

> 存放在基金中的钱应该被用以解决市场街南区内居民和商业的不稳定问题，包括协助可支付性住房和社区资产的建设、扶持小型企业、为低收入家庭开发新的可支付性住房或提供租房补贴、在低收入家庭买房时对其预付款给予帮助预防租客被驱逐为市场街南区的居民提供职业发展规划和能力建设、促进就业增长和稳定、协助小型企业发展、构建领导能力、增强社区凝聚力、增加公民参与度、协助社区项目和经济发展。(SFMOCD, 2005)

在林孔山规划的过程中，规划部门很早就意识到周围居民所需要的公共利益远比开发商所提供的要多。然而规划部门缺少上层体制支持来提出这些要求。社区的支持与地方公共卫生机构所收集的证据相结合，提供了政治推动力，从而在规划过程中保障了公共利益。

迈向健康的城市开发

本章主要阐述了公共卫生与规划实践相结合以推动健康公平的路径。更具体地说，公共卫生部门和社区组织可以通过环境影响评估流程的人群健康分析介入规划过程。三一广场项目和林孔山项目表明，健康评估至关重要，但不足以确保城市发展能够推动健康公平。社区的组织和参与，特别是住房和环境正义组织这类原来并不关注健康的团体，在推动政府作为和提供开发项目可能产生负面影响的当地知识方面，发挥了举足轻重的作用。

对于健康和公平的城市规划机制，这些案例提供的关键启示是：强大的社会运动能够建立跨行业的新联系，如住房、公园和娱乐、经济发展，其与卫生和规划部门之间的联系是健康城市规划的一个重要方面。教堂区反搬迁联盟基于组织内部的知识和专业技能，告知公共卫生局关于《加州环境质量法》中健康评估的法定要求，使公共卫生机构能够在新的开发项目中开展健康评估。因此，社区组织作为倡导联盟体，协助了在新知识创造和政府行为优化中的协同创新（Sabatier & Jenkins-Smith，1993；Jasanoff，2004）。

行动反思

在社区组织推动城市管理内部改革的同时，社区组织也面临着自身的变革。在参与健康影响评估的过程中，市场街南区社区联盟被迫参与不熟悉的领域，并面临部分成员离开组织的可能。教堂区反搬迁联盟和市场街南区社区联盟都是基于社区的组织，建立了深厚的成员基础，使其针对一个角色或机构开展工作相对容易，例如针对不道德的开发商、恶劣的房东，或者固执的规划部门（Bobo 等，1996；Shaw，1996）。在决定参与健康影响评估后，联盟也反思了自身的组织战略，以及与开发商、城市机构和民选官员就土地使用变化及社区健康改善进行谈判的方式。维护环境和经济权利人民组织（PODER）和教堂区反搬迁联盟的组织者奥斯卡·格兰德（Oscar Grande）对这些变化的推动力量进行了深思：

> 从组织到起草《人民的规划》，再到与公共卫生局一起开展健康评估，挑战是将基础建设策略与研究和分析等我们之前并未关注的事情结合起来。我们不想因为参与过多复杂且充满不确定性的健康研究而使成员们失去做事的责任感和热情。而同时，我们将健康视为我们活动的资源，也是新增的一项（但不是唯一的一项）提升社会公正的战略。

市场街南区社区联盟的负责人安普尔·文内新（April Venerasion）提到在健康评估过程中推动公平发展时遇到的相似挑战：

> 我们曾怀疑健康评估是否可能改变规划部门或项目。与此同时，健康证据有助于扩展我们的平台，并将可支付性住房和就业公正问题转变为社区健康问题。在公共卫生局发布报告之前，我们从未意识到我们的工作与促进社区健康相关。但我们采取了一项战略措施，选择性地使用公共卫生局的评估报告，例如解释林孔山项目将会给现有的公园和学校带来巨大负担。

这段话不仅强调了健康分析是如何影响了联盟的可支付性住房计划，还说明了健康分析如何帮助社区组织成为健康公平的新的倡导者。健康城市规划中很重要的一个方面是：公民组织和私营部门（而不仅是政府机构）目前并没有认识到他们致力于健康促进和公平的努力已彻底改变了他们的工作。而这些努力是提升社区福祉运动的新的部分。

160

边做边学

旧金山公共卫生局采用的健康评估的方法给健康城市规划的总体实践带来了一定的启示。公共卫生局广泛采用健康影响评估，不单是依赖使用一种特定的评估方法，而是将二手的健康和土地使用数据与居民面临驱逐和居住在拥挤社区中的当地知识相结合。此外，公共卫生局揭示，即使是在《加州环境质量法》的法定和程序限制内，分析直接和间接影响健康的社会因素不仅是可能的，还可以迫使项目发起人（和主要机构）考虑项目对现存弱势群体的影响。公共卫生局也承诺，即使面对他们不熟悉或从未遇到过的开发项目健康评估，也会公开调查结果。这一承诺将使公共卫生局的工作透明化，在心存疑虑的公众和公共机构的心目中提高了健康评估的可靠性。然而从这些案例可以看出，通往健康城市发展决策的道路缓慢而稳定；在这条道路上，公共卫生局向社区居民学习，主动开展调研，针对影响健康的社会因素进行协作培训／对话，在听证会上发表意见、撰写意见函，以及与社区组织和城市机构建立战略联盟。尽管这些方法并不总能直接改变规划决策，但它确实有助于建立新知识，并使社区联盟和立法机构具有使用健康证据的能力，这两者都能改变开发方式，继而有可能提升社区健康水平。

为了与规划部门建立更为深厚的关系，旧金山公共卫生局提出为规划师在健康影响评估中提供联合培训。通过这种方式，规划者能够掌握更多有关开发与人体健康之间关系的背景知识，这样可避免做出像三一广场计划那样引起公众争议的决策。社区稳定基金会反思了建立一个新的民主问责机构来推动健康公平的尝试，但现在要确认这一新机构能否实现目标尚为时过早。而最重要的是，社区组织和旧金山公共卫生局之间的合作表明，边做边学对于推动健康和公平的城市发展十分重要。

1　关于旧金山公共卫生局内部的"健康、公平和可持续计划"的起源、使命和目标的更多详细信息，请参见第三章。

2　国际影响评估协会指出："没有充分考虑到人群健康的发展规划可能会给受影响的社区带来隐性'成本'，其形式是疾病负担的加重和健康福祉的降低。从公平的角度来看，往往是那些边缘化和弱势群体承受了大部分的不利健康影响。从制度的角度来看，卫生部门必须应对由发展引起的健康问题，并解决疾病负担加重造成的费用问题。 健康影响评估（HIA）提供了一个在开发规划上游过程中识别并应对健康危害、风险和机遇的系统化流程，以避免这些隐性成本的转移，并加强多部门在健康和福祉方面的职责。"（Quigley等，2006：1）

3　目前，市场街南区（SoMa）是旧金山最具包容性的社区之一，聚集了一些最穷困的人口群体，同时也是该市现在或曾经无家可归者最集中的地方。市场街南区也居住了很多刑满释放人员，因为囚犯从监狱释放后，将获得一张入住单间旅馆（SRO）的凭证，而旧金山大部分剩余的单间旅馆都集中在市场街南区。

4　I- 酒店（I-Hotel）是旧金山马尼拉镇为数不多的建筑之一，该镇曾经是市场街南区繁华的菲律宾移民社区。社区主要为男性，因为在 1965 年之前亚洲女性大多不被允许进入美国，而加利福尼亚的反种族通婚法也禁止菲律宾人以及其他亚洲人与其他种族通婚。

5　2008 年 3 月的咨询委员会成员，包括：安杰丽卡·卡班德（Angelica Cabande）、安达·成（Ada Chan）、杰兹·李·柯林斯（Jazzie L. Collins，主席）、小鲁迪·科尔普斯·朱尼尔（Rudy Corpuz Jr.）、科妮·福特（Conny Ford，副主席）、史蒂文·萨维尔（Steven Sarver），以及凯莉·威尔金森（Kelly Wilkinson）。

第七章　健康影响评估 [1]

2002 年 11 月，社区成员和旧金山市政府官员们一同在旧金山教堂区开展讨论：希望明确如何通过卫生局帮助教堂区反搬迁联盟（MAC）实现《人民的规划》。《人民的规划》是一个包含土地使用、区划及社区发展的规划，由教堂区反搬迁联盟起草并得到数千名本地居民的认可。这个规划希望通过区划和用地调整促进可支付性住房的开发、保留工业就业岗位并停止对现有建筑的拆除。与此同时，城市规划部门宣布启动新的规划流程，旨在对教堂区和周边旧金山东部邻里进行新区划管控。在一次与政府部门的会议上，教堂区反搬迁联盟的代表意识到卫生部门希望通过健康影响评估（HIA）解决城市政策和规划中的健康不公平，因而寻求该部门的帮助，审议《人民的规划》目标中的健康影响。多年以来，教堂区反搬迁联盟花费了大量精力组织社区力量编写《人民的规划》，他们希望证明其规划愿景的价值；但是教堂区反搬迁联盟此前从未做过健康影响评估，如果得不到旧金山公共卫生局的帮助和指导，他们亦无意主导该健康影响评估（Grande, 2005）。

公共卫生局同意与社区联盟合作，探寻基于社区的健康影响评估的过程和内容。至 2003 年 3 月，旧金山公共卫生局协助主持了一次社区会议，这被认为是教堂区社区影响评估流程中的第一次会议（Bhatia, 2005）。在这次会议中，公共卫生局让居民列举出心目中社区"健康"的要素，并就可支付性住房进行了大量讨论。之后教堂区反搬迁联盟与公共卫生局定期举办会议，讨论从展望健康社区到建立证据基础等内容。社区居民要求该评估考虑邻里变化如何受到地区发展动力（如高科技经济）的影响。教堂区反搬迁联盟和公共卫生局针对日程安排和流程等方面，讨论如何实施更广泛的健康影响评估。与此同时，城市规划部门颁布了针对东部邻里的新区划调整规划，包括教堂区、展示广场—波特雷罗山街区（Showplace Square—Potrero Hill）和市场街南区（图 7.1）。规划部门也宣布他们正在筹备区划调整规划的环境和社会影响评估，并且这些评估将聘请资深顾问独立完成。教堂区反搬迁联盟和公共卫生局表示愿意与规划部门会面，探讨如何将健康分析加入环境和社会影响评估。

44

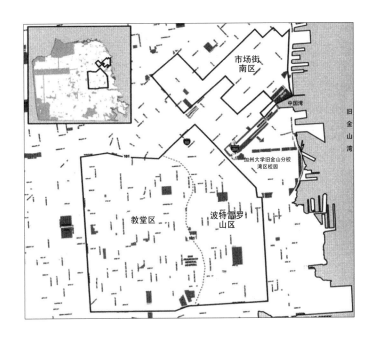

图 7.1 旧金山东部邻里
来源：SFDPH，2003

参与性规划与健康影响评估的结合

本章集中讨论东部邻里的社区健康影响评估（Eastern Neighborhoods Community Health Impact Assessment, ENCHIA）的规划过程和结果——作为对规划部门区划调整规划的回应。在进行东部邻里的社区健康影响评估期间，社区和政府机构共同参与了规划过程，建立了全新的工作关系；在评估规划方案的健康影响时收集了新依据，并形成了新的分析流程，即健康发展测量工具（Healthy Development Measurement Tool, HDMT），这一工具可以应用于未来的城市规划和决策中。超过 25 个不同的利益群体参加了东部邻里的社区健康影响评估，在两年内他们每月都会召开一次会议。在达成一定共识的合作基础上，东部邻里的社区健康影响评估制定了健康城市的愿景，建立了实施这一愿景必要的目标和测量过程的指标，并收集和测绘数据以植入这些指标。此外，东部邻里的社区健康影响评估对 30 多个可能推进健康城市愿景的非健康政策进行了分析。最后，东部邻里的社区健康影响评估不仅对旧金山的规划决策产生了重大影响，也对整个湾区健康规划和健康公平联盟的建设发挥了重要作用。本章将探讨促成东部邻里的社区健康影响评估在本地和区域内成功的体制因素，及其对提升健康和公平的城市治理的规划流程设计的启示。

构建健康城市规划

　　2004 年 1 月，教堂区反搬迁联盟和公共卫生局与规划部门再次会面，讨论如何将人群健康加入东部邻里的社区区划规划评估。米丽亚姆·希翁（Miriam Chion）是当时旧金山规划部门的一位资深规划师，她建议拓展教堂区反搬迁联盟和公共卫生局已经启动的健康影响评估进程，并将其纳入区划调整规划。旧金山公共卫生局的职业与环境健康科主任拉吉夫·巴提亚回忆道：在某次会议中，规划部门的环境审核主任保罗·莫尔兹认为公共健康已经是环境评估过程中的一部分，不认同扩展环境影响报告的分析范围，例如加入社会健康决定因素（住房可支付性、搬迁安置和社会凝聚力）。莫尔兹直白地指出，对客观的、可复制的分析的需求，以及或通过政治甚至法律力量施压以限制对《加州环境质量法》（CEQA）的分析，都是拓展该法范围的阻碍。莫尔兹还表达了个人想法：健康审查过程并非满足社区需求的正确方法；除非市领导下达命令，否则不会启动任何改变（Bhatia, 2005）。不过莫尔兹还是在一次与环境评估平行的健康影响评估中伸出了援手。由于这次规划部门拒绝将社会健康因素加入环境审查过程，因此教堂区反搬迁联盟希望公共卫生局能够主导。教堂区反搬迁联盟的领导者们要求拓展《人民的规划》的健康影响评估，使其包含在东部邻里的社区区划调整规划中，公共卫生局对此表示赞成并同意与其合作。规划部门愿意参与健康影响评估过程，但没有承诺会将其调查结果加入环境或社会影响评估中。

协商民主和健康影响评估

　　当教堂区反搬迁联盟和旧金山公共卫生局开始组织新的健康发展评估时，他们发现自己需要一个战略，用以评判和招募教堂区外的新参与者。旧金山公共卫生局认识到，在评估过程中为健康需求代言时，他们必须服务于广义的城市利益，面对任何政治力量都要保持中立。另一个挑战是：由于最后的区划调整规划还没有公布，新的健康影响评估可能需要针对健康土地使用和政策变化来进行。据拉吉夫·巴提亚所言，围绕健康影响评估的已有政治矛盾意味着其合法性可能既被确立在参与者代表性和流程中，也可能在其方案和推荐的结果中得到确立（Bhatia, 2006）。

链接 7.1 世界卫生组织健康影响评估准则

民主 人民有权直接或间接参与任何能够影响到其生活的方案决策过程。应当区分主动承担风险者和被动暴露于风险者。

公平 减少由可避免的健康决定因素和／或不同人群的健康状态的差异而产生的不公平。为了遵循这一价值观,健康影响评估应当考虑健康影响在人口中的分布情况,尤其重视弱势群体,为受影响人群提出开发方案的改善方式。

可持续发展 在满足当代需求的发展的同时,又不影响子孙后辈的需求。良好的健康情况是人类社区发展的韧性基础。

合理使用证据 采用透明、严格的流程来整合和解释证据:使用不同学科、不同方法论中所能获得的最佳证据;所有证据都是经过评估,并且能给出不偏不倚的建议。

全面考虑健康 社会各界形形色色的因素决定了生理、心理和社会的福祉。

来源: Quigley 等, 2006: 3

公共卫生局还致力于设计一个流程,其中包含世界卫生组织对健康影响评估的价值共识声明。这一共识声明通常被称为"哥森堡声明"(Gothenburg Statement),该声明强调了分析过程中的民主参与、公平和透明(Quigeley 等,2006: 3),如链接 7.1 所示。为此,旧金山公共卫生局研究了参与性健康影响评估的若干模型,例如默西赛德模型(Merseyside Model),以及用于解决争议性科学政策问题的方法,例如欧洲使用的丹麦共识会议和科学商店(Danish Consensus Conferences and Science Shops)(Fischer 等, 2004; Scott-Samuel 等, 2001; Wachelder, 2003)。旧金山公共卫生局还意识到,这个流程无须受到既定影响评估或程序规则的约束,应通过对健康影响评估设计及结果的所有权和监管权,促使其参与者达成更高层次的力量。以公众参与和健康影响评估的国际模型为基础,旧金山公共卫生局和教堂区反搬迁联盟起草了一份设计健康影响评估的指导原则,包括以下七点:

- 评估在环境影响评估中所忽视的社会和经济效应；
- 采用健康的广义定义考虑规划的综合影响；
- 为社会边缘利益群体提供真正的参与机会；
- 赋予利益相关者决定评估范围的权力；
- 珍视社区经验，将其作为证据；
- 提供科学方法和数据来解答过程中出现的问题；
- 在决策过程中采用协商和建立共识的方法（SFDPH，2007a）。

旧金山公共卫生局还认识到：为了完成参与性健康影响评估，他们不仅需要自身机构的帮助，还需要其他城市专门机构的支持（Farhang，2006）。环境健康科的工作人员开始与健康机构中其他部门会面，介绍健康影响评估的目标并寻求专家帮助。旧金山公共卫生局也希望能够为城市政府以外的流程提供帮助。他们与湾区超过40个可能参与评估的利益群体和私人组织进行了会面。这些会议使公共卫生局了解了不同利益群体对区划调整规划提案的担忧，以及其他公共卫生局还未意识到的，但可能影响东部邻里生活质量的问题（Farhang，2006）。[2] 结合参与性科学政策流程、协商制度和国际会议中产生的知识，公共卫生局和教堂区反搬迁联盟创造了名为"东部邻里的社区健康影响评估"的参与性科学政策流程，并共同起草了一系列新目标（表7.1）。其流程图简要说明了公共流程的步骤，时长18个月（图7.2）。

表 7.1　东部邻里的社区健康影响评估目标和目的

- 识别并分析土地使用规划和区划控制可能产生的健康影响，包括住房、工作和公共设施等方面
- 为土地使用政策和区划控制提供建议以提升社区的优先关注点
- 展现健康影响评估方法的灵活性
- 通过明确竞争利益和促进共识，在用地政策决策过程中增加有意义的公众参与环节
- 提升不同机构之间工作关系的能力

来源：SFDPH，2007a：9-10

170

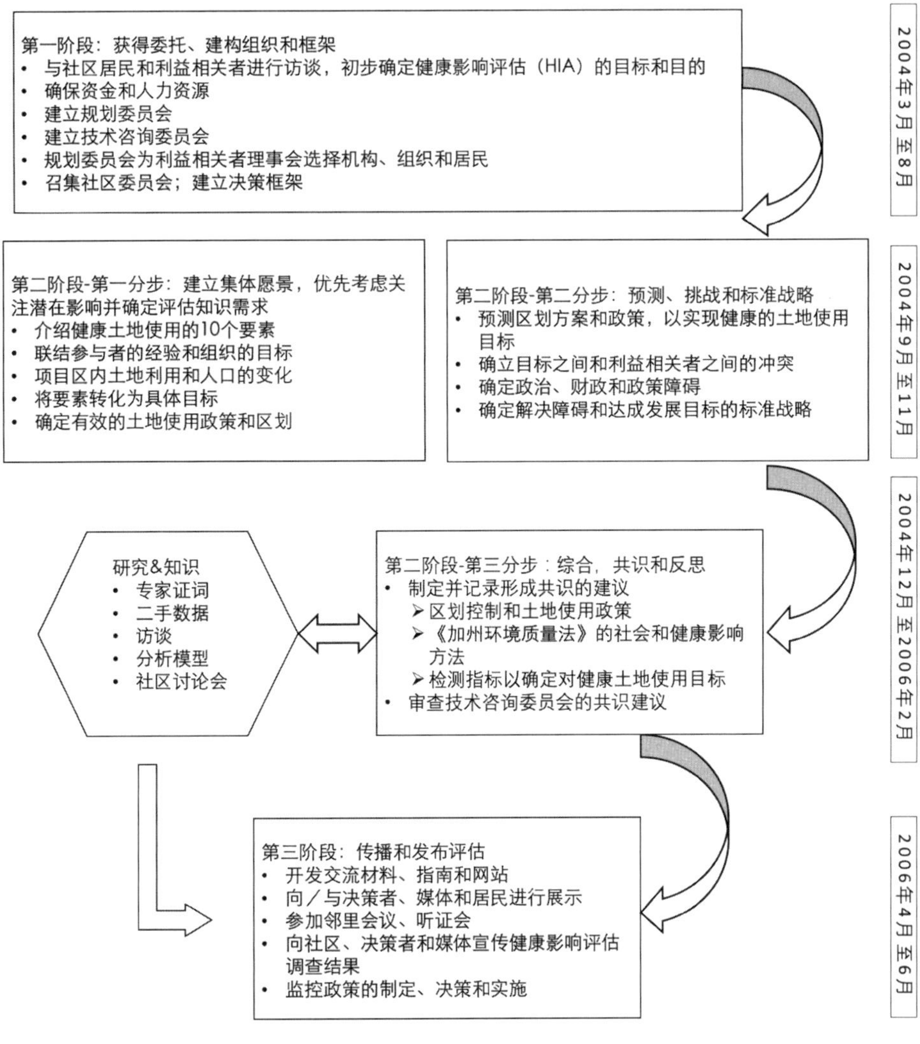
第一阶段：获得委托、建构组织和框架
• 与社区居民和利益相关者进行访谈，初步确定健康影响评估（HIA）的目标和目的
• 确保资金和人力资源
• 建立规划委员会
• 建立技术咨询委员会
• 规划委员会为利益相关者理事会选择机构、组织和居民
• 召集社区委员会；建立决策框架
2004年3月至8月
第二阶段-第一分步：建立集体愿景，优先考虑关注潜在影响并确定评估知识需求
• 介绍健康土地使用的10个要素
• 联结参与者的经验和组织的目标
• 项目区内土地利用和人口的变化
• 将要素转化为具体目标
• 确定有效的土地使用政策和区划
第二阶段-第二分步：预测、挑战和标准战略
• 预测区划方案和政策，以实现健康的土地使用目标
• 确立目标之间和利益相关者之间的冲突
• 确定政治、财政和政策障碍
• 确定解决障碍和达成发展目标的标准战略
2004年9月至11月
研究&知识
• 专家证词
• 二手数据
• 访谈
• 分析模型
• 社区讨论会
第二阶段-第三分步：综合，共识和反思
• 制定并记录形成共识的建议
➢区划控制和土地使用政策
➢《加州环境质量法》的社会和健康影响方法
➢检测指标以确定对健康土地使用目标
• 审查技术咨询委员会的共识建议
2004年12月至2006年2月
第三阶段：传播和发布评估
• 开发交流材料、指南和网站
• 向／与决策者、媒体和居民进行展示
• 参加邻里会议、听证会
• 向社区、决策者和媒体宣传健康影响评估调查结果
• 监控政策的制定、决策和实施
2006年4月至6月

图 7.2 东部邻里的社区健康影响评估流程图

东部邻里的社区健康影响评估

2004 年 11 月 17 日，除了规划部门和公共卫生部门之外，超过 25 个非营利和私人组织，以及 4 个公共部门加入东部邻里的社区健康影响评估的社区委员会并出席首次会议。这次会议旨在让利益主体互相了解，讨论协商流程如何运作，而参与者在会上对健康社区的要素进行头脑风暴。健康评估过程中的一个前期目标是就健康场所的要 169

素进行小组讨论,明确用地性质将如何影响这些要素,以及区划调整方案对这些要素产生的影响是积极的还是消极的。此外,他们在项目网站(www.sfdph.org/phes/enchia.htm)上向公众开放,定期发布会议议程、摘要、演示文稿和一系列相关文件。

另一个前期目标是让参与者了解健康影响评估流程与其他东部邻里区划规划的评估之间的区别。在早期会议上,许多参与者问道:"这一流程与环境、社会影响评估有何区别?""谁会对评估结果负责?"等问题。公共卫生局制作了一个矩阵,比较了东部邻里的社区健康影响评估与环境、社会影响评估流程的区别(表7.2)。公共卫生局选择的分类形式一定程度上体现了他们心中健康影响评估作为公共知识整合过程的重要与特殊之处。例如,公共卫生局强调了每个过程的制度基础、分析范围、数据收集及研究方法的引导、公众和非专家的角色、数据的运用以及过程与结果的公共责任。

172 表7.2 旧金山公共卫生局的环境影响评估、社会影响评估及健康影响评估的比较

要素	《加州环境质量法》环境影响评估(规划部门)	社会经济分析(规划部门)	东部邻里区划调整的健康影响评估(旧金山公共卫生局)
目标	明确环境变化的显著负面影响;明确并确保缓解措施;识别并评估项目备选方案	明确环境变化的显著负面影响;明确并确保缓解措施;识别并评估项目备选方案	明确环境变化的显著负面影响;明确并确保缓解措施;识别并评估项目备选方案
制度设置	项目和方案审批须遵循加州法律	规划委员会要求进行基于公共利益的酌情分析	基于公众及规划委员会的利益酌情分析;公共机构(SFDPH)开展
范围	主要聚焦于物质环境的潜在不利变化。分析范围取决于流程要求和过往的实践。东部邻里环境影响报告提议的分析包含:	主要聚焦于规划在经济、财政和人口方面的间接影响;这些因素对人体健康的影响是间接的(例如失业),规划人员通过可用的方法和财政来源决定范围	主要聚焦与人体健康有关的社会、经济、环境决定要素;利益相关方委员会 通过规划团队选取纳入分析考量的影响

表 7.2（续）

要素	《加州环境质量法》环境影响评估（规划部门）	社会经济分析（规划部门）	东部邻里区划调整的健康影响评估（旧金山公共卫生局）
范围	(1) 交通，包括现状描述、新交通工具和对应的出行方式预测 (2) 空气质量，包括评估区域空气质量规划和其他规划的一致性 (3) 噪声，包括评估噪声对住宅用地的影响 (4) 文化资源，包括对地标和历史街区的影响 (5) 视野品质和被遮蔽区域 (6) 水文和水质，包括雨水排放 (7) 有害材料，包括允许的、可能的危险材料使用预测 (8) 土地使用，包括商业变动所带来的环境影响 (9) 就业、人口和住房		分析包括： (1) 住房设计、区位和室内外 (2) 空气质量 (3) 交通量和行人受伤率 (4) 公共通勤可达性和健康 (5) 卫生保健 (6) 住房可支付性和社会凝聚力 (7) 公园和体力活动 (8) 自然空间和疾病康复率 (9) 社区学校和学生成就 (10) 建筑设计和暴力 (11) 社会隔离和过早死亡 (12) 食物来源和健康营养的 (13) 可获得程度 (14) 儿童照料与成长的可获得程度
研究方法	清单，二手数据分析、定量模型，专家预测。还包括一些特定地区一手数据收集和分析（比如交通分析中的交通量）	一手和二手数据分析；有限的定量方法和焦点小组	文献综述，二手数据分析，定量分析与预测，定性方法，小组协商过程，政策分析，共识建立方法

表 7.2（续）

要素	《加州环境质量法》环境影响评估（规划部门）	社会经济分析（规划部门）	东部邻里区划调整的健康影响评估（旧金山公共卫生局）
公众的作用	公众在评估过程中的特定阶段可以提出口头或书面意见，包括环境审核早期的公共范围会议和环境影响报告草案的意见；最终版的环境影响报告必须对草案的所有意见和评论做出回答	健康影响评估利益相关方将受邀加入焦点小组	公共机构、营利组织和非营利组织的代表建立利益相关方委员会；积极招募、培训居民参与委员会；对受影响人群进行取样调查，并从中选取人员加入焦点小组；委员会也会召开公众听证会
专家和证据的角色	专家和顾问进行学科特定研究，提供分析和解释	顾问与规划人员会进行研究和分析并提供解释	在过程中首要重视社区议会成员的专家经验；项目工作人员进行研究、收集数据，提供给委员会审阅；必要情况下采用学科专家来回答利益相关者的问题

东部邻里的社区健康影响评估初次会议的主要目的是让大大小小的团体共同建立"健康城市"的愿景。在早期的东部邻里的社区健康影响评估会议中，参与者的实质性工作重点聚焦于"健康场所"的要素。讨论的范围比较广泛，从场所的物理特性到社会关系再到健康结果的可测量性。一位参与者将健康城市描述为：一个"你感到生活愉快、养儿育女、度过闲暇时光的场所……是你、你的孩子们、你的家人都想居住的地方"。有人认知中的健康城市概念更为具体："一个健康的场所——是当人们感到失落时，可以让他们重拾力量的地方，而不仅仅是提供居住的功能。"其他参与者强调了持续学习、适应和变化："健康场所的衡量尺度是群众和机构可以意识到哪些方面存在问题，并愿意解决问题。"在讨论中，东部邻里的社区健康影响评估画了一些草图，来把健康场所的特质具象化（图 7.3）。健康城市的一系列特质开始显露出雏形，由来自旧金山公共卫生局的协调人对此进行梳理，包含基本的生活条件、有

保障的生计（例如一份"健康的可支付清单"）、公共场所的社会交流、多样的政治立场和与家人的就近居住。健康城市愿景包含了六个要素（表 7.3），旧金山公共卫生局决定采用这些愿景作为未来工作的框架。健康城市愿景包含了下列分类：环境管理、安全和保障、公共基础设施、商品及服务的可达性、充足且健康的住房和健康的经济（SFDPH，2007a: 38）。[3]

东部邻里的社区健康影响评估起初没有聚焦于问题和失败，而是对健康社区愿景进行了讨论；这是因为他们的目标是理解、描述并解释区域、人群和现有机构的强项和优势——这些赋予一个场所生命和意义的元素。东部邻里的社区健康影响评估流程也强调：所有社区和人群都在不断探索更好的功能运转和生存改善，以应对极端情况；通过对这些策略的不断学习可能有益于健康影响评估流程。

图 7.3 描绘健康城市，东部邻里的社区健康影响评估（ENCHIA）

表 7.3[1]　健康城市要素，东部邻里的社区健康影响评估流程

环境管理：（1）干净的空气和水（2）可再生的本地能源（3）可持续的绿色基础设施（4）健康的居民（5）可持续的农业

可持续且安全的交通：（1）多样的交通选择（2）可负担且可达的公共交通（3）更安全的道路和人行道（4）路上车辆更少

公共健康：（1）安全、可步行的道路和人行道（2）整洁易达的公共空间（3）无犯罪和暴力

公共设施 / 商品及服务的便利度：（1）良好的学校和儿童教育（2）安全的公园、操场和体育 / 娱乐区域（3）满足日常需求的社区商业区（4）活跃的街道生活和业态（5）健康且可支付的食物（6）满足老少的社区服务和资源（7）社区休闲活动的空间（8）无障碍设施

充足且健康的住房：（1）能够负担（2）没有物理危害（3）稳定安全（4）类型和尺寸多样（5）位于混合收入、混合种族的友邻社区（6）所在区域到达工作、教育、商品和服务的地方较近

健康经济：（1）安全、工资合理、提供保险和其他福利的工作（2）为不同学历、语言、技能的居民和个人提供多样的工作机会（3）本地商业（4）在社区内流动的本地经济（5）经济发展不对自然环境构成危害

社区参与：（1）受开发影响的社区居民可以活跃参与其中（2）社区参与涵盖构想、规划、责任分配、评价 / 数据收集、决策、监控和评估过程（3）公众有机会对提案评论（4）对缺点进行开放、交互的讨论（5）具体项目与常规规划的问责制和合规性

注：1. 健康城市愿景最初包含六项要素，经过修订后，变更调整为表内七项要素。

来源：SFDPH，2007a

对健康政策制定目标的讨论

　　自从委员会建立了健康城市愿景，其流程将转变为帮助参与者清晰阐述社区健康目标下每个愿景要素的内容；并成立了六个小组来匹配"健康城市的要素"（healthy city elements），这些小组的工作是针对各个要素起草具体的健康目标。例如，为"商品和服务的可达性"指定的目标是"确保所有邻里都拥有可负担的、高质量的儿童照顾"。"健康经济"的一个目标是"增加健康、安全、有意义的工作岗位"。在此过程中，与会者表示，不理解如何仅通过用地变化和区划调整来达到某些目标。比如一个参与者问道："零售功能的区划如何影响商店里商品的种类？又如何影响商店对待其工人的方式？"通过把目标归入健康城市愿景的尝试，参与者发现了健康影响评估的优势和局限性（SFDPH，2007a: 41-42）。

在把目标归入健康城市愿景要素的过程中，参与者发现许多目标与其他要素也相关，有时甚至存在冲突。比如说一些参与者提出鼓励社区经济、种族多样化的政策可能加剧现有场所的绅士化。其他人记录道：对"绿色建筑"的要求会增加住房建设的支出；增加公园会提升区域的价值，但也可能造成现有住宅被拆除。东部邻里的社区健康影响评估参与者记录了目标间的复杂性和潜在矛盾，他们希望将"困难"数据归类并写入新起草的目标中。

结构性不平等的出现

东部邻里的社区健康影响评估参与者还讨论了仅意识到目标间的矛盾是否足够、东部邻里的社区健康影响评估是否应该对特定目标采取立场。参与者没有就推进方式达成一致，讨论常常集中在流程中的利益冲突问题。比如以下这些社区委员会成员之间你来我往的争论：

参与者一： 有许多目标聚焦于经济和为了健康获取更多的收入，但就算你有钱，你要如何解决种族主义导致的选择限制？

参与者二： 是的，我知道种族和阶层无法割裂，但我认为我们所做的事情是尝试、实际地建设健康生活，对吗？

176

参与者一： 但你假设的情况是一个公平竞争环境；如果我有可以承担的住房，我会更健康。但对于黑人、拉丁人、亚洲人，或其他有色人种而言，歧视和种族主义无处不在。请问白人特权和压制与我们目标是否一致？

参与者二： 种族主义当然存在，我们想去解决这个问题，但这是一种价值观。我们的目标是一个解决歧视的实际方法。

参与者一： 以增加骑行的目标为例，通过增加自行车道，你创造了更多骑车的机会。这看起来很好，却忽视了骑车的是谁，他们为什么骑车，要去哪里？这个城市中骑车的拉丁人比其他任何人都频繁，而他们骑车是为了工作和运输，而非锻炼或休闲。所以当我们忽视这些目标背后的可能性、忽视被服务人群时，我们也同样忽视了一点，那就是我们生活在一个种族化的社会中。

类似的讨论发生了很多次，关于东部邻里的社区健康影响评估如何或是否把种族主义视为评估过程的焦点，这段对话只是其中的一次。一些参与者希望种族、种族主义以及种族不平等的健康证据可以成为东部邻里的社区健康影响评估的焦点。然而，其他人希望聚焦于更"实际"的目标和结果。公共卫生局的工作人员致力于将种族主义保留在讨论过程中，但大家却没有在这一点上达成共识：种族主义是否应该成为评估的核心。

一些委员会成员确信："对种族主义的过度关注会使这个群体极端化，导致有些参与者退出流程。"另一些人把东部邻里的社区健康影响评估视作一个机会，强调"即使是进步的白人领导的组织也会弱化种族主义对于推动社会行动的显著影响，并通过强调跨种族团结的认知来'完成任务'，这将大幅度削弱种族主义的重要性并可能导致有色人种退出流程"。最后东部邻里的社区健康影响评估达成了共识，认为通过对话和政策解决种族特权问题是必要的，但这次评估将会聚焦于在土地使用中的种族主义问题，例如通勤便利度、可支付性住房、环境质量和经济机会。

经过持续数月的对话和小组会议，东部邻里的社区健康影响评估在 27 个首要的社区健康目标（表 7.4）上达成了共识。这些目标指导了数据的收集，即东部邻里的社区健康影响评估的下一阶段工作。

177　　　　表 7.4　健康城市目标，东部邻里的社区健康影响评估

- **环境管理（ES）**

目标 ES.1 减少能源和自然资源的消耗

目标 ES.2 修复、保存和保护健康自然栖息地

目标 ES.3 提升获得食物的便利性和城乡农业的可持续性

目标 ES.4 加强被污染场地的再利用

目标 ES.5 保持良好的空气质量

- **可持续交通（ST）**

目标 ST.1 减少私人机动车交通出行次数和行驶里程

目标 ST.2 提供可承担的、健康的、可持续的交通选择

目标 ST.3 为步行、骑行创造安全的环境

- **公共安全（PS）**

目标 PS.1 提升公共空间的可达性、美观和干净程度

目标 PS.2 将社区噪声控制在合理范围

目标 PS.3 创建远离犯罪和暴力的健康社区

表 7.4（续）

- **公共设施 / 商品及服务的便利度（PI）**

目标 PI.1 保证所有社区提供可支付的、优质的儿童照料

目标 PI.2 保证教育设施的可达性和质量

目标 PI.3 增加公园、开放空间和娱乐设施

目标 PI.4 保证图书馆、表演艺术、剧院、博物馆、音乐会和节日的空间，以满足个人和
　　　　　教育需求

目标 PI.5 保证高质量的公共卫生设施的可支付性

目标 PI.6 保证日常用品和服务的可达性，包括金融服务和健康食物

- **充足且健康的住房（HH）**

目标 HH.1 根据规模、可支付性、周期和区位的需求，以相应比例保留和建造住房

目标 HH.2 保证居民不会遭遇非自愿的拆迁

目标 HH.3 增加房屋所有权的机会

目标 HH.4 提升不同种族、经济阶级之间的空间融合

- **健康经济（HE）**

目标 HE.1 为本地居民提供优质的工作机会

目标 HE.2 增加健康、安全、有意义的工作岗位

目标 HE.3 提升收入和财富上的平等

目标 HE.4 让社区获得更多开发带来的好处

目标 HE.5 发展有益于保护自然资源和环境的产业

- **社区参与（CP）**

目标 CP.1 保证整个规划过程中公平民主的参与

来源：SFDPH, 2007a: 42-43

为健康影响评估建立一个新的证据基础

旧金山公共卫生局花费了近九个月的时间讨论并完善了健康城市的愿景和目标，然后开始收集证据以支持他们的目标。旧金山公共卫生局通过政府机构和其他相关数据来源（比如由其他非营利机构收集的数据）整合了可获得的数据。参与东部邻里的社区健康影响评估的公共机构，从警署到交通部门，都提供了数据。为了缩短数据收集进程，委员会同意尝试将"健康场所"指标限于对东部邻里的社区健康影响评估的参会者来说有意义且有效的定量或定性数据；这些数据可以被定期收集、有效计算也或是可助于观察、执行并促进行动。

178

通过使用现有数据，旧金山公共卫生局依据参与者的要求分析并绘制了信息，作为会议讨论初步结果。然而，不同数据的意义及说服力常常会在会议上引发冲突。例如，旧金山娱乐和健康部门（SFRPD）提供了全市公园的位置信息，这些数据被图示化，并显示了按该公园周围 0.25 英里①为半径的缓冲区范围（SFDPH，2007a：45）。这张地图的初衷是以 0.25 英里为服务半径来计算能够到达公园的居民数量。基于这些数据的附加分析表明，东部邻里包含了旧金山 7% 的土地面积及 11% 的人口，但开放空间却仅占 1%（即在 6 410 公顷的总量中仅占 57 公顷）。在对地图和数据的讨论中，一些参与者指出：如果公园并不安全，且充斥着流浪汉和毒贩，没有提供为所有人服务的活动空间，比如烧烤坑和活动场地，那 0.25 英里的距离则无关紧要。也有人认为在旧金山使用线性距离不正确，比如"你可能永远不会去一个 500 英尺②以外、需要爬山才能到达的公园"。资源的质量和数据分析是否反映了当地的环境——从公园用户的需求到当地的地形——是在收集关于健康场所的实证材料时应当受到重视但却常常被忽略的方面。

量化的局限及基于场所的意义

针对数据收集和分析的讨论也让参与者明白：不是所有健康城市目标都能够或应该被量化。例如，在对教堂区 16 街的湾区快速公交（Bay Area Rapid Transit，BART）站点周围地区的犯罪数据进行统计后，部分参与成员指出：这些数据并没有真正体现地区的"安全性"，并很可能会适得其反（SFDPH，2007a：46）。参与者论述了他们的个人经历和轶事，被称之为区域的"种族特写"，而其他人表示不应仅凭指标来判定安全与否。一个参会者表示："安全感是一种你与周边环境的联系，而不是计算受到攻击的次数、完好的路灯数量或是街道上警察的数量。我并不是要忽略这些统计数据，但更重要的是我们应该思考谁被统计为受害者，为什么街上行人感觉到危险？并且这个空间的用户对安全和危险的认知是怎样的？"东部邻里的社区健康影响评估参与者表达了探索常常隐匿于统计数字背后的社会问题和政治问题的渴望，强调量化数据可能会隐藏社会意义。虽然定量统计作为公共政策的工具，提供了政治决策理性与客观，但东部邻里的社区健康影响评估参与者要求定量和定性数据应一同使用。

---

① 0.25 英里约为 402.3 米。——译者注
② 500 英尺约为 152.4 米。——译者注

社区健康专家：年轻人、老年人和就业者

为了更系统地获得有关健康问题的定性信息和叙述，旧金山公共卫生局和东部邻里的社区健康影响评估委员会决定启动两项新研究活动。第一个研究是一系列"焦点小组"会议和采访，由公共卫生局工作人员邀请未参与东部邻里的社区健康影响评估的社区成员参会或对其访问。这一行动的目的是直接从社区居民那里获得有关"健康城市"的看法。第二个研究旨在获得关于旧金山就业与福祉之间更为深入的数据关联，这是东部邻里的社区健康影响评估参与者的主要关注点。这个研究采访了东部邻里的日薪工、家政工、艺术家、餐厅服务员和软件工程师。社区研究询问了受访者对健康社区的定义，以及社区变化会如何影响他们对健康和安全的感知。劳动力研究则询问了受访者工作中的物质条件、工作的安全感、是否享有健康保险、在工作决策中控制和参与的程度，以及与家庭和其他活动相比花在工作上的时间量。

这些研究项目的结果以两份报告的形式展现给东部邻里的社区健康影响评估委员会。社区评估报告命名为《社区健康及土地使用评估结果》(*Results from a Community Assessment of Health and Land Use*) (SFDPH, 2007A: app.3)；劳动力研究则编写成另一份报告，名为《城市就业者的故事：旧金山劳动力的工作和健康调查》(*Tales of the City's Workers: A Work and Health Survey of San Francisco's Workforce*)。定性数据的分析有助于填补定量数据的信息断层。例如，虽然全市范围的数据库追踪了东部邻里的人口变化，而在对老年人的采访和"焦点小组"讨论中显示：许多老年人非常惧怕被驱逐，同时也因不断增长的机动车交通量而日益感到自身活动受限。年轻人则认为过度拥挤的居住条件、上学路上定期遭遇的群体暴力以及未来该地区工作机会的缺乏都使他们感到压力过大。

劳动力调查表明，旧金山的从业者们面临的多是低收入、不稳定、高压力、高强度且缺乏健康保险的工作。而高收入、无损健康、有话语权的专业岗位则要求高等学历。在旧金山几乎找不到低技能、高收入、对健康有益、具有话语权的工作岗位。日薪工和家政工强调他们的生活每天都陷在各种压力之中，这些压力来自找工作、过度拥挤的住房以及家庭生活中的频繁打扰，尤其对他们的孩子。这两个研究的结果不仅提供了常被健康和规划分析所忽略的群体的新数据，而且让许多东部邻里的社区健康影响评估参与者相信，评估应该对更广泛的城市政策进行分析并提出建议以促进健康公平，而非仅仅考虑与东部社区土地利用变化相关的方面。

180

起草健康城市政策

制定目标以定义健康城市愿景和探索数据可用性的过程能作为目标本身的支撑性证据。这两个过程让大部分东部邻里的社区健康影响评估参与者相信健康城市目标更应该通过立法来实现，而不是通过管理决策或土地使用规划。比如说在针对能源节约和效率的会议上，参与者陈述道：土地使用规定，例如区划中的"绿色"建筑要求是有限的，因为它们仅适用于新建建筑。其他参与者认为，比起土地使用政策，公共设施委员会、州管理者与能源开发者之间的能源购买协议更能达到节约能源、高效使用能源的目的。也有一些人认为只有联邦政策最适合解决问题，例如针对消费产品的节能要求。

这些讨论强调东部邻里的社区健康影响评估有许多想法是关于"健康公共政策"的，而不是局限于区划。与此同时，一些城市管理者开始质疑东部邻里的社区健康影响评估是否只能发现问题和障碍，却无法提出健康城市政策的解决方法（SFDPH，2007a：51）。旧金山公共卫生局为了对质疑做出答复并转向以解决方法为本，基于现有知识和参与者的想法，开始探索实现健康城市目标的政策方法。

东部邻里的社区健康影响评估会议逐渐成了一个审查政策提案、探索支持性证据的论坛。其参与者都认为政策简报应该由公共卫生局起草，内容包含简短的背景说明和与政策相关的大背景梳理、案例研究，以及其他地方起草和运用政策的样本的方法，并将政策与对人体健康直接或间接的影响相联系。这一要求不仅反映了这一组织希望进行更广泛的研究，也逐渐意识到东部邻里健康分析与建议的局限性。随着政策讨论的逐步推进，东部邻里的社区健康影响评估流程的基调从空间上的实践（主要为邻里规模）转移至更广泛的政策讨论。在这一为期三个月的过程中，旧金山公共卫生局的工作人员研究并起草了 27 条政策简报（表 7.5）。

表 7.5　东部邻里的社区健康影响评估起草的政策简报

1. 针对公寓式酒店建筑结构及运营的要求
2. 修正"包容性住房条例"（Inclusionary Housing Ordinance）
3. 修正社区离街停车（Off-street Parking）要求
4. 市中心商业区实施拥堵收费
5. 对市场的沿街停车收费
6. 社区利益区域／商业开发区

表 7.5（续）

7. 社区利益政策／社区影响报告

8. 减少空气污染的社区机制

9. 在旧金山教堂区创建特殊用途区域

10. 发展健康经济元素

11. 发展提供儿童照料的城市基金项目

12. 发展食品企业区

13. 东部邻里的发展影响费用

14. 建立住房开发公平基金

15. 防止驱逐（原住民）

16. 零售业态限制方案

17. 提升劳动力发展项目的有效性

18. 增收特定成人娱乐费用

19. 增加包容性住房作为区划调整动因

20. 法定带薪假期

21. 资助可支付性住房开发的主要战略

22. 把学校作为社区中心

23. 开放空间的区划要求

24. 提升配套居住单元

25. 要求游船使用岸边动力以减少海船废气排放

26. 规范雇员停车福利的提供

27. 加强雇用新人的计划

参与者认识到，把东部邻里的社区健康影响评估过程（的重心）从关于当地土地使用及区划的讨论转向更宽泛的政策制定存在一定困难，于是他们设计了一套评估、讨论每条简报的流程，其中包含运用小组形式来审阅政策细节，随后汇报给更大的群组。每一个小组都被委派了评审简报所涉证据的任务，评估该政策对旧金山的影响，并向大群组建议是否应该支持这政策。部分参与者认为起草政策环节能够让群组解决超出区划调整规划的更广泛的问题；但其他参与者也对这些文件存在疑虑，并质疑这些文件是否包含充足的信息以供小组评估每一条政策。

东部邻里的社区健康影响评估会议的重点是达成以下共识：应当支持哪些政策和提议作为提升健康城市政策及规划的一部分。然而一些参与者常常花费更多

182

时间来争论他们是否能够提出建议，而不是讨论特定政策简报的内容。一个参与者表示："我需要更多时间来评估你现有的信息。在支持一项立法提案前，我们的组织需要与其成员讨论该提案相关的选项和问题。"另一名参与者陈述："这些政策背后的研究看起来很好，但都缺乏计划使其得以通过并实施。我无法想象支持任何一项缺乏完整立法计划的提案。"经过三个月的磋商后，东部邻里的社区健康影响评估委员会没能在任何政策上达成共识。东部邻里的社区健康影响评估进程似乎陷入僵局；在公共卫生局和其参与者看来，不论是就政策简报达成一致意见还是强调政策的作用，在东部邻里的社区健康影响评估的过程中很明显都失败了。许多组织本是为了对东部邻里区划规划提出建议而参与，他们不想在政策讨论上花费时间，因此会议的出席率下降了。

维持参与度：从具体到普遍

公共卫生局努力保持热情并再次与规划部门会面，对该部门新一任临时主任——迪恩·麦克里斯（Dean Macris）的批评做出反馈。公共卫生局的工作人员向新主任介绍了目前的情况，麦克里斯主任表示他认为东部邻里的社区健康影响评估可能会被开发商视为利益的对抗者，也会被很多人认为是城市激进运动的先锋。他质疑公共卫生局工作人员背后的支持："米奇·凯兹（旧金山公共卫生局主任）知道他在做什么吗？"（Bhatia，2006）公共卫生局回复称他们的确得到了主任（凯兹）的支持，且凯兹很快做出回应：

> 东部邻里的社区健康影响评估旨在支持健康发展，并让所有人远离疾病，而不是为私人开发商设置更多管理障碍或办理程序难关。东部邻里的社区健康影响评估讨论的问题及其对土地利用与人体健康间的关联不仅令人激动且有一定创新。而规划的方式必须有所调整，转向为所有人创造一个健康的经济、社会和物质环境。我们想让规划部门看到这点，由此形成双赢的局面，而不是要阻拦开发行为。我不认为我们（卫生局）偏离了这项工作。(Katz, 2006b)

而规划部门的观点则是，往最好的方面看，东部邻里的社区健康影响评估可能与现有的规划流程有所重复；而往最差的方面看，它会突出规划过程中对人体健康的忽视问题，以及成为急需发展地区开发时的阻碍，比如东部邻里。旧金山公共卫生局意识到，如果他们想要继续这一过程，需要一个既能够维护参与者利益也能更好与规划部门合作的新策略。

东部邻里的社区健康影响评估在一年中举行了多次会议，确立了健康城市的愿景，选定了七大要素和目标以达成该愿景，收集了定量和定性数据显示每项要素如何促进健康，并起草了 27 条可以提升该愿景的非健康特定相关的政策简报。但这个团队仍处于迷茫状态；规划部门依然没有公布最后的区划调整规划以及相关的环境、社会影响评估。东部邻里的社区健康影响评估的所有工作本来是为了帮助进一步分析这些文件，但它们却尚不存在。

在讨论解散该团队以及今后的发展时，有人提出了一个想法：基于团队已经汇编的数据建立健康和土地利用的"记分卡"。参与者们认为：记分卡可以成为一个对本次及将来决策有帮助的健康影响分析工具，并不受最后的东部邻里区划调整文件的影响。参与者同意重新集中精力开发记分卡工具。

一小部分参与者开会讨论了如何将所有收集到的数据，如健康城市愿景、相关要素、支撑数据和政策建议等转化为一个筛选工具。小组还讨论了每个健康城市要素将怎样促进用地和开发政策。在公共卫生局人员的帮助下，参与者整合了其他旧金山社区的用地和健康数据，以对东部邻里与旧金山其他区域的条件和开发方案进行比较。

这一工作形成了一系列健康发展目标，规划师、开发商或决策者可以针对东部邻里的社区健康影响评估所列出的健康城市目标而采取相应的措施。比起单个行动项目，东部邻里的社区健康影响评估参与者提出一系列最低接受程度的促进健康的行动，主要针对健康发展目标和参照物，以及可达到的最大程度。在这种方式下，该团队认识到不应该把同一套标准和"聊胜于无"的想法套用到所有规划和开发项目上。这些具体的健康发展目标被添加到之前东部邻里的社区健康影响评估已经完成的目标和证据中，共同形成新的筛选工具的基础。

健康发展测量工具

2006 年 5 月，组织完成了筛选工具的初稿，如今被称为健康发展测量工具（Healthy Development Measurement Tool, HDMT）。东部邻里的社区健康影响评估参与者仔细审阅了草稿，将其送至十多个不同城市机构和全球 60 个外部评审员手中。旧金山公共卫生局花费了三个月时间整合审稿人的评论和建议,对健康发展测量工具进行修正,完成了第二次草稿,并通过网络(thehdmt.org)发布。

健康发展测量工具基于健康城市要素的拓展,包含了环境管理、可持续交通、公共安全、公共设施/商品及服务的可达性、充足健康的住房、健康经济和社区参与。健康发展测量工具还包含了 27 条社区健康目标,如果达成这些目标将为旧金山居民带来更好、更平等的健康资产和资源。此外还包含了可测量的指标以及基于健康的基本原理、最实时的"基线数据"(记录了城市——特定人群和不同社区——在各个指标上的表现)。一系列发展目标和政策建议紧跟各个健康城市目标。健康发展测量工具针对一个健康城市要素如"环境管理"的分析步骤和内容如图 7.4 所示(Farhang 等,2008)。

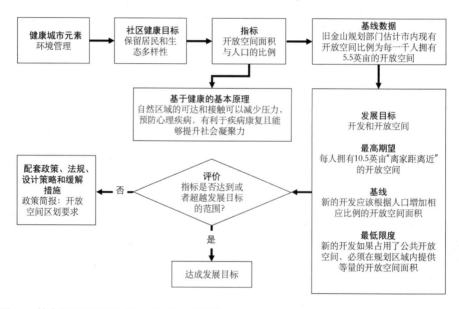

图 7.4 健康发展测量工具(HDMT)的环境管理示例

(该工具的开发)目标是让所有人都能够通过网络了解社区条件与健康的关系,并通过健康发展测量工具的准则评估土地使用规划或项目。举例而言,假设你想要筛选你所在地区的开发提案,检验它是否保障了日常用品及服务的需求(健康城市目标 PI.6,具体见表 7.4)。(第一步,你会发现)一个可测量的指标是"距离某个服务完善的商店半英里之内的住宅比例",即新住房开发的要求是房屋半英里内有服务完善的商店(图 7.5)。下一步,你需要计算以社区、周边地区、城市为单位的基线数据(这些数据涵盖了健康发展测量工具中所有旧金山的社区)。不妨试想你的社区中没有任何杂货店。第三步是对开发项目和土地规划草案进行仔细阅读,明确其中是否包含一个杂货店。想象这一规划提议了能居住 8 000 名新居民的住房开发,并对"新商业零售空间"提出要求,但没有特别提出设置一个杂货店。第四步是探索项目备选方案或提升方法,以保证满足健康发展目标。这个案例建议使用经济、区划和 / 或政治优惠来鼓励项目指定一个杂货店的位置,或是提升细化了到达区域外现有杂货铺的步行、骑行和公共交通方式(Farhang 等,2008)。

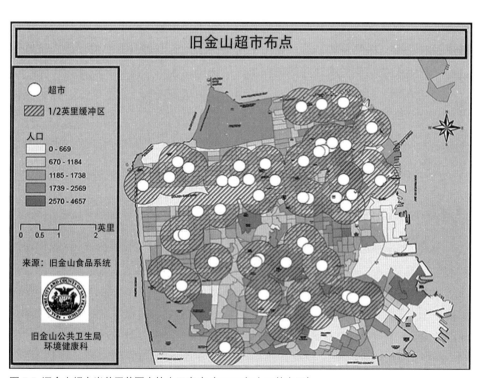

图 7.5 旧金山超市半英里范围内的人口密度(2006 年人口普查区)

东部邻里的社区健康影响评估成果

健康发展测量工具成为东部邻里的社区健康影响评估最终成果，而这一过程也提供了一系列具体的结果。首先，健康城市的愿景通过公众协商过程被纳入，具备了具体的特征和健康场所的社会含义。数据收集过程首次促成了截然不同的二手数据（包含健康结果、经济和就业统计数据、土地使用、社会服务和公共交通可达性）汇集一处。数据收集过程还提供了信息的空间和比较分析，这非常少见，例如杂货铺、贫穷情况和人口密度等。随后开展了公众审议程序，允许社区参与者挑战和质疑特定定量研究数据与本地区情况的关联性，促使收集过程中纳入第一手的定性信息以体现本地知识与理解，突出显示本地居民在此处如何应对物质／社会危险和机会。

东部邻里的社区健康影响评估的流程设计灵活度高、参与性强，能够让旧金山公共卫生局和参与者在过程中重塑目标并（重新）输出结果。最后，东部邻里的社区健康影响评估过程达成了组织者制定的大多数目标，从识别和分析土地使用规划对健康指标的可能影响，到提供用地政策、区划控制方面的建议来帮助促进社区健康。东部邻里的社区健康影响评估还展示了一个参与式的健康影响评估过程是可行的；它能够在城市决策中提供一个有意义的公众参与论坛，这本身实现了另一个目标。正如我在下文细节中强调的，东部邻里的社区健康影响评估提供了一个机会，让跨部门的、组织性的网络得以发展并获得滋养——这是迈向健康城市规划的重要一步。

通过健康城市愿景来构建新主题

本章研究了参与式健康影响评估如何通过重新定义问题和解决方案、收集新线索、提出替代方案，以使得根深蒂固的规划、决策流程发生转变，从而使规划和决策考虑到人体健康问题（这类问题通常不会被考虑到）。[4] 东部邻里的社区健康影响评估的一个重要方面，正如上文所提到的，是参与者可以定义自己对健康城市的理解，审议其意义和应用。东部邻里的社区健康影响评估参与者提供的政策框架包含了"宜居"的广泛指标：社区、地区和更大范围的经济、社会和物质特点。正如一位参与者对愿景构想过程的反馈：

在这个阶段以前，我认为健康社区是少有疾病、没有污染、人们可以获取医疗服务的社区。现在有了参与东部邻里的社区健康影响评估的经验后，我更意识到住房是一个重要问题，你不能孤立地去思考。我的意思是，如果你有住房却没有社区生活，那么这个地方不会很健康。如果你有工作，但工资不足以和你的家庭生活在一个社区，或是你需要打两份工来获得足够的生活开支，这也不会是健康的地方。计算失业率可能会让一个地方看起来很好，但单一的测量指标不能展现人们到底生活得如何。

189

与东部邻里的社区健康影响评估参与者在过程中及过程后的谈话表明，构建愿景的过程以及相关问题的重构对他们所在机构的工作产生了影响。根据一位主管某社会服务机构的参与者所说，这一流程启发了其所在机构，也对任务进行重新框定：

我以前从来没有想过诸如街道交叉口的设计（例如选址于超市附近）和商业活动的混合情况等问题都是公共健康和公平相关的问题。我曾经参与社区规划，但没有人以如此宽泛的方式思考健康议题。我们机构正在重新定义为了提升健康水平所开展的工作，虽然我们曾认为这只包含提供必要的社会服务，例如为流浪汉提供临时住所和工作培训。

另一个为住房倡导机构工作的参与者表达了相似的想法：

在东部邻里的社区健康影响评估之前，我们从没有尝试把社区经济发展和住房价格视作公共健康问题。我们一直把自己的工作看作捍卫"人类需求"和"基本生活条件"。东部邻里的社区健康影响评估让我们发现，我们过去确实一直在关注公共健康问题，但不够明确。如今厘清了工作与健康的关系，我们不仅发现城市监督员与其他民选官员越来越关注这一问题，同时使我们在邻里中拓展组织的基础。

大范围的问题框架也开始影响规划部门的工作：在此之前他们不愿意承认人体健康与用地规划决策的关联。一位规划官员说道：

　　我认为我们（规划部门）一直知道用地对人体健康存在影响，但我
们并不认为应由我们来厘清这两者的关联或设法将其纳入我们的分析。
东部邻里的社区健康影响评估突出了一点：我们每天的决定——尽管它
们直接关联的是住房、交通、环境、开放空间或区划问题——都对人体
健康产生影响。结合公共卫生局的坚持与我们在规划中对社区群体的考
虑，这一观点开始改变我们关于用地规划流程以及将谁纳入分析的思考
方式。

190
建立新网络

　　东部邻里的社区健康影响评估的第二个启示是：在健康城市规划中，在互相
陌生的组织与机构之间建立新的专业关系对于形成广泛的知识基础和政治合法性
非常重要。通过聚集各个领域和机构的利益相关者，把人体健康加入各自的工作
领域，东部邻里的社区健康影响评估促进了新"健康治理"网络的建成。正如一
位参与者说道：

　　我在其他会议上见过这些人，但现在我更可能与他们交谈或合作，
毕竟我现在更了解他们了。我从来不知道这些组织与我们围绕着相同的
问题在工作，我也从不知道去找谁商议。而东部邻里的社区健康影响评
估改变了这一点。

　　其他参与者认为他们与城市政府，尤其是与公共卫生局的关系因为东部邻里
的社区健康影响评估产生了积极的变化。一位参与者对此评论道：

　　我与公共卫生局的关系大大改善。我之前从来没有想过找他们讨论
用地问题，但现在我知道他们对此很有发言权。我比之前更相信、更了
解他们，公共卫生局还帮助我们与其他城市机构建立了良好的关系。

　　另一位东部邻里的社区健康影响评估委员会成员赞同这一观点，认为可以与
公共卫生机构一起结合相关规划工作来获得话语权支持：

　　东部邻里的社区健康影响评估向我们的机构展示了一点：当一个公共卫生机构提出"拆除"或是"这块用地会导致健康问题，换一个做法"时，相比之前由规划者说出相同的建议，政府和公众更有可能会听从（公共卫生机构的意见）。我的意思是当一个医生说"这个规划或项目会对健康产生危害"，谁会与他争论？在东部邻里的社区健康影响评估之后，我们还有了健康证据来支撑我们非健康相关的规划和政策。

　　东部邻里的社区健康影响评估还帮助公共卫生局与规划部门之外的多个机构建立了新的工作关系。例如，东部邻里的社区健康影响评估将公共卫生局介绍给旧金山自行车联盟（San Francisco Bike Coalition）和宜居城市交通组织（Transportation for a Livable City）。东部邻里的社区健康影响评估结束后，这些组织与公共卫生局一起探讨如何改变交通工具服务水平分析工具在项目审批中的使用。旧金山公共卫生局帮助这些群体运用健康证据并使用服务水平作为测量工具，研究了交通和出行速度的增长所导致的更多空气和噪声污染，以及对行人、骑车人的安全危害（Bhatia，2006）。旧金山公共卫生局还受邀加入市场街南区西部市民规划的工作团队，提供健康方面的技术支持。卫生局运用健康发展测量工具，与社区组织一起完成了旧金山维斯蒂亚辛山谷（Vistiacion Valley）地区郊区公园规划的健康分析。东部邻里的社区健康影响评估完成后，两个参与组织——市场街南区社区联盟（SOMCAN）和教堂区经济发展协会（MEDA）向加州援助基金（The California Endowment，TCE）申请并获得了研究资金，以继续联结土地使用、开发和社区健康问题的研究和活动。

重新定义专业和合法证据

　　东部邻里的社区健康影响评估的审议特色允许参与者讨论健康城市愿景中各个要素下不同数据的价值。出现异议时，它鼓励且允许参与者提出其他方式来评价问题。旧金山公共卫生局发现：东部邻里的社区健康影响评估的信用和人们对其的信任不仅来自它所使用的科学数据，对公众的解释、数据收集及评估的透明性也赢得人们信任。为了增强流程的透明性，其所有文档都定期进行网络发布。对证据的公共审议也进一步揭示，每个参与者都可以在评估过程中加入自身的专业知识。东部邻里的社区健康影响评估横跨多个专业维度，始终关注学科专家的意见，并重视本地居民的知识。

191

然而其广泛的公众参与和专家的多样性也使参与者之间会发生冲突或者互相疏远。一个参与者在东部邻里的社区健康影响评估一年后写道：

> 这一流程对我来说依然不固定，不确定其发展方向。一小部分人使讨论离题，而公共卫生局同意让所有人说话并发表见解。我想说，我们应该关注客观数据而不是人们的观点。

其他参与者表示异议，认为对话的开放性在公共规划过程中很稀有：

> 我参与了许多公众规划会议，一般来说，机构人员只是坐在那儿摇头，你从来不会感觉到他们的重视。而在东部邻里的社区健康影响评估中，当大家讨论到流浪汉和居住在单间旅馆的人时，医生、律师、博士们不知道我所知道的东西，我曾经过着那样的生活，你懂吗？我第一次感受到公共卫生局是在听取社区居民的想法，并转化为具有可信度的资料。

莉迪亚·扎维库哈（Lydia Zaverukha）是一位来自旧金山娱乐和公园局（San Francisco Recreation and Parks Depatrmrnt）的参与者，她把认为该过程应该成为"旧金山城市规划流程的典范"。然而，其他参与者认为参与过程花费了太多时间听取所有观点，不如收集客观的数据，用来证明特定用地会损害社区健康。一位参与者写道：

> 我们需要展示"硬核数据"来让你知道绅士化和搬迁安置会使你不适，或者换一个词，不健康。没有这个，我看不到这个流程能有多大的影响，因为这个项目已经被城市规划和私人开发商挟持。

尽管东部邻里的社区健康影响评估保障了有意义的公众参与，重视不同专业的知识，然而一些问题依然没有解决。例如，是否将种族主义作为健康的关键指标和应支持怎样的政策，在讨论过程中一直没有得到解决。

东部邻里的社区健康影响评估参与式的、透明的流程收集并评估了大量证据，而专家们也确实在建立和维持公众信任方面起到助力作用。通过他们在东部邻里的社区健康影响评估的参与,社区组织发现政府,尤其是健康部门,也可以是自己的同盟。

新的制度实践

东部邻里的社区健康影响评估在旧金山城市规划方面最重大的影响是，规划部门最终同意由公共卫生局采用健康发展测量工具来审核三个地区规划或邻里尺度的土地使用规划，其成果作为东部邻里的社区区划调整规划的一部分。地区规划包含范围是东部邻里范围内的教堂区、市场街南区东部和展示广场——波特雷罗山街区。起初持怀疑抵制态度的规划部门开始支持土地使用决策中的人体健康分析。在部门主管会议上，公共卫生局和规划部门共同认可了针对社区规划的正式健康发展测量工具评估，随后相关工作人员数次会面来审核该工具和地区规划草案（Farhang，2007）。2007 年 12 月，旧金山公共卫生局发布了对这三个规划的审核(结果)，明确了其对社区健康积极和消极的影响。公共卫生局的拉吉夫·巴提亚（SFDPH，2007b）在审核文件的附函中写道：

193

> 过去的数年中，旧金山公共卫生局的工作人员与旧金山规划部门工作人员紧密合作，对东部邻里的教堂区、市场街南区东部和展示广场——波特雷罗山街区运用了健康发展测量工具。在此期间，旧金山公共卫生局向旧金山规划部门提供了许多针对多个规划草案的建议，而这些建议现已融入当前的规划。根据 2007 年 12 月 1 日向公众发布的规划版本，东部邻里的社区健康影响评估通过健康发展测量工具重新评估了三个地区规划，并完成了这份最终评估文件——《对东部邻里的教堂区、市场街南区东部和展示广场——波特雷罗山街区的影响：健康发展测量工具的应用》。

2007 年底，旧金山规划部门、城市政府和来自湾区的多个组织及私人基金会聚集在一起，就健康分析展开接洽，并使用在东部邻里的社区健康影响评估过程中开发出的工具。

大都市区的政策传播

正如前文所述，健康城市规划既然受到了地区其他因素的影响，就无法局限于一个邻里甚或一个城市，而应该成为覆盖整个大都会区（湾区）的标准实践（Dreier 等，2004；Katz，2007）。东部邻里的社区健康影响评估过程——通过确保公众参与、透明和包容的数据收集——鼓励了其他湾区的地方政府和社区组织参与土地使用和城市政策决策的健康分析。

2006 年下半年，加州的里士满市（City of Richmond）决定借助东部邻里的社区健康影响评估的健康发展测量工具起草了加州第一份健康政策要素报告，并将其作为城市总体规划更新的一部分内容（Johnson，2007）。一组技术专家和社区组织代表，包括一些参加了东部邻里的社区健康影响评估的人员，共同起草了这份健康要素报告；[5] 旧金山公共卫生局在这个项目中担任了关键建议者的角色。健康要素报告的草案由米格（MIG）公司（加州伯克利的一家用地规划公司）和康特拉科斯塔县（Contra Costa County，California）健康服务部门进行协调。截至 2007 年 8 月，一个技术咨询小组采用了健康发展测量工具的指标，起草了十项健康社区规划目标（City of Richmond，2007a）。

两个加州非政府组织——城市栖居地（Urban Habitat）和交通与用地联盟（Transportation and Land Use Coalition，TALC）也以东部邻里的社区健康影响评估的工作成果为基础，推动了健康和公平的规划。城市栖居地是一个以奥克兰为基础的组织，旨在"通过教育、倡导、研究和联盟为低收入及有色社区提供力量"。这个组织与里士满公平发展开创者（Richmond Equitable Development Initiative，REDI）组织进行合作。里士满公平发展开创者组织的工作旨在就用地开发问题及促进社会公正的相关决策等事宜上赋权于该市市民，使其知情并与其交流分享理念（urbanhabitat.org/rich mand）。城市栖居地的部分工作是促进里士满公平发展开创者组织参与里士满总体规划更新；并协助将一些组织的健康公平工作纳入规划，例如亚洲太平洋环境网络老挝组织项目（Asian Pacific Environmental Network's Laotian Organizing Project）、追求更好环境的社区（Communities for a Better Environment，CBE）以及玛亚特青年科学会（Ma'at Youth Academy）。

健康区域规划

交通与用地联盟在帮助整合大社区合作组织（Great Communities Collaborative，GCC，www.greatcommunities.org），这是一个由四个倡导性组织与两个社区基金会组成的区域合作组织：北加利福尼亚的非营利住房组织（Nonprofit Housing Association of Northern California）、城市栖居地、绿带联盟（Greenbelt Alliance）、重连美国（Reconnecting America）；旧金山基金会（San Francisco Foundation）、东湾社区基金会（East Bay Community Foundation）。这个合作组织聚焦于区域发展问题，而交通与用地联盟正在协调受该合作组织资助的三个公交导向开发规划的健康影响评估，规划的地区分别是湾区内的圣里安德鲁市、圣罗萨市和匹兹堡市（Cities of San Leandro, Santa Rosa, and Pittsburgh）。其中匹茨堡市的健康影响评估分析了湾区快速交通系统的延伸（项目）。另一项健康影响评估则主要分析了加州艾尔塞利托（El Cerrito）的圣帕布鲁大街走廊（San Pablo Avenue Corridor）的优化措施。

交通与用地联盟在他们的"健康公交规划"工作中接受一个第三方非营利区域组织——人类影响伙伴（Human Impact Partners, HIP）组织的指导，后者曾受益于东部邻里的社区健康影响评估。人类影响伙伴成立于东部邻里的社区健康影响评估之后，作为一个新的非营利组织，它与社区参与者共同进行健康影响评估并向社区组织、政府部门、民选官员们提供培训和教育，使他们能够完成自己的健康影响评估（www.humanimpact.org）。人类影响伙伴组织和另一个地区组织——追求更好环境的社区（CBE）——协同奥克兰西部居民使用健康发展测量工具和健康影响评估方法，筛选并分析了社区内的一系列开发项目。

区域性健康公平联盟

2006 年，东部邻里的社区健康影响评估的许多组织和该地区从事健康规划的人员聚集在一起，成立了健康场所联盟（Healthy Places Coalition）。健康场所联盟协同加州奥克兰的预防机构，请来了超过 30 个希望通过改变政策和规划来提升健康水平和社会公正的组织（www.preventioninstitute.org/healthyplaces.html）。2007 年，来自加州泛种族健康网络（California Pan-Ethnic Health Network）、人类影响伙伴和拉美问题论坛（Latino Issues Forum）这三个组织的代表与旧金山公共卫生局一同起草了《加州健康场所法案》（*California Healthy Places Act, Assembly Bill 1472*）。这份法案在 2010 年由加州公共卫生局确立，要求对土地使用、交通和发展政策基于东部邻里的社区健康影响评估的模型进行健康影响评估，从而预防疾病、改善健康和减小健康差距。在这份法案下，一个跨部门的工作小组被建立，其主要任务是编制健康影响评估的操作导则、与地方政府分享健康影响评估最佳实践的信息，以及评价项目中健康影响评估的表现。

最后，东部邻里的社区健康影响评估对加州最大的健康基金会——加州援助基金会，以及联邦层面的研究和倡导群体——政策链接（PolicyLink）都产生了重要影响。加州援助基金会查看了东部邻里的社区健康影响评估的工作，并以此拓展了自身在社区健康、健康差距方面的工作范围，同时亦推动了一项健康促进的新实践试验，即健康影响评估（Aranda，2008）。在东部邻里的社区健康影响评估之前，加州援助基金会和政策链接组织均研究了建成环境和健康的问题，探索如何将健康公平融入规划和土地使用决策。东部邻里的社区健康影响评估之后，加州援助基金会成为旧金山排名第一的健康影响评估的财务赞助方，并与社区组织（如市场街南区社区联盟、教堂区经济发展协会）、地方政府部门（如里士满健康要素规划进程项目）和区域内的非营利组织（如人类影响伙伴、城市栖居地、交通与用地联盟和追求更好环境的社区）保持合作。政策链接组织为部分基金担任了财务代理，提供设计项目和实施方面的监督和建议，并组织湾区公共卫生和城市规划领域的专业人员、研究者、活动家参加会议（Lee & Rubin, 2007）。在加州援助基金会的赞助下，非营利组织、公共卫生法律和政策（Public Health Law and Policy）组织和雷米规划咨询公司（Raimi Associates, www.healthyplanning. org/toolkit_healthygp.html）共同编写了一本名为《如何创造并实施健康总体规划》（*How to Create and Implement Healthy General Plans*）的指导手册。由于这些报告比较新，它们对未来"健康区域规划和决策"的影响还不明朗。但是，我们可以明确的一点是：若缺少加州援助基金会的财政支持，湾区对东部邻里的社区健康影响评估经验的传播（例如评估实践的创新、建立联盟的策略和新健康规划证据基础的更新），将不会扎根于如此众多而各异的组织和机构中。

从其参与式的过程用以定义健康城市要素到为新专业网络提供证据基础与评估工具，再到帮助建立与本地政府之间的信任，东部邻里的社区健康影响评估为理解健康城市规划背后的体制建立了一个重要的模型。尽管始于评估旧金山一个区划调整规划对人体健康影响，东部邻里社区影响评估提供了在城市内和大都市区任何地方开展更具普适性的健康城市规划实践的洞见。

1 本章为拉吉夫·巴提亚、莉莉·法航（Lili Farhang）以及旧金山公共卫生局的"健康、公平和可持续计划"（PHES）小组其他成员参与的合作成果。

2 这一流程与设计共识建设进程中使用的冲突评估流程非常类似（Susskind et al., 1999）。在冲突评估中，调解员通常需要与当事方以及冲突以外的人员进行访谈，以便了解所涉及的实质性问题、利益相关方之间的历史关系，并召集有关方参与争议解决流程。

3 该愿景后来经过修订，增加了"交通"和"社区参与"两项，并将"公共基础设施"和"获得商品及便利的服务"合并为一项，扩展为七项要素。

4 本章这一部分使用的大部分数据来自对东部邻里社区健康影响评估参与者和相关城市机构人员的三轮保密访谈、对大多数会议的观摩以及对会议记录的内容分析。接受访问的参与者包括非政府组织的成员，如亚洲邻里设计（Asia Neighborhood Design）、经济发展任务协会（Mission Economic Development Association）、单间旅馆入住合作组织 / 任务议程（Mission SRO Collaborative/Mission Agenda）、邻里公园委员会（Neighborhood Parks Council）、维护环境和经济权利人民组织（PODER）、赢得就业权利人民组织（People Organized to Win Employment Rights，POWER）、旧金山土地信托基金（SF Land Trust）、旧金山食品联盟（SF Food Alliance）、城市栖居地（Urban Habitat）以及城市解决方案（Urban Solutions）等组织。由于大多数访谈发生时该公共流程仍在进行，为了保密，此处不透露个人姓名及其组织隶属关系。

5 "城市栖居地"组织既参加了东部邻里社区健康影响评估，也参与了《里士满健康要素》（Richmond Health Element）的起草进程。另外还有其他技术顾问也同时参与了这两个进程。

第八章 规划健康公平的城市

　　迈向健康城市的规划需要新的体制程序——通过建立新的体制实践，以新的合作方式、民主参与和科学证据的拓展应用，来提高社会公正，重新引导和组织公共健康和规划工作。为了将健康因素更宽泛地纳入城市发展、土地使用、政策制定，规划和公共卫生机构、社区组织、学者以及慈善组织都开展了工作。但是，只有同时推进公平和健康的努力才能将实践引向健康城市。

　　这里所介绍的旧金山湾区的案例，是美国在"健康公平的城市规划"方面最振奋人心的案例之一，因为政府和社区联盟已经试验了新的分析和决策程序，建立了新的健康和公平的联盟，并且重塑了根深蒂固的长期将健康与规划相隔离的城市治理体制。然而即便是旧金山湾区具有实验性和先进性的实践依然存在局限性，许多结果仍是未知。判断是否可以通过本书所介绍的实践改变社区、城市和区域内外的健康不公平为时尚早。但是，在之前所述案例实践中的经验可见，任何以实现更加健康和公平的城市为目标的体制进程必须关注治理的问题，例如构

建环境健康实践的框架、收集新的科学证据以及建立新的社会和政策网络。这些政治框架的缺失将难以重新将城市规划和公共卫生联系起来，这些努力也可能无法满足城市居民的最低要求。

健康公平的城市规划所面临的巨大挑战

　　本书提供的案例表明，为了实现更健康、更公平的城市规划，需要多元的政治、社会、经济和科学的变革。但是仅关注能够实现健康和公平的城市规划的政治力量并非灵丹妙药，这个实践的主要障碍仍未得到解决。例如，在大多数规划机构里，环境影响评估仍未受到重视；正如旧金山规划部门所展现的抵制情绪，在许多城市规划的体制中都有明显体现。城市的决策制定仍然是碎片化的，分散在过时的部门门类中。市政厅不认同协作式的城市行政和管理，认为这是在破坏现有秩序。本书所介绍的案例，展现了对规划和公众健康的实践进行系统性改变的困难，许

多健康城市规划的试验仅仅是临时性的试验罢了。

城市规划机构仍在"寻找他们的路径"回归健康，正如旧金山规划部门一样，长久以来都在"承认人体健康是他们的部分使命"上反应迟钝。推进健康城市规划的另一个障碍是现今的城市规划者（在研究生阶段）并未接受过关于公众健康方法和分析的教育，并且很少公共卫生专业学位向学生提供关于土地使用规划和城市管理的相关知识。虽然现在有些大学提供城市规划和公共卫生的联合硕士学位[1]，但是普遍缺乏的跨学科培训导致专业人员之间对于彼此的实践行为缺少通用的词汇和相互的理解，而这对开展有效的协作都至关重要。

规划程序的时机也为健康城市发展规划制造了障碍。许多规划评审在关键项目决策之后才开展；而环境影响评估程序，这一有潜力将公共健康纳入考虑范围的综合规划程序，具有一系列法定强制的步骤和时间限制，这让创造性的健康分析变得困难。与此同时，包含了广泛的健康决定因素和以政策和规划策略的"直接性"为目标的特定程序，如第七章所介绍的东部邻里的社区健康影响评估，并没有任何正式法律效力。

私人开发商的强大利益是对健康城市规划最大的挑战之一，在本书的案例中并未得到完整的呈现。开发商最关注的是时间安排和规划程序内容的确定性，因为这能够让他们估算项目成本。即使是规划评估中一个小小的拖延，都可能造成数百万美元的损失。将健康分析植入规划过程可能会延长项目评估的时间，但它并不一定会增加不确定性。例如，健康发展测量工具是一个能够在评估广泛的健康公平影响因素的同时，仍可为开发者提供确定性的评估程序。

健康城市规划的政策拓展

本书介绍的案例探讨了旧金山湾区健康规划背后的体制，为所有致力于打造健康场所的城市和大都市区提供了重要参考。需要着重强调的是，若要朝着健康城市规划的方向发展，在认识论和体制上都要作出改变。公共健康实践需要朝着一个新的包含人群健康的方向发展，并且规划程序需要结合场所和城市治理的视角，同时应对城市中的权力不平等现象。

本书的规范框架概述了在不同尺度实践健康城市规划的具体策略，从特定项目（如三一广场），到社区（如林孔山），到区划和城市层面的政策（如东部邻里的社区健康影响评估），再到整个区域例如除垢柴油机活动（Ditching Dirty Diesel Campaign）（组织）和交通与用地联盟。健康城市规划的实践框架包括了预警和预防的路径，为行动提供合作建构科学证据的基础，结合"实地考察"和"实验室"的城市观点，以及建立新的跨学科协作关系和区域联盟。通过结合对认识论和规范框架的深入了解，本章为城市规划师、公共卫生专家、政策制定者，以及各地社区和非政府组织如何接纳健康和公平的城市规划提供了参考。

防治和预防

健康公平的城市规划必须找到新的方法，以避免对人体健康有害的物质和社会灾害在城市中蔓延，同时倡导提升健康水平的变革。正如这些案例所强调的，规划师、健康专家以及社区活动家必须重新定义环境健康，将防治和预防工作纳入其中。湾景猎人角、市场街南区和西奥克兰的活动家都对政府机构提出了新的要求——致力于建成环境、社会环境和经济环境的联结，从而预防伤害。正如霍华德·弗鲁姆金（Howard Frumkin, 2005: A209）所说，无论是现在还是未来，环境正义运动在重塑公共健康和城市规划实践中都扮演着至关重要的角色：

> 自蕾切尔·卡森（Rachel Carson）[①]时代以来，至少有两次转折使环境健康领域产生了革命性的剧变。一个转变发生在环境健康和公民权结合的时期，形成了环境正义运动。我们目前正处在第二个转变阶段的中期，即环境健康和建筑、城市规划重新联合起来……每一个趋势——环境正义运动和对建成环境的关注——都帮助转变了环境健康领域。

本书介绍了环境正义运动，其主张、研究合作、整体政策分析对于健康公平的城市规划的框架至关重要。

防治和预防框架的第二个组成部分是如何重新引导实践。例如，在三一广场和林孔山开发项目的案例中，旧金山规划部门没有考虑搬迁安置或居住隔离的问题，也未考虑在他们的评估过程中需要纳入的"环境影响"。但是，卫生局指出，预防直接或间接的搬迁安置和愈发严重的隔离问题并不只是健康促进的重要议题，也需要在环境影响评估过程中具备法定化的考虑。通过采取预警和预防的路径，旧金山公共卫生局调整了环境健康的实践方向。

[①] 美国海洋生物学家，作家，环境保护运动先驱；其代表著作《寂静的春天》（*Silent Spring*, 1962）影响巨大，给美国甚至全世界的环保事业行动者带来思考和启迪。——译者注

通过预防框架调整规划实践内容的另一个案例是产生于东部邻里的社区健康影响评估的健康发展测量工具。健康发展测量工具的一个重要方面在于它提供了一套指示标准以评估土地使用项目潜在的健康影响，还提供了一系列能够缓解潜在负面影响的选择性开发预案。健康发展测量工具为一定范围的问题提供了评估措施和干预措施，从充足健康的住房到可持续的交通和社会凝聚力。健康城市规划的预警和预防框架的核心特征是一个建议和考虑发展项目／规划方案的过程。

方案评估是预警原则的标志性特征之一（Tickner & Geiser，2004）。方案评估提出"如何避免或降低可能的影响"和"什么是更安全或健康的改善方案"的问题，由此将规划程序从确定问题特征转向寻找解决方案。这一预警型的路径同样改变了证据的标准——方案的选择正是基于这些标准而做出的。现今的环境健康影响程序致力于找到确定的有害证据（这在常规决策中几乎是一个不可能的标准），而预防型规划则着眼于科学的不确定性，包含持续监管评估项目的进展，并在条件改变时调整干预方式。受健康影响的启发，规划部门要求三一广场的开发商从环境的视角提出并分析一个不对现有居民进行搬迁安置的项目方案。市场街南区社区稳定基金和咨询委员会（ SoMa Community Stabilization Fund and Advisory Council）、健康发展测量工具及西奥克兰环境指标项目都例证了如何将预防措施和内部的持续监管结合起来。

为了将预警和预防的框架纳入健康城市规划的体制，规划师们可以参考适应性管理和协作式生态系统管理方面的实践案例（Weber，2003）。这些案例流程被应用于管理复杂的资源，例如水域和生态敏感区；同时也在协作流程中邀请当地的使用者、管理者、科学家，以及其他公共利益相关者加入以进行及时的干预。与放之四海皆准的规则相比，适应性的管理体制致力于因时而异的干预手段，从而使团队在探索新技术的效力和持续监管如水质等要素时，能够进行规范性的调整。

从这些案例还可以了解到，当要采取预防型方法并保持"适应性环境管理"的理念时，组织机构需要转变为克里斯·阿吉里斯（Chris Argyris）和唐纳德·舍恩（Donald Schon）所说的"双向回路"（double-loop）学习者。根据他们的说法（Argyris & Schon 1996），"单向回路"学习发生在当组织需要用新方法改正已确定的错误和实施、细化、改善现有程序时，但并不质疑程序本身。与之相反，"双向回路"学习包括质疑核心的组织程序，并试图开放并重塑组织准则、目标和使命这三者的意义及基本假设。为了推动健康城市规划导向的实践，预防型范式所需要的组织性变革要求规划和公共部门，以及目前还未关注健康公平性的城市规划和政策组织，从根本上重新审视他们的操作假设。

201

202

通过新的评估方式和监测网络协同创造科学

健康城市规划需要结合并吸收许多科学工具和技术，从流行病学调查到预测模型再到社区福祉的措施和指标。但这里分析的案例强调了理性、客观、普遍、无需特定场所和高效的"现代主义"科学观点，这些通常对立甚至让步于多元主义、地方主义以及经常产生歧义的"新"科学。健康城市规划的科学是后常态的，原因在于：①它依赖于新兴分析方法；②在应用条件下不断产生；③是跨学科的，或吸收整合了许多不同领域的实证和理论元素；④需要及时应对政治争议性话题。这种"协同生产"（co-production）的理念为"如何在健康城市规划中整合科学和社会目标"提供了概念化的方式。协同生产在健康城市规划实践中尤为重要，实践中的科学参与者更能够理解他们工作的社会含义，正如公众更能意识到科学和技术对他们的利益和价值所带来的影响。

东部邻里的社区健康影响评估程序呈现了将协同生产的理念应用到实践中的方式。在东部邻里的社区健康影响评估程序中，科学家们和社区成员不仅收集、解释、应用了一系列新数据，而且收集证据的过程本身也重塑了体制安排和社会关系。东部邻里的社区健康影响评估中收集的健康和土地使用相关的证据启发了众多参与者，特别是使旧金山公共卫生局意识到，他们需要和城市规划部门建立新型的、更加紧密的联系。虽然这一关系的发展需要时间，科学证据可以作为重要方式来调整和合法化这一联合关系。相似地，致力于如可支付性住房或经济发展这样单一问题的倡导性团体，开始通过东部邻里的社区健康影响评估中的数据收集过程，从一个不同的视角审视他们的工作，也因此重新构建了他们的组织形式，将促进人体健康的目标纳入其中。

从健康发展测量工具到西奥克兰环境指标项目的指标体系的制订和发布，也强调了科学、社会和政治组织的协同生产。这些公共的指标制定过程使参与者能够对城市场所的社会、经济、环境品质之间的联系进行讨论，提出质疑并制定应对策略。指标发展过程同样向市民强调，他们自身在理解和分析场所的物质和社会特征的内涵方面具有重要的技能；这一技能对于健康和公平的城市规划至关重要。在评估和监测健康公平性指标的过程中，社区参与能够打破南希·谢伯—休斯（Nancy Scheper-Hughes, 1992）所说的政府"转移焦点"(averted gaze)的情况，或是政府未能看到近在眼前的议题和问题的情况。正如这些案例所强调，测评和指标程序表明，社区成员不仅能够像有资格的"专家"一样提出观点和要求，对规划、场所和健康问题的讨论具有重要意义；而且，他们的参与在保证重新协商或至少重新考虑首要问题的流程中也至关重要。通过这些方式，协同生产的框架重新定义了健康城市规划中科学和专业知识的角色。

场所的关系视角

正如协同生产框架强调科学、社会和政治之间的重叠领域，场所的关系视角强调健康城市规划并不能用一套受限的、物质决定性的框架来改善福祉。设计健康社区的概念是一个具有物质决定性风险的方法。现今大部分设计、建成环境、公共健康的工作过分强调通过改变物质景观以促进健康的社会和行为改变，例如增加体力活动（Ewing 等，2003；Frank 等，2006）。本书的案例指出，这些工作过度简化了由物质要素、社会动力和意义形成过程之间的复杂关系所组成的场所对人体健康产生影响的方式。

环境健康的重构，最初出现于"如何将湾景猎人角街区变为更健康的场所"的环境公平性叙述中，它带动了大量旧金山的健康城市规划工作。例如，这些叙述强调，社区成员的犯罪率、成员之间的安全感和获得健康食物的渠道之间的关系。这些观点使卫生局感到震惊，但同时也促使该机构制定新型干预手段和研究项目，以展现场所对健康多元化和重叠性的影响，例如食品安全计划。与之相似，东部邻里的社区健康影响评估程序是一个公共论坛，参与者可以在此探讨对健康城市的设想以及可表征这一设想的指标的含义。这些叙述并不是简单的隐喻，而是现有资源、社会环境以及采取行动的可能性的反映。在以上这两个案例中，定量测量方法都得到了个人经历和社区叙事的补充或润色，为场所的物质性改造措施赋予了生命和意义。

通过这些方法，场所关系视角是健康城市治理的关键催化剂，因为它有助于将之前被公共决策排除在外的群众动员起来，关注他们的场所，并使其参与场所改造的决策过程。当参与者讨论在他们的场地上该如何改善健康，以及对其他相似场所的改造具有何等典型性时，流行病学和统计学往往能够"击中要害"。而重视当地群众之于场所的意义并不必然能够带来地区性的实践和成果。正如东部邻里的社区健康影响评估所揭示的，关注令场所变得健康的因素的复杂性有助于制定普遍适用的规划和评估方法；而关于场所的叙述能够结合定量指标，提供一种评估和监测社区福祉的新方法。

将场所纳入健康城市规划的关系视角需要进行新的公共参与实践。公开的听证会、咨询期，甚至社区—专家的研究合作都并不充分。政府、社区和私人部门

204

的参与者之间进行开放讨论对于理解场所的关系非常重要。东部邻里的社区健康影响评估程序是一个基于参与式和民主的原则进行组织的案例，并且为共识会议和"科学商店"所用；这些模型可能为商讨场所关系提供最好的论坛，并同时导向实际行动。

　　场所关系视角也需要城市健康研究的新方向的支持，特别是流行病学。正如本书一直强调的，流行病学家和城市规划师，在一定程度上定期记录了城市问题和社会的不公平现象。但场所关系视角要求研究者和实践者花费更多的时间调查和评估场所的优势和资源，而不仅是场所的问题。这不是对记录"最佳实践"的呼吁，而是希望能做出相应的研究和评估以充分描述批判性探索所能发挥的作用，以及分析其如何和为什么能发挥作用。这些关于场所是如何改善健康的的洞见至关重要，因其是整个程序迈向成功的基础，鼓励着系统内的进一步创新，并帮助存疑的实践者和公众构想一条通向他们所期待的未来的路径。

在城市健康中融合"实验室"的和"实地考察"的观点

　　正如本书所示，"实验室"观点反映了健康相关的生物医学模型，并与致力于改变个体生活方式的城市健康干预手段相结合。在生物医学模型中，行为转变策略对所有场所和个人一视同仁，但至少应将环境和背景视作个人生活方式选择的基础。对于城市而言，"实验室"观点也强调了通过非特定的干预手段改善每个人的健康状况的城市政策，例如饮用水的氯化。健康城市的目标需要将"实验室"观点的知识和城市的"实地考察"观点相结合；在城市中，场所复杂的品质及其互动是至关重要的健康决定因素。

　　旧金山公共卫生局的健康影响评估，特别是东部邻里的社区健康影响评估和健康发展测量工具，都试图将城市健康的"实验室"观点和"实地考察"观点进行融合。通过参与式的研究和行动，这些程序将其所反映出的健康不公平性设为起点。健康影响评估程序也反映了健康、公平和可持续计划（PHES）维护社会公平的使命。虽然这些程序采用了环境健康科学的工具，但它们并不仅仅是在寻找单一的干预手段来改善健康状况。它们意识到城市是复杂多变的系统，无法通过永久性的解决方案轻易将其分解或改造。相反，这些程序强调了不健康的发展项目所造成的多样且重叠的负担，也强调了特定发展项目将对特定社区和人群产生负面影响的具体方式，并提供了一系列"健康发展方案"以供选择。换言之，这里所回顾的健康城市规划实践并不是脱离语境的干预手段，也不是具有普遍性的健康改善方式，而是明确聚焦于何种变化会对城市中里贫困人口和有色人种的健康状况产生负面影响。

新的机构与区域联盟构建

最后，如果仅仅依靠政府或民间社会任何一方的单一力量，健康城市规划均无法实现。所有的案例都在强调新的政府和治理策略的必要性。但机构的建立、湾区的社区组织和区域联合体的知识不容忽略。在传统的联盟之外，地区之间正在建立新的联盟和网络，从而开展健康影响评估及政策制定。市场街南区的社区稳定基金会创造了一个新的机构，致力于转变发展利益分配的方式，并为该地区内其他社区提供了参考模型。参与了东部邻里的社区健康影响评估程序的组织已经在该地区和州内建立了新的联盟，拓展了其在健康城市规划领域内的参与度。为了支持健康城市规划，新机构的成立具有必要性。而为了掌握公共政策背景下的健康与社会的相关知识，这些新机构必须参与收集、汇聚、验证以及行使诉求的程序。

正如案例所建议的，地区和联邦范围的机构对于健康城市规划也不可或缺。社区组织目前只能进行健康规划，团体的区域性网络和政府机构对于健康城市规划而言则必不可少。这些网络在湾区逐渐成形，甚至开始在联邦政策中占有一席之地。以加州援助基金会的形式进行的私人投资，正在帮助这些新兴网络培养自己的能力和成员。

迈向健康城市：一部未完成的交响乐

迈向健康城市对于社会、政治经济和制度变革都是一次持续的挑战，而不是一个静态的终点。美国城市规划和公共卫生的历史告诉我们，改变是循序渐进的，同时也是困难的，因为每个领域都有根深蒂固的惯例，使城市的健康公平性并不能立刻得到改进或被高度重视。然而，改变正在发生。除了在旧金山湾区所展开的工作之外，从亚特兰大到芝加哥再到波士顿都在试行健康影响评估，这一评估将健康的社会影响因素放在重要的位置（Dannenberg 等，2008）。全美市郡健康协会（National Association of County and City Health Officials）和美国规划协会（American Planning Association）已经开展了一项联合项目，致力于重新搭建土地使用规划和公共卫生之间的桥梁，并在全美范围内与这两个领域的从业者一起开展培训和举办专题研讨会（www.planning.org/research/healthycommunities.htm）。随着以上这些和其他不断增加的努力，对于规划更加健康公平的城市而言，一个基于历史的政治框架将日渐重要，只依赖一套物质设计或空间分析工具是不足够的。

正如本书所强调的，使城市更健康的作用力包含物质、经济和社会环境的各类要素。而最重要的是，体制和治理程序能促成以场所为基础的成果和机会。但同时，我也强调场所、城市科学和城市治理都具有偶然性和争议性。一个城市的健康水平不能仅通过简单的发病率或死亡率图表来计算，而是需要将其置入社会、经济和文化的相互协商的复合环境中去解读。因此，迈向健康城市是一部未完的交响乐，是由不同的专业团体所演奏的多个乐章，但所有人的目标都是和谐地共创一个远优于各部分简单相加的合声。这一部交响乐必须同时进行叙述和解析，并借助科学和情感，使其既集中但又足够广阔，以包含所有声音，激励参与者和听众共同为目前看似过于理想的目标而奋斗。对于健康公平的城市这部交响乐而言，尚有许多音符等待谱写。

---

216   1 提供城市规划和公共卫生（健康）联合专业学位的美国大学包括加州大学伯克利分校、哥伦比亚大学以及北卡罗来纳大学教堂山分校。

参考文献

Abrams, C. 1955. *Forbidden Neighbors: A Study of Prejudice in Housing.* New York: Harper.

Abramson, M., and the Young Lords Party. 1971. *Palante: Young Lords Party.* New York: McGraw-Hill.

Acevedo-Garcia, D., and Lochner, K. 2003. Residential segregation and health. In Kawachi, I., and Berkman, L., eds., *Neighborhoods and Health.* Oxford: Oxford University Press, pp. 265–87.

Acheson, D., Barker, D., Chambers, J., Graham, H., Marmot, M., and Whitehead, M. 1998. *The Report of the Independent Inquiry into Health Inequalities.* London: Stationary Office. http://www.archive.official-documents.co.uk/document/doh/ih/contents.htm.

Addy, C., Wilson, D., Kirtland, K. A., Ainsworth, B. E., Sharp, P., and Kimsey, D. 2004. Associations of perceived social and physical environmental supports with physical activity and walking behavior. *American Journal of Public Health* 94(3): 440–43.

Adler, N. E., and Newman, K. 2002. Socioeconomic disparities in health: Pathways and policies. *Health Affairs* 21(2): 60–76.

Agency for Healthcare Research and Quality (AHRQ). 2005. *National Healthcare Disparities Report.* AHRQ Publication 05-0014. http://www.ahrq.gov/QUAL/nhdr04/nhdr04.htm.

Agnew, J. A., and Duncan, J. S. 1989. *The Power of Place: Bringing Together Geographical and Sociological Imaginations.* Boston: Unwin Hyman.

Aicher, J. 1998. *Designing Healthy Cities: Prescriptions, Principles and Practice.* Malabar, FL: Krieger.

Alameda County. 2005. Department of Public Health, *Community Information Book Update*, October. http://www.acphd.org/User/data/datareports.asp.

Alejandrino, S. V. 2000. *Gentrification in San Francisco's Mission District: Indicators and Policy Recommendations.* A report prepared for the Mission Economic Development Association, San Francisco. http://www.medasf.org.

Altschuler, A., Somkin, C. P., and Adler, N. E. 2004. Local services and amenities, neighborhood social capital, and health. *Social Science and Medicine* 59, 1219–29.

American Public Health Association (APHA). 1938. *Basic Principles of Healthful Housing.* Committee on the Hygiene of Housing. Chicago: Public Administration Service.

American Public Health Association (APHA). 1948. *Planning the Neighborhood: Standards for Healthful Housing.* Committee on the Hygiene of Housing. Chicago: Public Administration Service.

Anderson, M., and Cook, J. 1999. Community food security: Practice in need of theory? *Agriculture and Human Values* 16: 141–50.

Appadurai, A. 2001. Deep democracy: Urban governmentality and the horizon of politics. *Environment and Urbanization* 13: 23–43.

Aragón, T. J., Lichtensztajn, D. Y., Katcher, B. S., Reiter, R., and Katz, M. H. 2007. *Calculating Expected Years of Life Lost to Rank the Leading Causes of Premature Death in San Francisco.* San Francisco Department of Public Health. www.sfdph.org.

Aranda, D. 2008. Personal communication.

Argyris, C., and Schön, D. 1996. *Organizational Learning II: Theory, Method and Practice.* Reading, MA: Addison Wesley.

Ashton, J., ed. 1992. *Healthy Cities.* Milton Keynes, UK: Open University Press.

Aspen Institute. 2004. *Structural Racism and Community Building.* Washington, DC: Aspen Institute.

Babcock, R. F. 1966. *The Zoning Game: Municipal Practices and Policies.* Madison: University of Wisconsin Press.

Baer, N. 2007. Manager of injury prevention and physical activity promotion projects, Contra Costa Health Services. Personal communication.

Bajaj, V., and Story, L. 2008. Mortgage crisis spreads past subprime loans. *New York Times.* February 12. http://www.nytimes.com/2008/02/12/business/12credit.html.

Bamberger, L. 1966. Health care and poverty: What are the dimensions of the problem from the community's point of view? *Bulletin of the New York Academy of Medicine* 42: 1140–49.

Banerjee, T., and Baer, W. C. 1984. *Beyond the Neighborhood Unit: Residential Environments and Public Policy.* New York: Plenum.

Banfield, E. 1961. *Political Influence.* New York: Free Press.

Barnes, R., and Scott-Samuel, A. 2002. Health impact assessment and inequalities. *Pan American Journal of Public Health* 11(5–6): 449–53.

Bartlett, R. V. 1997. The rationality and logic of NEPA revisited. In Clark, R., and Canter, L., eds., *Environmental Policy and NEPA: Past, Present and Future.* Boca Raton, FL: St. Lucie Press, pp. 51–60.

Barton, H., and Tsourou, C. 2000. *Healthy Urban Planning.* London: Spon Press.

Bashir, S. A. 2002. Home is where the harm is: Inadequate housing as a public health crisis. *American Journal of Public Health* 92(5): 733–38.

Bauer, C. 1945. Good neighborhoods. *Annals of the American Academy of Political and Social Science* 242: 104–15.

Baum, H. 2004. Smart growth and school reform: What if we talked about race and took community seriously? *Journal of the American Planning Association* 70(1): 14–26.

Bay Area Alliance. 2004. State of the Bay. *A Regional Report. Bay Area Indicators. Bay Area Alliance for Sustainable Communities and Northern California Council for the Community.* http://www.bayareaalliance.org/publications.html.

Bay Area Economics. 2006. *Presentation, The Richmond Economy.* www.cityofrichmondgeneralplan.org/docManager/1000000297/BAE%20Ec%20Background%20Report%20EDC%209-13-06.pdf.

Bay Area Regional Health Inequalities Initiative (BARHII). 2007. www.barhii.org.

Bay Area Working Group on the Precautionary Principle (BAWG). 2006. www.takingprecaution.org/index.html.

Bayview Hunters Point, Health and Environmental Assessment Task Force (BVHP HEAP). 2001. *Community Survey*. http://www.dph.sf.ca.us/Reports/BayviewHlthRpt09192006.pdf.

Belussi, F. 1996. Local systems, industrial districts and institutional networks: Towards a new evolutionary paradigm of industrial economics? *European Planning Studies* 4(3): 5–26.

Benveniste, G. 1989. *Mastering the Politics of Planning*. San Francisco: Jossey-Bass.

Berkman, L., and Kawachi, I., eds. 2000. *Social Epidemiology*. New York: Oxford University Press.

Berry, F. S., and Berry, W. D. 1999. Innovation and diffusion models in policy research. In Sabatier, P., ed., *Theories of the Policy Process*. Boulder, CO: Westview Press, pp. 169–200.

Besser, L., and Dannenberg, A. 2005. Walking to public transit: Steps to help meet physical activity recommendations. *American Journal of Preventative Medicine* 29(4): 273–80.

Bhatia, R., and Katz, M. 2001. Estimation of health benefits from a local living wage ordinance. *American Journal of Public Health* 91(9): 1398–1402.

Bhatia, R. 2003. Swimming upstream in a swift current: Public health institutions and inequality. In Hofricter, R., ed., *Health and Social Justice: Politics, Ideology, and Inequity in the Distribution and Disease*. San Francisco: Jossy-Bass, pp. 557–78.

Bhatia, R. 2005, 2006, 2007. Director, Environmental Health, San Francisco Department of Public Health. Personal communication.

Birley, M. H. 1995. *The Health Impact Assessment of Development Projects*. London: HMSO.

Black, K., and Cho, R. 2004. *New Beginnings: The Need for Supportive Housing for Previously Incarcerated People.* New York: Coalition for Supportive Housing and Common Ground.

Bloomberg, M. 2003. *Mayor's Management Report, Fiscal Year* 2003. New York: Office of the Mayor.

Blumenfeld, J. 2003. New approaches to safeguarding the Earth: An environmental version of the Hippocratic Oath. San Francisco Chronicle Open Forum. August 4.

Bobo, K., Kendall, J., and Max, S. 1996. *Organizing for Social Change: A Manual for Activists in the 1990s*. Santa Ana, CA: Seven Locks.

Bolen, E. 2003. *Neighborhood Groceries: New Access to Healthy Food in Low-Income Communities.* San Francisco: California Food Policy Advocates.

Bolton, R. 1992. "Place prosperity vs prosperity" revisited: An old issue with a new angle. *Urban Studies* 29: 185–203.

Bonilla-Silva, E. 1997. Rethinking racism: Toward a structural interpretation. *American Sociological Review* 62: 465–80.

Booth, C. 1902. *Life and Labour of the People in London.* New York: Macmillan.

Borsook, P. 1999. How the Internet ruined San Francisco. *Salon Magazine*. www.salon.com/news/feature/1999/10/28/internet/print.html.

Bourdieu, P. 1990. *The Logic of Practice*. Cambridge: Polity Press.

Boyer, C. 1983. *Dreaming the Rational City: The Myth of American City Planning*. Cambridge: MIT Press.

Brahinsky, R. 2005. Housing for whom? Looming plans to reshape the eastern half of the city could alter the city's socioeconomic balance. *San Francisco Bay Guardian* 39: 32.

Brandt, A. 1987. *No Magic Bullet: A Social History of Venereal Disease in the United States since* 1880. New York: Oxford University Press.

Brazil, E. 1998. S.F. housing a story of endless shortage. *San Francisco Examiner* July, 28.

Brenner, N. 2004. *New State Spaces: Urban Governance and the Rescaling of Statehood.* Oxford: Oxford University Press.

British Medical Association (BMA). 1998. *Health and Environmental Impact Assessment: An Integrated Approach.* www.bma.org.uk/ap.nsf/Content/Healthenvironmentalimpact~Recom mendations.

Broussard, A. S. 1993. Black San Francisco: The Struggle for Racial Equality in the West, 1900–1954. Lawrence: University Press of Kansas.

Brown, B., and Campell, R. 2005. *Smoothing the Path from Prison to Home.* New York: Vera Institute of Justice. www.vera.org/publication_pdf/319_590.pdf.

Building a Healthier San Francisco (BHSF). 2004. *Community Health Assessment, San Francisco.* Northern California Council for the Community. www.hcncc.org/Upload/2004_Building_ Healthier_SF_Needs_Assessment.pdf.

Building a Healthier San Francisco (BHSF). 2007. *Community Health Assessment, San Francisco.* http://www.healthmattersinsf.org/index.php?module=htmlpages&func=display&pid=29.

Bullard, R., ed. 2007. *Achieving Livable Communities, Environmental Justice, and Regional Equity.* Cambridge: MIT Press.

Bullard, R. 1994. *Unequal Protection: Environmental Justice and Communities of Color.* San Francisco: Sierra Club Books.

Bullard, R. D., and Johnson, G. S. 2000. Environmental justice: Grassroots activism and its impact on public policy decision making. *Journal of Social Issues* 56: 555–78.

Burris, S., Hancock, T., Lin, V., and Herzog, A. 2007. Emerging strategies for healthy urban governance. *Journal of Urban Health: Bulletin of the New York Academy of Medicine* 84(1): 154–63.

Burrows, E. G., and Wallace, M. 1999. *Gotham: A History of New York City to* 1898. New York: Oxford University Press.

California Environmental Health Tracking Program (CEHTP). 2006. *Community Perspective on Environmental Health Tracking.* West Oakland Environmental Indicators Project-Indicators Study. www.neip.org.

California Environmental Protection Agency (CalEPA). 2004. *Intra-agency Environmental Justice Strategy.* August. Sacramento: CALEPA.

California Environmental Protection Agency (CalEPA). 2005. *Air Quality and Land Use Handbook: A Community Health Perspective.* Sacramento: California Air Resources Board.

California Environmental Protection Agency (CalEPA). 2007. *Precautionary Approaches Guidance Development Update.* Draft Work Plan. April 16.

California Environmental Quality Act (CEQA). 1998. *Appendix G, Checklist.* http://ceres.ca.gov/ topic/env_law/ceqa/guidelines/Appendix_G.html.

California, State of. 2006. *General Plan Guidance*. Office of Planning and Research. http://www.opr. ca.gov/index.php?a=planning/gpg.html.

California, State of. 2007. *School Physical Fitness Test Report,* 2006–07. Sacramento.

Carroll, M. 2006. City set to end wrangling over Trinity Plaza with OK on deal. *San Francisco Examiner*, August 3.www.examiner.com/a-203469~City_set_to_end_wrangling_over_Trinity_ Plaza_with_OK_on_deal.html?cid=rss-San_Francisco.

Cars, G., Healey, P., Madanipour, A., and De Magalhaes, C. 2002. *Urban Governance, Institutional Capacity and Social Milieux*. Aldershot: Ashgate.

Carson, M. 1990. *Settlement Folk: Social Thought and the American Settlement Movement,* 1885– 1930. Chicago: University of Chicago Press.

Carson, R. 1962. *Silent Spring.* New York: Houghton Mifflin.

Case, A., Fertig, A., and Paxson, C. 2005. The lasting impact of childhood health and circumstance. *Journal of Health Economics* 24(2): 365–89.

Cash, D. W., Clark, W. C., Alcock, F., Dickson, N. M., Eckley, N., Guston, D. H., Jager, J., and Mitchell, R. B. 2003. Knowledge systems for sustainable development. *Proceedings of the National Academy of Science USA* 100: 8086–91.

Castells, M. 1983. The city and the grassroots: A cross-cultural theory of urban social movements. Berkeley: University of California Press, 1983.

Centers for Disease Control and Prevention (CDC). 2004. *Designing and Building Healthy Places.* http://www.cdc.gov/healthyplaces.

Chadwick, E. 1842. *Report on the Sanitary Condition of the Labouring Population of Great Britain.* Edinburgh, Edinburgh University Press.

Chion, M. 2005. Former director of Community and Environmental Planning, San Francisco Department of City Planning. Personal communication.

Chu, A., Thorne, A., and Guite, H. 2004. The impact of mental well-being of the urban and physical environment: An assessment of the evidence. *Journal of Mental Health Promotion* 3(2): 17–32.

Clancy, K. 2004. Potential contributions of planning to community food systems. *Journal of Planning Education and Research* 22: 435–38.

Clark, K. 1965. *Dark Ghetto: Dilemmas of Social Power.* New York: Harper.

Clark, W. C., Crutzen, P. J., and Schellnhuber, H. J. 2005. Science for global sustainability: Toward a new paradigm. Working paper 120. Center for International Development, Harvard University, Cambridge.

Clarke, A. 2005. *Situational Analysis: Grounded Theory after the Postmodern Turn*. Thousand Oaks, CA: Sage.

Cleary, S. 2007. Project manager, Urban Habitat. Personal communication.

Cohen, S. 1972. *Folk Devils and Moral Panics.* London: MacGibbon and Kee.

Cole, B. L., Willhelm, M., Long, P. V., Fielding, J. E., Kominski, G., and Morgenstern, H. 2004. Prospects for health impact assessment in the United States: New and improved environmental impact assessment or something different? *Journal of Health Politics, Policy and Law* 29(6): 1153–86.

Cole, B. L., Shimkhada, R., Fielding, J. E., Kominski, G., and Morgernstern, H. 2005. Methodologies for realizing the potential of health impact assessment. *American Journal of Preventative Medicine* 28: 382–89.

Cole, L. 1994. The struggle of Kettleman City: Lessons for the movement. *Maryland Journal of Contemporary Legal Issues* 5: 67–80.

Collins, J. 2006, 2007. SOMCAN organizer. Personal communication.

Collins, J. W. Jr., David, R. J., Handler, A., Wall, S., and Andes, S. 2004. Very low birth weight in African American infants: The role of maternal exposure to interpersonal racial discrimination. *American Journal of Public Health* 94(12): 2132–38.

Commission of the European Communities. 2000. *Communication from the Commission on the Precautionary Principle.* COM(2000) 1. Brussels. http://europa.eu.int/comm/dgs/health_consumer/library/pub/pub07_en.pdf.

Cone, M. 2005. Europe's rules forcing U.S. firms to clean up; unwilling to surrender sales, companies struggle to meet the EU's tough stand on toxics. *Los Angeles Times*, May 16, p. A1.

Conklin, T. J., Lincoln, T., and Flanigan, T. P. 1998. A public health model to connect correctional health care with communities. *American Journal of Public Health* 88(8): 1249–50.

Conley, D., and Bennett, N. G. 2000. Is biology destiny? Birth weight and life chances. *American Sociological Review* 65: 458–67.

Contra Costa County. 2005. *Community Health Indicators for Selected Cities and Places in Contra Costa County.* Hospital Council Report, March 3.

Cooper, R., and David, R. 1986. The biologic concept of race and its application to public health and epidemiology. *Journal of Health Politics, Policy and Law* 11: 97–116.

Cooper, R. S., Kaufman, J. S., and Ward, R. 2003. Race and genomics. *New England Journal of Medicine* 348(12): 1166–70.

Corburn, J. 2003. Bringing local knowledge into environmental decision-making: Improving urban planning for communities at risk. *Journal of Planning Education and Research* 22: 420–33.

Corburn, J. 2004. Confronting the Challenges in reconnecting urban planning and public health. *American Journal of Public Health* 94(4): 541–46.

Corburn, J. 2005. *Street Science: Community Knowledge and Environmental Health Justice.* Cambridge: MIT Press.

Council on Environmental Quality (CEQ). 1997a. *The National Environmental Policy Act: A Study of Its Effectiveness after Twenty-five Years.* Washington, DC: CEQ.

Council on Environmental Quality (CEQ). 1997b. *Environmental Justice Guidance under the National Environmental Policy Act.* www.epa.gov/compliance/resources/policies/ej/ej_guidance_nepa_ceq1297.pdf.

Cronon, W. 1992. *Nature's Metropolis: Chicago and the Great West.* New York: Norton.

Cummins, S., Curtis, S., Diez-Roux, A. V., and Macintyre, S. 2007. Understanding and representing "place" in health research: A relational approach. *Social Science and Medicine* 65: 1825–38.

Cummins, S., and Macintyre, S. 2005. Food environments and obesity—Neighborhood or nation? *International Journal of Epidemiology* 35: 100–104.

Cummins, S., Stafford, M., Macintyre, S., Marmot, M., and Ellaway, A. 2005. Neighborhood environment and its association with self-rated health: Evidence from Scotland and England. *Journal of Epidemiology and Community Health* 59: 207–31.

Cunningham, G., and Michael, Y. 2004. Concepts guiding the study of the impact of the built environment on physical activity for older adults: A review of the literature. *American Journal of Health Promotion* 18(6): 435–43.

Curtis, S. E. 1990. Use of survey data and small area statistics to assess the link between individual morbidity and neighborhood deprivation. *Journal of Epidemiology and Community Health* 44: 62–68.

Dafoe, J. 2007. Green collar jobs in New York City. *Urban Agenda.* http://www.urbanagenda.org/projects.htm#growing.

Dahl, R. 1961. *Who Governs?* New Haven: Yale University Press.

Daily, G. C., Alexander, S., Ehrlich, P. R., Goulder, L., Lubchenco, J., Matson, P. A., Mooney, H. A., Postel, S., Schneider, S. H., Tilman, D., and Woodwell, G. M. 1997. Ecosystem services: Benefits supplied to human societies by natural ecosystems. *Issues in Ecology* 1(2): 1–18.

Daniels, R. 1997. No lamps were lit for them: Angel Island and the historiography of Asian American immigration. *Journal of American Ethnic History* 17: 2–18.

Dannenberg, A., Bhatia, R., Cole, B., Heaton, S., Feldman, J., and Rutt, C. 2008. Use of health impact assessment in the United States: 27 Case studies, 1999–2007. *American Journal of Preventive Medicine* 34: 241–56.

Dannenberg, A. L., Bhatia, R., Cole, B. L., Dora, C., Fielding, J. E., Kraft, K., McClymont-Peace, D., Mindell, J., Onyekere, C., Roberts, J. A., Ross, C. L., Rutt, C. D., Scott-Samuel, A., and Tilson, H. H. 2006. Growing the field of health impact assessment in the United States: An agenda for research and practice. *American Journal of Public Health* 96: 262–70.

Dannenberg, A. L., Jackson, R. J., Frumkin, H., Schieber, R. A., Pratt, M., Kochtitzky, C., and Tilson, H. H. 2003. The impact of community design and landuse choices on public health: A scientific research agenda. *American Journal of Public Health* 93: 1500–1508.

Davenport, C., Mathers, J., and Parry, J. 2005. Use of health impact assessment in incorporating health considerations in decision making. *Journal of Epidemiology and Community Health* 60: 196–201.

Davey-Smith, G. 2000. Learning to live with complexity: Ethnicity, socioeconomic position, and health in Britain and the United States. *American Journal of Public Health* 90: 1694–98.

De Leeuw, E., and Skovgaard, T. 2005. Utility-driven evidence for healthy cities: Problems with evidence generation and application. *Social Science and Medicine* 61: 1331–41.

De Leeuw, E. 1999. Healthy Cities: Urban social entrepreneurship for health. *Health Promotion International* 14: 261–69.

De Leeuw, E. 2001. Global and local (glocal) health the WHO healthy cities program. *Global Change and Human Health* 2: 34–45.

De Vries, S., Verheij, R., Groenewegen, P., and Spreeuwenberg, P. 2002. Natural environments–healthy environments? An exploratory analysis of the relationship between greenspace and health. *Environment and Planning* A35: 1717–31.

Deegan, M. J. 2002. *Race, Hull House, and the University of Chicago: A New Conscience against Ancients Evils.* Westport, CT: Praeger.

DeLeon, R. E. 1992. *Left Coast City: Progressive Politics in San Francisco,* 1975–1991. Lawrence: University Press of Kansas.

Department of Housing and Urban Development (HUD). 1996. *Expanding Housing Choices for HUD-Assisted Families.* First Biennial Report to Congress: Moving to Opportunity Fair Housing Demonstration. Washington, DC: Office of Policy Development and Research. April.

Di Chiro, G. 1996. Nature as community: The convergence of environment and social justice. In Cronon, W., ed., *Uncommon Ground: Rethinking the Human Place in Nature.* New York: Norton, pp. 298–320.

Diez-Roux, A. V., Merkin, S. S., Arnett, D., Chambless, L., Massing, M., Nieto, F. J., Sorlie, P., Szklo, M., Tyroler, H. A., and Watson, R. L. 2001. Neighborhood of residence and incidence of coronary heart disease. *New England Journal of Medicine* 345: 99–106.

Diez-Roux, A. 2000. Multilevel analysis in public health research. *Annual Review of Public Health* 21: 171–92.

Diez-Roux, A. V., Nieto, J., Muntaner, C., Tyroler, H. A., Comstock, G. W., Shahar, E., Cooper, L. S., Watson, R. L., and Szklo, M. 1997. Neighborhood environments and coronary heart disease. *American Journal of Epidemiology* 146: 48–63.

Diez-Roux, A. V. 1998. Bringing context back into epidemiology: Variables and fallacies in multilevel analysis. *American Journal of Public Health* 88: 287–93.

Diez-Roux, A. V. 2001. Investigating neighborhood and area effects on health. *American Journal of Public Health* 91: 1808–14.

Diez-Roux, A. V. 2002. Places, people, and health. *American Journal of Epidemiology* 155: 516–19.

Domhoff, G. W. 1986. The growth machine and the power elite: A challenge to pluralists and Marxists alike. In Waste, R., ed., *Community Power: Directions for Future Research.* Beverly Hills, CA: Sage, pp. 53–75.

Dora, C., and Phillips, M. 1999. *Transport, Environment, and Health: Reviews of Evidence for Relationships between Transport and Health.* Geneva: World Health Organization.

Dreier, P., Mollenkopf, J., and Swanstrom, T. 2004. *Place Matters: Metropolitics for the Twenty-first Century,* 2nd ed. Lawrence: University Press of Kansas.

DuBois, W. E. B., ed. 1906. *The Health and Physique of the Negro American.* Atlanta: Atlanta University Press. Reprinted 2003 in the *American Journal of Public Health*

93: 272–76.

Duchon, L. M., Andrulis, D. P., and Reid, H. M. 2004. Measuring progress in meeting healthy people goals for low birth weight and infant mortality among the 100 largest cities and their suburbs. *Journal of Urban Health* 81: 323–39.

Duffy, J. 1990. *The Sanitarians: A History of American Public Health.* Chicago: University of Illinois Press.

Duggan, T. 2004. Bringing healthy produce to poor neighborhoods. *San Francisco Chronicle,* July 16. http://temp.sfgov.org/sfenvironment/articles_pr/2004/article/071604.htm.

Duhl, L., ed. 1963. *The Urban Condition: People and Policy in the Metropolis.* New York: Simon and Schuster.

Duhl, L. J., and Sanchez, A. K. 1999. *Healthy Cities and the City Planning Process.* http://www.who.dk/document/e67843.pdf.

Duncan, C., and Jones, K. 1993. Do places matter? A multi-level analysis of regional variation in health related behaviour in Britain. *Social Science and Medicine* 37: 725–33.

Durazo, C. 2005. South of Market Community Action Network (SOMCAN). Personal communication.

Ecob, R., and Macintyre, S. 2000. Small area variations in health-related behaviors: Do these depend on the behavior itself, its measurement, or on personal characteristics? *Health and Place* 6: 261–74.

Edquist, C. 2001. Innovation policy—A systemic approach. In Archibugi, D., and Lundvall, B.-Å., eds., *The Globalizing Learning Economy.* New York: Oxford University Press, pp. 219–38.

Edsall, T. B., and Edsall, M. D. 1991. *Chain Reaction: The Impact of Race, Rights, and Taxes on American Politics.* New York: Norton.

Ellen, I. G., Dillman, K., and Mijanovich, T. 2001. Neighborhood effects on health: Exploring the links and assessing the evidence. *Journal of Urban Affairs* 23: 391–408.

Ellen, I. G., and Turner, M. A. 1997. Does neighborhood matter? Assessing recent evidence. *Housing Policy Debate* 8: 833–66.

Emirbayer, M. 1997. Manifesto for a relational sociology. *American Journal of Sociology* 103: 281–317.

Engels, F. [1844] 1968. *The Condition of the Working Class in England.* Henderson, W. O., and Chaloner, W. H., trans./eds. Stanford: Stanford University Press.

Epstein, E. 1999. Money changing everything in the Mission. *San Francisco Chronicle*, September 18, p. A17.

Escobar, A. 2001. Culture sits in places: Reflections on globalism and subaltern strategies of localization. *Political Geography* 20: 139–74.

Eslinger, B. 2006. SF plans green community. *The Examiner*, August 12.

Etzkowitz, H., and Leydesdorff, L. 2000. The dynamics of innovation: From national system and "mode 2" to a triple helix of university–industry–government relations. *Research Policy* 29: 109–23.

Evans, P. B., ed. 2002. *Livable Cities? Urban Struggles for Livelihood and Sustainability.* Berkeley: University of California Press.

Evans, R. G., and Stoddart, G. L. 1990. Producing health, consuming health care. *Social Science and Medicine* 31: 1347–63.

Evans, R., Barer, M., and Marmor, T. 1994. *The Determinants of Health of Populations.* New York: Aldine de Gruyter.

Ewing, R., Schmid, T., Killingsworth, R., Zlot, A., and Raudenbush, S. 2003. Relationship between urban sprawl and physical activity, obesity, and morbidity. *American Journal of Health Promotion* 18: 47–57.

Exline, S. 2006. San Francisco Department of City Planning. Personal Communication.

Fagan, J., and Davies, G. 2004. The natural history of neighborhood violence. *Journal of Contemporary Criminal Justice* 20(2): 127–47.

Fainstein, S. 2005. Planning theory and the city. *Journal of Planning Education and Research* 25: 121–30.

Fairfield, J. D. 1994. The scientific management of urban space: Professional city planning and the legacy of progressive reform. *Journal of Urban History* 20: 179–204.

Farhang, L. 2006, 2007. Personal communication.

Farhang, L., Bhatia, R., Comerford Scully, C., Corburn, J., Gaydos, M., and Malekafzali, S. 2008. Creating tools for healthy development: Case study of San Francisco's Eastern Neighborhoods Community Health Impact Assessment. *Journal of Public Health Management and Practice* 14(3): 255–65.

Farmer, P. 1999. *Infections and Inequalities: The Modern Plagues.* Berkeley: University of California Press.

Feagin, J. R. 2000. *Racist America: Roots, Current Realities, and Future Reparations.* New York: Routledge Press.

Federal Housing Authority (FHA). 1936. *Planning Neighborhoods for Small Houses.* Technical Bulletin 5. July 1. Washington, DC: FHA.

Feenstra, G. 1997. Local food systems and sustainable communities. *American Journal of Alternative Agriculture* 12(1): 28–36.

Feldman, C. 2000. MAC Attack. Anti-displacement group puts planning commission on the defensive. *San Francisco Bay Guardian*, September 13.

Fischer, C., Leydesdorff, L., and Schophaus, M. 2004. Science shops in Europe: The public as stakeholder. *Science and Public Policy* 31(3): 199–211.

Fischler, R. 1998. For a genealogy of planning. *Planning Perspectives* 13(4): 389–410.

Fisher, I. D. 1986. *Frederick Law Olmsted and the City Planning Movement in the United States.* Ann Arbor: UMI Research Press.

Fishman, R., ed. 2000. *The American Planning Tradition: Culture and Policy.* Washington, DC: Woodrow Wilson Center Press.

Fitzpatrick, K., and LaGory, M. 2000. *Unhealthy Places: The Ecology of Risk in the Urban Landscape.* London: Routledge.

Flournoy, R., and Treuhaft, S. 2005. *Healthy Food, Healthy Communities: Improving Access and Opportunities through Food Retailing. Policylink and The California Endowment.* www.policylink.org/pdfs/HealthyFoodHealthyCommunities.pdf.

Fone, D., and Dunstan, F. 2006. Mental health, places and people: A multilevel analysis of economic inactivity and social deprivation. *Health and Place* 12(3): 332–44.

Food Trust, The. 2004. *Farmer's Market Program Evaluation.* www.thefoodtrust.org/catalog/resource.detail.php?product_id=68.

Ford, G. B. 1915. The city scientific. *Proceedings of the Fifth National Conference in City Planning,* Boston: National Conference on City Planning, pp. 31–39.

Ford, R. T. 1994. The boundaries of race: Political geography in legal analysis. *Harvard Law Review* 107: 1844–1921.

Forester, J. 1999. *The Deliberative Practitioner.* Cambridge: MIT Press.

Foster, S. 1999. Impact assessment. In Gerrard, M., ed., *The Law of Environmental Justice.* Chicago: American Bar Association, pp. 256–306.

Foucault, M. 1995. *Discipline and Punish: The Birth of the Prison.* New York: Vintage Books.

Fox, D. M., Jackson, R. J., and Jeremiah, A. B. 2003. Health and the built environment. *Journal of Urban Health* 80(4): 534–35.

Frank, L. D., Sallis, J. F., Conway, T. L., Chapman, J. E., Saelens, B. E., and Bachman, W. 2006. Many pathways from land use to health: Associations between neighborhood walkability and active transportation, body mass index, and air quality. *Journal of the American Planning Association* 72(1): 75–87.

Freudenberg, N. 2001. Jails, prisons and the health of urban populations: A review of the impact of the correctional system on community health. *Journal of Urban Health* 78: 214–35.

Freudenberg, N., Galea, S., and Vlahov, D., eds. 2006. *Cities and the Health of the Public.* Nashville: Vanderbilt University Press.

Fried, J. P. 1976. City's housing administrator proposes "planned shrinkage" of some slums. *New York Times*, February 3, p. A1.

Frieden, B. 1979. *The Environmental Protection Hustle.* Cambridge: MIT Press.

Friedman, D. J., Hunter, E. L., and Parrish, R. G. 2002. *Shaping a Vision of Health Statistics for the 21st Century.* National Committee on Vital and Health Statistics.http://www.ncvhs.hhs.gov/hsvision/visiondocuments.html.

Friedmann, J. 1987. *Planning in the Public Domain: From Knowledge to Action.* Princeton: Princeton University Press.

Frug, G. E. 1999. *City Making: Building Communities without Building Walls.* Princeton: Princeton University Press.

Frumkin, H. 2001. Beyond toxicity: The greening of environmental health. *American Journal of Preventative Medicine* 20: 234–40.

Frumkin, H. 2002. Urban sprawl and public health. *Public Health Reports* 117: 201–17.

Frumkin, H. 2003. Healthy places: Exploring the evidence. *American Journal of Public Health* 93: 1451–56.

Frumkin, H. 2005. Health, equity, and the built environment. *Environmental Health Perspectives* 113: A290–91.

Frumkin, H., Frank, L., and Jackson, R. J. 2004. *Urban Sprawl and Public Health.* Washington, DC: Island Press.

Fulbright, L. 2006. Big victory for Hunters Point activists: As PG&E closes its old, smoky power plant, the neighborhood breathes a sigh of relief. *San Francisco Chronicle*, May 15, p. A1.

Fullilove, M. 2006. Personal communication.

Fullilove, M. T. 2003. Neighborhoods and infectious disease. In Kawachi, I., and Berkman, L. F., eds., *Neighborhoods and Health.* New York: Oxford University Press, pp. 211–23.

Fullilove, M. T. 2004. *Root Shock: How Tearing up City Neighborhoods Hurts America and What We Can Do about It.* New York: Ballantine.

Fullilove, M. T., and Fullilove, R. E. 2000. What's housing got to do with it? *American Journal of Public Health* 90: 183–84.

Fung, A. 2006. *Empowered Participation: Reinventing Urban Democracy.* Princeton: Princeton University Press.

Funtowitcz, S., and Ravetz, J. R. 1993. Science for the post-normal age. *Futures* 25(7): 739–59.

Gagen, E. A. 2000. Playing the part: Performing gender in America's playgrounds. In Holloway, S. L., and Valentine, G., eds., *Children's Geographies: Playing, Living, Learning.* London: Routledge, pp. 213–29.

Galea, S., and Vlahov, D. 2005. *Handbook of Urban Health: Populations, Methods, and Practice.* New York: Springer.

Galea, S., Freudenberg, N., and Vlahov, D. 2005. Cities and population health. *Social Science and Medicine* 60: 1017–33.

Galobardes, B., Lynch, J. W., and Davey Smith, G. 2004. Childhood socioeconomic circumstances and cause-specific mortality in adulthood: Systematic review and interpretation. *Epidemiologic Reviews* 26: 7–21.

Gans, H. 1967. *The Levittowners.* New York: Pantheon.

Garrett, L. 2000. *Betrayal of Trust: The Collapse of Global Public Health.* New York: Hyperion.

Gaventa, J. 1980. *Power and Powerlessness: Quiescence and Rebellion in an Appalachian Valley.* Urbana: University of Illinois Press.

Gee, G., and Takeuchi, D. 2004. Traffic stress, vehicular burden and well-being: A multilevel analysis. *Social Science and Medicine* 59: 405–14.

Gee, G. C., and Payne-Sturges, D. C. 2004. Environmental health disparities: A framework integrating psychosocial and environmental concepts. *Environmental Health Perspectives* 112: 1645–53.

Gelobter, M. 2006. Personal communication.

Geronimus, A. T., and Thompson, J. P. 2004. To denigrate, ignore, or disrupt: The health impact of policy-induced breakdown of urban African American communities of support. *Du Bois Review* 1(2): 247–79.

Geronimus, A. T. 1994. The weathering hypothesis and the health of African American women and infants: Implications for reproductive strategies and policy analysis. In Sen, G., and Snow, R. C., eds., *Power and Decision: The Social Control of Reproduction.* Cambridge: Harvard University Press.

Geronimus, A. T. 2000. To mitigate, resist, or undo: Addressing structural influences on the health of urban populations. *American Journal of Public Health* 90: 867–72.

Ghosh, A. 2005. San Francisco Department of City Planning. Personal communication.

Giddens, A. 1984. *The Constitution of Society.* Cambridge, UK: Polity Press.

Gieryn, T. F. 1999. *Cultural Boundaries of Science: Credibility on the Line.* Chicago: University of Chicago Press.

Gieryn, T. 2000. A place for space in sociology. *Annual Review of Sociology* 26: 463–96.

Gieryn, T. 2006. City as truth-spot: Laboratories and field-sites in urban studies. *Social Studies of Science* 36(1): 5–38.

Gilens, M. 1999. *Why Americans Hate Welfare.* Chicago: University of Chicago Press.

Gillette Jr., H. 1983. The evolution of neighborhood planning: From the Progressive Era to the 1949 Housing Act. *Journal of Urban History* 9(4): 421–44.

Glaser, E., Davis, M. M., and Aragón, T. 1998. *Cancer Incidence among Residents of the Bayview–Hunters Point Neighborhood, San Francisco, California,* 1993–1995. Sacramento: California Department of Health Services.

Goodman, A. H. 2000. Why genes don't count (for racial differences in health). *American Journal of Public Health*, 90, pp. 1699–1702.

Goodman, R. 1971. *After the Planners.* New York: Simon and Schuster.

Goodno, J. B. 2004. Feet to the fire. *Planning* 70(4): 14–19.

Goodyear, C. 2005a. Deal protests tenants of Trinity Plaza apartments. *San Francisco Chronicle*, June 15, p. B4.

Goodyear, C. 2005b. Rincon Hill's huge towers put on hold. *San Francisco Chronicle*, December 8, p. A1.

Gordon, M. 2007. West Oakland Environmental Indicators Project. Personal communication.

Gottlieb, R. 1993. *Forcing the Spring. The Transformation of the American Environmental Movement.* Washington, DC: Island Press.

Graham, S., and Marvin, S. 2001. *Splintering Urbanism*. New York: Routledge.

Graham, S., and Healey, P. 1999. Relational concepts of space and place: Issues for planning theory and practice. *European Planning Studies* 7: 623–46.

Grande, O. 2005. People Organized for the Defense of Economic and Environmental Rights (PODER). Personal Communication.

Granovetter, M. 1973. The Strength of Weak Ties. *American Journal of Sociology* 81: 1287–1303.

Greenberg, M., and Schneider, D. 1994. Violence in American cities: Young black males is the answer, but what was the question? *Social Science and Medicine* 39(2): 179–87.

Greenberg, M. 1991. American Cities: Good and bad news about public health. *Bulletin of the New York Academy of Medicine* 67: 17–21.

Greenhouse, S. 2001. Hispanic workers die at higher rates. *New York Times*, July 16, p. A11.

Grey, M. 1999. *New Deal Medicine: The Rural Health Programs of the Farm Security Administration.* Baltimore: Johns Hopkins University Press.

Gross, J., LeRoy, G., and Janis-Aparicio, M. 2002. Community benefit agreements: Making development projects accountable. California: Good Jobs First and the California Public Subsidies Project.

Gunder, M. 2006. Sustainability: Planning's saving grace or road to perdition? *Journal of Planning Education and Research* 26: 208–21.

Haar, C. M., and Kayden, J. S., eds. 1989. *Zoning and the American Dream: Promises Still to Keep.* Chicago: Planners Press.

Haber, S. 1964. *Efficiency and Uplift: Scientific Management in the Progressive Era,* 1890–1920. Chicago: University of Chicago Press.

Habermas, J. 1975. *Legitimation Crisis.* Boston: Beacon Press.

Hacking, I. 1999. *The Social Construction of What?* Cambridge: Harvard University Press.

Haines, M. R. 2001. The urban mortality transition in the United States, 1800–1940. NBER Historical Paper 134. http://www.nber.org/papers/h0134.pdf.

Hajer, M. 2001. The need to zoom out: Understanding planning processes in a post-corporatist society. In Madanipour, A., Hull, A., and Healey, P., eds., *The Governance of Place: Space and Planning Processes.* Aldershot: Ashgate, pp. 178–202.

Hall, P. 1996. *Cities of Tomorrow: An Intellectual History of Urban Planning and Design in the Twentieth Century*, rev. ed. Oxford: Blackwell.

Hall, T., and Hubbard, P. 1998. *The Entrepreneurial City.* Chichester: Wiley. Hamilton, A. 1943. *Exploring the Dangerous Trades: The Autobiography of Alice Hamilton.* Boston: Northeastern University Press.

Hamilton, D. C., and Hamilton, C. V. 1997. *The Dual Agenda: The African American Struggle for Civil and Economic Equality.* New York: Columbia University Press.

Hancock, T. 1993. The evolution, impact, and significance of the healthy cities/communities movement. *Journal of Public Health Policy* (spring): 5–18.

Hancock, T., and Duhl, L. 1988. *Promoting Health in the Urban Context.* World Health Organization, Healthy Cities Papers. Copenhagen: FADL Publishers.

Handy, S. L., Boarnet, M. G., Ewing, R., and Killingsworth, R. E. 2002. How the built environment affects physical activity: Views from urban planning. *American Journal of Preventative Medicine* 23(suppl 2): 64–73.

Harloe, M., Pickvance, C. G., and Urry, J., eds. 1990. *Place, Policy, and Politics: Do Localities Matter?* Boston: Unwin Hyman.

Harrington, M. 1962. *The Other America: Poverty in the United States.* New York: Macmillan.

Harrison, P. M., and Karberg, J. C. 2004. Prison and jail inmates at midyear 2003. US Department of Justice, Office of Justice Programs, Washington, DC. *Bureau of Justice Statistics Bulletin* NCJ 203947: 1–14.

Hartig, T., and Lawrence, R. J. 2003. The residential environment and health. *Journal of Social Issues* 59(3): 455–73.

Hartman, C. 2002. *City for Sale: The Transformation of San Francisco.* Berkeley: University of California Press.

Harvey, D. 1989. *The Urban Experience.* Baltimore: Johns Hopkins University Press.

Harvey, D. 1996. *Justice, Nature and the Geography of Difference.* Oxford: Blackwell.

Harvey, P. 1989. From managerialism to entrepreneurialism: the transformation of urban politics in late capitalism. *Geografiska Annaler* B71(1): 3–18.

Hayden, D. 1997. *Power of Place: Urban Landscapes as Public History.* Cambridge: MIT Press.

Healey, P. 1998. Building institutional capacity through collaborative approaches to urban planning. *Environment and Planning* A30(5): 1531–56.

Healey, P. 1999. Institutionalist analysis, communicative planning and shaping places. *Journal of Planning and Environment Research* 19(2): 111–22.

Healey, P. 2003. Collaborative planning in perspective. *Planning Theory* 2(2): 101–23.

Healey, P. 2007. *Urban Complexity and Spatial Strategies: Towards a Relational Planning for Our Times.* London: Routledge.

Health Canada. 1986. *Achieving Health for All: A Framework for Health Promotion.* http://www.hc-sc.gc.ca/hcs-sss/pubs/care-soins/1986-frame-plan-promotion/index_e.html.

Hinkle, L. E., and Loring, W. C., eds. 1977. *The Effect of the Manmade Environment on Health and Behavior.* CDC 77-8318. Atlanta, GA: US Public Health Service.

Hirsh, A. R. 1983. *Making the Second Ghetto: Race and Housing in Chicago,* 1940–1960. Cambridge: Cambridge University Press.

Hoch, C. 1994. *What Planners Do: Power, Politics and Persuasion.* Chicago: Planners Press.

Hochschild, J. L. 1995. *Facing up to the American Dream: Race, Class, and the Soul of the Nation.* Princeton: Princeton University Press.

Holton, S. S. 2001. Segregation, racism and white women reformers: A transnational analysis, 1840–1912. *Women's History Review* 10(1): 5–25.

Hood, E. 2005. Dwelling disparities: How poor housing leads to poor health. *Environmental Health Perspectives* 113: A310–19.

Horowitz, C. R., Colson, K. A., Hebert, P. L., and Lancaster, K. 2004. Barriers to buying healthy foods for people with diabetes: Evidence of environmental disparities. *American Journal of Public Health* 94(9): 1549–54.

Howard, E. 1965. *Garden Cities of Tomorrow.* Cambridge: MIT Press.

Hull-House, Residents of. 1895. *Hull House Maps and Papers: A Presentation of Nationalities and Wages in a Congested District of Chicago, Together with Comments and Essays on Problems Growing out of the Social Conditions.* New York: Crowell.

Huntersview Tenants Association and Green Action for Health and Environmental Justice. 2004. *Pollution, Health, Environmental Racism and Injustice: A Toxic Inventory of Bayview Hunters Point, San Francisco.* www.partnerships.ucsf.edu/pdfs/pdf_commdata_02.pdf.

Hurley, A. 1995. *Environmental inequalities: Class, Race, and Industrial Pollution in Gary, Indiana,* 1945–1980. Chapel Hill: University of North Carolina Press.

Iacofano, D. 2007. Principal, MIG planning firm. Personal communication.

Iceland, J. 2004. Beyond black and white: Metropolitan residential segregation in multi-ethnic America. *Social Science Research* 33: 248–71.

Iglesias, T. 2003. Housing impact assessments: Opening new doors for state housing regulation while localism persists. *Oregon Law Review* 82: 433–516.

Initiative for a Competitive Inner City. 2002. *The Changing Models of Inner City Grocery Retailing.* Boston: Initiative for a Competitive Inner City.

Innes, J. E. 1995. Planning theory's emerging paradigm: Communicative action and interactive practice. *Journal of Planning Education and Research* 14(4): 183–89.

Innes, J. E. 1996. Planning through consensus building: A new view of the comprehensive planning ideal. *Journal of the American Planning Association* 62: 460–72.

Institute of Medicine (IOM). 1988. *The Future of Public Health.* Washington, DC: National Academy Press.

Institute of Medicine (IOM). 2001. *Rebuilding the Unity of Health and the Environment: A New Vision of Environmental Health for the 21st Century.* Washington, DC: National Academy Press.

Institute of Medicine (IOM). 2000a. Neighborhood and community. In Shonkoff, J., and Phillips, D. A., eds., *From Neurons to Neighborhoods: The Science of Early Childhood Development.* Washington, DC: National Academy Press, pp. 328–36.

Institute of Medicine (IOM). 2000b. *Promoting Health: Intervention Strategies from Social and Behavioral Research.* Washington, DC: National Academy Press.

Institute of Medicine (IOM). 2003. *Unequal Treatment: Confronting Racial and Ethnic Disparities in Health Care.* Washington, DC: National Academies Press.

International Association of Impact Assessment (IAIA). 2006. *Health Impact Assessment: International Best Practice Principles.* http://www.iaia.org/Non_Members/Pubs_Ref_Material/SP5.pdf.

Isaacs, R. 1948. The neighborhood unit is an instrument of segregation. *Journal of Housing* 5: 215–19.

Ison, E. 2000. *Resource for Health Impact Assessment: The Main Resource*, vols. 1–2. London: NHS Executive.

Iton, T. 2007. Director of Alameda County Public Health Department. Presentation to the Port of Oakland Maritime Air Quality Improvement Plan, Task Force Meeting. August 14.

Jackson, S. A., and Anderson, R. T. 2000. The relation of residential segregation to all-cause mortality: A study in black and white. *American Journal of Public Health* 90: 615–17.

Jackson, J. B. 1984. *Discovering the Vernacular Landscape.* New Haven: Yale University Press.

Jacobs, J. 1961. *The Death and Life of Great American Cities.* New York: Random House.

James, S. 1993. Racial and ethnic differences in infant mortality and low birth weight: A psychosocial critique. *Annals of Epidemiology* 3: 130–36.

James, S., Schultz, A. J., and van Olphen, J. 2001. Social capital, poverty, and community health: An exploration of linkage. In Saegert, S., Thompson, J. P., and Warren, M. R., eds., *Social Capital and Poor Communities.* New York: Russell Sage Foundation, pp. 165–88.

Jamison, A. 2002. *The Making of Green Knowledge: Environmental Politics and Cultural Transformation.* Cambridge: Cambridge University Press.

Jasanoff, S. 2004. The idiom of co-production. In Jasanoff, S., ed., *States of Knowledge: The Co-production of Science and Social Order.* London: Routledge, pp. 1–45.

Jasanoff, S. 2005. *Designs on Nature: Science and Democracy in Europe and the United States.* Princeton: Princeton University Press.

Jasanoff, S. 2006. Transparency in public science: Purposes, reasons, limits. *Law and Contemporary Problems* 69: 21–45.

Jencks, C., and Petersen, P. E., eds. 1991. *The Urban Underclass*. Washington, DC: Brookings Institution.

Johnson, C. 2007. Chevron looks to profits, Richmond looks to health. *San Francisco Chronicle*, June 8, p. B1.

Jones, K., and Duncan, C. 1995. Individuals and their ecologies: Analyzing the geography of chronic illness within a multilevel modeling framework. *Health and Place* 1: 27–30.

Jones, C. P. 2000. Levels of racism: A theoretic framework and a gardener's tale. *American Journal of Public Health* 90;8: 1212–15.

Jones, P. 2006. Personal communication.

Jones, V. 2008. *The Green Collar Economy*. New York: HarperOne.

Judd, D. R., and Swanstrom, T. 1998. *City Politics: Private Power and Public Policy*. New York: Longman.

Kaplan, G. A. 1999. What is the role of the social environment in understanding inequalities in health? *Annals of the New York Academy of Sciences* 896: 116–20.

Kaplan, G. A., Pamuk, E. R., Lynch, J. M., Cohen, R. D., and Balfour, J. L. 1996. Inequality in income and mortality in the United States: Analysis of mortality and potential pathways. *British Medical Journal* 312: 999–1003.

Karkkainen, B. C. 2002. Toward a smarter NEPA: Monitoring and managing government's environmental performance. *Columbia Law Review* 102: 903–72.

Karpati, A. 2004. Assistant Commissioner, Brooklyn District Public Health Office. *Testimony before New York State Assembly Committee on Health and the Black, Puerto Rican and Hispanic Legislative Caucus.* April 22. Division of Health Promotion and Disease Prevention, New York City Department of Health and Mental Hygiene. Assembly Hearing Room, New York, New York. http://www.nyc.gov/html/doh/html/public/testi/testi20040422.html.

Karpati, A., Kerker, B., Mostashari, F., Singh, T., Hajat, A., Thorpe, L., Bassett, M., Henning, K., and Frieden, T. 2004. *Health Disparities in New York City*. New York City Department of Health and Mental Hygiene. www.nyc.gov/html/doh/pdf/epi/disparities-2004.pdf.

Kates, R., Clark, W., Corell, R., Hall, J. M., Jaeger, C. C., Lowe, I., McCarthy, J. J., Schellnhuber, H. J., Bolin, B., Dickson, N. M., Faucheux, S., Gallopin, G. C., Grübler, A., Huntley, B., Jäger, J., Jodha, N. S., Kasperson, R. E., Mabogunje, A., Matson, P., Mooney, H., Moore III, B., O'Riordan, T., and Svedin, U. 2001. Sustainability science. *Science* 292(5517): 641–42.

Katz, B. 2007. *Blueprint for American Prosperity: Metronation*. Washington, DC: Brookings Institute. http://www.brookings.edu/projects/blueprint.aspx.

Katz, M. 2006. Health programs in Bayview Hunter's Point and recommendations for improving the health of Bayview Hunter's Point residents. San Francisco Department of Public Health, Office of Policy and Planning. September 19.

Katz, M. 2006b. Personal communication.

Kaufman, J. 2004. Introduction. Special issue: Planning for community food systems. *Journal of Planning Education and Research* 23: 335–40.

Kawachi, I., and Berkman, L. 2003. *Neighborhoods and Health*. New York: Oxford University Press.

Kawachi, I., and Kennedy, B. 1999. Income inequality and health: Pathways and mechanisms. *Health Services Research* 34(1): 215–27.

Kearns, R. 1993. Place and health: towards a reformed medical geography. *Professional Geographer* 45: 139–47.

Kegler, M. C., Norton, B. L., and Aronson, R. E. 2003. *Evaluation of the Five-Year Expansion Program of California Healthy Cities and Communities (1998–2003).* http://www.civicpartnerships.org/docs/publications/TCEFinalReport9-2003.pdf.

Keller, E. F. 1985. *Reflections on Gender and Science.* New Haven: Yale University Press.

Keller, E. F. 2000. *The Century of the Gene.* Cambridge: Harvard University Press.

Kelly, M. P., Morgan, A., Bonnefoy, J., Butt, J., and Bergman, V. 2007. The social determinants of health: Developing an evidence base for political action. World Health Organization, Commission on the Social Determinants of Health. International Institute for Health and Clinical Excellence, Geneva.

Kemm, J. 1999. Developing health impact assessment in Wales. Cardiff: Health Promotion Division, National Assembly for Wales.

Kemm, J. 2005. The future challenges for HIA. *Environmental Impact Assessment Review* 25: 799–807.

Kemm, J., Parry, J., and Palmer, S., eds. 2004. *Health Impact Assessment.* New York: Oxford University Press.

Kevles, D. J. 1985. *In the Name of Eugenics: Genetics and the Uses of Human Heredity.* New York: Knopf.

Killingsworth, R., Earp, J., and Moore, R. 2003. Supporting health through design: Challenges and opportunities. *American Journal of Health Promotion* 18(1): 1–2.

Kingdon, J. W. 1995. *Agendas, Alternatives and Public Policies*, 2nd ed. New York: Harper-Collins.

Kjellstrom, T., Mercado, S., Sattherthwaite, D., McGranahan, G., Friel, S., and Havemann, K. 2007. Our cities, our health, our future: Acting on social determinants for health equity in urban settings. World Health Organization, Centre for Health Development, Kobe City, Japan.

Klinenberg, E. 2002. *Heat Wave: A Social Autopsy of a Disaster.* Chicago: University of Chicago Press.

Kling, J. R., Liebman, J. B., Katz, L. F., and Sanbonmatsu, L. 2004. *Moving to Opportunity and Tranquility: Neighborhood Effects on Adult Economic Self-sufficiency and Health from a Randomized Housing Voucher Experiment.* http://nber.org/~kling/mto/481.pdf.

Kling, J. R., and Del Conte, A. 2001. Synthesis of MTO research on self-sufficiency, safety and health, and behavior and delinquency. *Poverty Research News* 5(1): 3–6.

Knight, H. 2008. San Francisco officials on legislative binge to make the city healthier. *San Francisco Chronicle*, August 4, p. A1.

Kraut, A. 1988. Silent travelers: Germs, genes, and American efficiency, 1890–1924. *Social Science History* 12: 377–93.

Kreidler, A. G. 1919. A community self organized for preventive health work. *Modern Medicine* 1: 26–31.

Krieger, J., and Higgins, D. L. 2002. Housing and health: Time again for public health action. *American Journal of Public Health* 92(5): 758–68.

Krieger, N. 1999. Sticky webs, hungry spiders, buzzing flies, and fractal metaphors: On the misleading juxtaposition of "risk factor" vs "social" epidemiology. *Journal of Epidemiology and Community Health* 53: 678–80.

Krieger, N. 2001. Theories of social epidemiology for the 21st century: An ecosocial perspective. *International Journal of Epidemiology* 30: 668–77.

Krieger, N., ed. 2004. *Embodying Inequality: Epidemiologic Perspectives*. Amityville, NY: Baywood.

Krieger, N., and Davey Smith, G. 2004. "Bodies count," and body counts: Social epidemiology and embodying inequality. *Epidemiologic Reviews* 26: 92–103.

Krieger, N. 2000. Epidemiology and social sciences: Toward a critical reengagement in the 21st century. *Epidemiologic Reviews* 22: 155–63.

Krieger, N. 2005. Embodiment: A conceptual glossary for epidemiology. *Journal of Epidemiology and Community Health* 59: 350–55.

Krieger, N. 2006. A century of census tracts: Health and the body politic (1906–2006). *Journal of Urban Health* 83: 355–61.

Krieger, N. 2008. Proximal, distal, and the politics of causation: What's level got to do with it? *American Journal of Public Health* 98: 221–30.

Krugman, P. 1998. Space: The final frontier. *Journal of Economic Perspectives* (spring): 161–74.

Kuehn, R. R. 1996. The environmental justice implications of quantitative risk assessment. *University of Illinois Law Review* 38: 103–72.

Kuehn, R. R. 2000. A taxonomy of environmental justice. *Environmental Law Reporter* 30: 10681–703.

Kuznets, S. 1965. *Economic Growth and Structure*. New York: Norton.

Lane, S. 2007. Urban Habitat. Personal communication.

Lasch-Quinn, E. 1993. *Black Neighbors: Race and the Limits of Reform in the American Settlement House Movement,* 1890–1945. Chapel Hill: University of North Carolina Press.

Lashley, K. 2008. Health-care provision meets microcredit finance in Argentina. *Bulletin of the World Health Organization* 86(1): 9–10.

Latour, B. 1987. *Science in Action: How to Follow Engineers and Scientists through Society.* Cambridge: Harvard University Press.

Latour, B. 1993. *We Have Never Been Modern*. Cambridge: Harvard University Press.

LaVeist, T. A., and Wallace, J. M. Jr. 2000. Health risk and inequitable distribution of liquor stores in African American neighborhood. *Social Science and Medicine* 51: 613–17.

Lawrence, D. P. 2003. *Environmental Impact Assessment: Practical Solutions to Recurrent Problems.* New York: Wiley-Interscience.

Leal, S. 2006. San Francisco's clean energy revolution is here. *San Francisco Chronicle*, August 14, p. B7.

Lear, L. 1997. *Rachel Carson: Witness for Nature*. New York: Henry Holt.

Leavitt, J. W. 1992. Typhoid Mary strikes back: Bacteriological theory and practice in early twentieth-century public health. *Isis* 83: 608–29.

Leavitt, J. W. 1996. *The Healthiest City: Milwaukee and the Politics of Health Reform*. Madison, WI: University of Wisconsin Press.

Leavitt, J. W. 1996b. *Typhoid Mary: Captive to the People's Health*. Boston: Beacon Press.

LeClere, F. B., Rogers, R. G., and Peters, K. D. 1997. Ethnicity and mortality in the United States: Individual and community correlates. *Social Forces* 76: 169–98.

Lee, M., and Rubin, V. 2007. The impact of the built environment on community health: The state of current practice and next steps for a growing movement. *Policy Link and The California Endowment*. http://www.calendow.org/Collection_Publications.aspx?coll_id=44&ItemID=310.

Lefebvre, H. 1991. *The Production of Space*. Oxford: Basil Blackwell.

Lefkowitz, B. 2007. *Community Health Centers: A Movement and the People Who Made It Happen*. New Brunswick: Rutgers University Press.

Lehto, J., and Ritsatakis, A. 1999. Health impact assessment as a tool for intersectoral health policy. Discussion paper for the Conference on Health Impact Assessment: From Theory to Practice. Gothenburg: European Center for Health Policy.

Lemann, N. 1991. *The Promised Land: The Great Black Migration and How It Changed America*. New York: Knopf.

Lempinen, E. W. 1998. Loft-war raging in SoMa live-work spaces provide housing but displace businesses, artists. *San Francisco Chronicle*, March 30, p. A1.

Lewis, N. P. 1916. *The Planning of the Modern City: A Review of the Principles Governing City Planning*. New York: Wiley.

Link, B., and Phelan, J. 2000. Evaluating the fundamental cause explanation for social disparities in health. In Bird, C., Conrad, P., and Freemont, A., eds., *The Handbook of Medical Sociology*, 5th ed. Upper Saddle River, NJ: Prentice-Hall, pp. 33–46.

Logan, J. 2003. Life and death in the city: Neighborhoods in context. *Contexts* 2: 33–40.

Logan, J. R., and Molotch, H. 1987. *Urban Fortunes: The Political Economy of Place*. Los Angeles: University of California Press.

Logan, T. 1976. The Americanization of German zoning. *Journal of the American Institute of Planning* 42(4): 377–85.

London Health Observatory. 2002. A guide to health and health services for town planners in London. Regeneration and Planning Task Group of the Health of Londoners Project (London). www.lho.org.uk/Publications/Attachments/PDF_Files/ghhstpl_text.pdf.

Lubchenco, J. 1998. Entering the century of the environment: A new social contract for science. *Science* 279: 491–97.

Lubove, R. 1974. *The Progressives and the Slums: Tenement House Reform in New York City, 1870–1917*. Westport: Greenwood.

Luks, S. 2005. *Power: A Radical View*, 2nd ed. Basingstoke: Palgrave Macmillan.

Lynch, S. M. 2003. Cohort and life-course patterns in the relationship between education and health: A hierarchical approach. *Demography* 40: 309–31.

Maantay, J. 2001. Zoning, equity and public health. *American Journal of Public Health* 91: 1033–41.

MacArthur, I. D. 2002. *Local Environmental Health Planning: Guidance for Local and National Authorities*. Copenhagen: World Health Organization.

Macintyre, S., Ellaway, A., and Cubbins, S. 2002. Place effects on health: How can we conceptualize, operationalize, and measure them? *Social Science and Medicine* 55: 125–39.

Macintyre, S., Maciver, S., and Sooma, A. 1993. Area, class, and health: Should we be focusing on places or people? *Journal of Social Policy* 22: 213–34.

Macris, D. 2006. Interim planning director, City of San Francisco. Personal communication, October 14.

Majone, G. 1989. *Evidence, Argument and Persuasion in the Policy Process.* New Haven: Yale University Press.

Marcuse, P. 1980. Housing policy and city planning: The puzzling split in the United States, 1893–1931. In Cherry, G. E., ed., *Shaping an Urban World*. London: Mansell, pp. 23–58.

Markel, H. 2004. *When Germs Travel: Six Major Epidemics That Have Invaded America Since* 1900 *and the Fears They Have Unleashed.* New York: Pantheon.

Markel, H. 1997. *Quarantine! East European Jewish Immigrants and the New York City Epidemics of* 1892. Baltimore: Johns Hopkins University Press.

Markel, H., and Stern, A. M. 2002. The foreignness of germs: The persistent association of immigrants and disease in American society. *Milbank Quarterly* 80(4): 757–88.

Marmot, M., Siegrist, J., Theorell, T., and Feeney, A. 2005. Health and the psychosocial environment at work. In Marmot, M., and Wilkinson, R. G., eds., *Social Determinants of Health*. Oxford: Oxford University Press.

Marris, P. 1996. *The Politics of Uncertainty: Attachment in Private and Public Life*. New York: Routledge.

Marsh, B. 1908. City planning in justice to the working man. *Charities and the Commons* 19 (February): 1514.

Marsh, B. 1909. *An Introduction to City Planning: Democracy's Challenge to the American City*. New York: Committee on Congestion of Population in New York.

Martin, G. 2005. San Francisco sits at the vanguard of urban areas trying to keep the future a deep shade of green. *San Francisco Chronicle*, May 29, p. D1.

Marx, K. 1978. *The Marx-Engels Reader*, 2nd ed. Robert C. Tucker, ed. New York: Norton.

Massey, D. S., and Denton, N. A. 1993. *American Apartheid: Segregation and the Making of the Underclass*. Cambridge: Harvard University Press.

McClain, C. 1988. Of medicine, race, and American law: The bubonic plague outbreak of 1900. *Law and Social Inquiry* 13(3): 447–513.

McCord, C., and Freeman, H. P. 1990. Excess mortality in Harlem. *New England Journal of Medicine* 322: 173–77.

McCormick, E., and Holding, R. 2004. Too young to die. A Special Report. *San Francisco Chronicle*. October 7. http://www.sfgate.com/cgi-bin/article.cgi?file=/c/a/2004/10/07/MNGII94D931.DTL.

McEwen, B. 1998. Protective and damaging effects of stress mediators. *New England Journal of Medicine* 338(3): 171–79.

McEwen, B. S., and Seeman, T. 1999. Protective and damaging effects of mediators of stress: Elaborating and testing the concepts of allostasis and allostatic load. In Adler, N., Marmot, M., McEwen, B., and Stewart, J., eds., Socioeconomic status and health in industrial nations: Social, psychological and biological pathways. *Annals of the New York Academy of Sciences* 896: 30–47.

McGrath, J. J., Matthews, K. A., and Brady, S. S. 2006. Individual versus neighborhood socioeconomic status and race as predictors of adolescent ambulatory blood pressure and heart rate. *Social Science and Medicine* 63(6): 1442–53.

McKeown, T. 1976. *The Modern Rise of Population*. New York: Academic Press.

Meeker, E. 1972. The improving health of the United States, 1850–1915. *Explorations in Economic History* 9(4): 353–73.

Melendez, M. 2003. *We Took the Streets: Fighting for Latino Rights with the Young Lords*. New York: St. Martin's Press.

Melosi, M. V. 1973. "Out of sight, out of mind:" The environment and disposal of municipal refuse, 1860–1920. *Historian* 35: 629–40.

Melosi, M. V. 1980. *Pollution and Reform in American Cities, 1870–1930*. Austin: University of Texas Press. .

Melosi, M. V. 2000. *The Sanitary City: Urban Infrastructure in America from Colonial Times to the Present*. Baltimore: Johns Hopkins University Press.

Merchant, C. 1985. The Women of the Progressive Conservation Crusade: 1900–1915. In Bailes, K. E., ed., *Environmental History: Critical Issues in Comparative Perspective*. New York: New York University Press, pp. 153–75.

Merchant, C. 1993. *Major Problems in American Environmental History: Documents and Essays*. Lexington, MA: Heath.

Meyerson, M., and Banfield, E. C. 1955. *Politics, Planning, and the Public Interest; the Case of Public Housing in Chicago*. Glencoe, IL: Free Press.

Milio, N. 1986. *Promoting Health through Public Policy*. Ottawa: Canadian Public Health Association.

Miller, Z. L., and Melvin, P. M. 1987. *The Urbanization of Modern America: A Brief History*, 2nd ed. New York: Harcourt Brace Jovanovich.

Mindell, J., and Joffe, M. 2003. Health impact assessment in relation to other forms of impact assessment. *Journal of Public Health Medicine* 25: 107–13.

Mindell, J., Boaz, A., Joffe, M., Curtis, S., and Birley, M. 2004. Enhancing the evidence base for health impact assessment. *Journal of Epidemiology and Community Health* 58: 546–51.

Mindell, J., Ison, E., and Joffe, M. 2003. A glossary for health impact assessment. *Journal of Epidemiology and Community Health* 57(9): 647–51.

Mishel, L., Bernstein, J., and Allegretto, S. 2007. *The State of Working America 2006/2007*. Ithaca: ILR Press.

Mishler, E. G. 1981. Viewpoint: Critical perspectives on the biomedical model. In Mishler, E. G., Amara Singham, L. R., Hauser, S. T., Liem, R., Osherson, S. D., and Waxler, N. E., eds., *Social Contexts of Health, Illness, and Patient Care.* New York: Cambridge University Press, pp. 1–24.

Mission Anti-displacement Coalition (MAC). 2004. *The Hidden Costs of the New Economy: A Study of the Northeast Mission Industrial Zone.* www.uncanny.net/~wetzel/nemizreport.htm.

Mission Anti-displacement Coalition (MAC). 2005. *People's Plan.* http://podersf.org/docs/PeoplesPlan.pdf.

Mitchell, R. 2007. Director of city planning, City of Richmond, California. Personal communication. July.

Mohl, R. A. 2000. Planned destruction: The interstates and central city housing. In Bauman, J. F., Biles, R., and Szylvian, K. M., eds., *From Tenements to the Taylor Homes: In Search of an Urban Housing Policy in* 20*th Century America.* University Park: Pennsylvania State University Press, pp. 226–45.

Mollenkopf, J. 1983. *The Contested City.* Princeton: Princeton University Press.

Molotoch, H. 1976. The city as growth machine: Toward a political economy of place. *American Journal of Sociology* 82(2): 309–32.

Morello-Frosch, R., and Jesdale, B. M. 2006. Separate and unequal: Residential segregation and estimated cancer risks associated with ambient air toxics in U.S. metropolitan areas. *Environmental Health Perspective* 114: 386–93.

Morland, K., Wing, S., Diez Roux, A., and Poole, C. 2002. Neighborhood characteristics associated with the location of food stores and food service places. *American Journal of Preventive Medicine* 22: 23–29.

Moses, R. 1945. Slums and city planning. *Atlantic Monthly* 175(1): 63–68.

Mullan, F. 1989. *Plagues and Politics: The Story of the United States Public Health Service.* New York: Basic Books.

Mumford, L. 1955. *Sticks and Stones: A Study of American Architecture and Civilization.* 2nd rev. ed. New York: Dover.

National Association of County and City Health Officials (NACCHO). 2004. *Integrating Public Health into Land Use Decision-Making.* http://www.naccho.org/project84.cfm.

National Conference on City Planning. 1909. *Proceedings of the First National Conference on City Planning, Washington, DC, May* 21–22, 1909. Reprint 1967: Chicago: American Society of Planning Officials.

National Institutes of Health (NIH). 2004. What Are Health Disparities? http://healthdisparities.nih.gov/whatare.html.

National Oceanic and Atmospheric Administration (NOAA). 1994. Interorganizational Committee on Guidelines and Principles for Social Impact Assessment.

National Marine Fisheries Service. Washington, DC: United States Department of Commerce. http://www.nmfs.noaa.gov/sfa/social_impact_guide.htm.

National Research Council. 2002. *Equality of Opportunity and the Importance of Place: Summary of a Workshop.* Washington, DC: National Academy Press.

National Science Foundation (NSF). 2007. Top scientists promote innovative, multidisciplinary global problem-solving strategies. http://www.nsf.gov:80/ discoveries/disc_summ.jsp?cntn_id=110848.

Nelson, N. A. 1919. Neighborhood organizing vs. tuberculosis. *Modern Medicine* 1: 515–21.

New York City Department of Correction (DOC). 2003. *Annual Report. New York.* http://www.nyc.gov/html/doc/html/stats/doc_stats.shtml.

New York City Department of Health and Mental Hygiene (NYCDOHMH). 2004. *Take Care New York.* http://nyc.gov/html/doh/html/tcny/index.shtml.

Nolen, J. 1924. *Importance of Citizens' Committees in Securing Public Support for a City Planning Program.* Cambridge, MA: National Conference on City Planning.

Norberg-Hodge, H., Merrifield, T., and Gorelick, S. 2002. *Bringing the Food Economy Home: Local Alternatives to Global Agribusiness.* London: Zed.

Norris, T., and Pittman, M. 2000. The healthy communities movement and the coalition for healthier cities and communities. *Public Health Reports* 115: 118–23.

Nowotny, H., Scott, P., and Gibbons, M. 2001. *Re-thinking Science: Knowledge and the Public in an Age of Uncertainty.* Cambridge: Polity Press.

Nussbaum, M. 2000. *Women and Human Development.* Cambridge: Cambridge University Press.

Oberlander, P. H., and Newbrun, E. 1999. *Houser: The Life and Work of Catherine Bauer.* Vancouver: UBC Press.

O'Connor, A. 2002. *Poverty Knowledge: Social Science, Social Policy, and the Poor in Twentieth-Century U.S. History.* Princeton: Princeton University Press.

Office of Inspector General (OIG). 2006. *United States Environmental Protection Agency (EPA) Needs to Conduct Environmental Justice Reviews of Its Programs, Policies, and Activities.* www.epa.gov/oig/reports/2006/20060918-2006-P-00034.pdf.

Olmsted, F. L. Jr. 1910. City planning: An introductory address at the second national conference on city planning and congestion of population, Rochester, NY, May 2. American Civic Association, Department of City Making, series 2, no. 4.

Ona, F. 2005. Personal communication.

Orfield, M. 1997. *Metropolitics: A Regional Agenda for Community and Stability.* Washington, DC: Brookings Institution.

Pacific Institute. 2002. *Neighborhood Knowledge for Change: The West Oakland Environmental Indicators Project.* www.pacinst.org.

Pacific Institute. 2003. *Clearing the Air: Reducing Diesel Pollution in West Oakland. Issued in conjunction with the Coalition for West Oakland Revitalization.* www.pacinst.org/diesel.

Pacific Institute. 2006. *Paying with Our Health: The Real Cost of Freight Transportin California.* www.pacinst.org/reports/freight_transport.

Parfitt, J. 1987. *The Health of a City: Oxford, 1770–1974.* Oxford: Amate Press.

Park, R. E. 1929. The city as social laboratory. In Smith, T. V., and White, L. D., eds., *Chicago: An Experiment in Social Science Research.* Chicago: University of Chicago Press, pp. 1–19.

Parry, J. M., and Kemm, J. 2005. Criteria for use in evaluation of health impact assessments. *Public Health* 119: 1122–29.

Passchier-Vermeer, W., and Passchier, W. F. 2000. Noise exposure and public health. *Environmental Health Perspectives* 108: 123–31.

Pastor, M., Benner, C., and Rosner, R. 2006. *Edging toward Equity: Creating Shared Opportunity in America's Regions.* cjtc.ucsc.edu/docs/r_CORE_Edging_Toward_Equity_summary.pdf.

Pastor, M. J., Saad, J., and Morello-Frosh, R. 2007. *Still Toxic after All These Years: Air Quality and Environmental Justice in the San Francisco Bay Area.* Center for Justice, Tolerance and Community, University of California, Santa Cruz. http://cjtc.ucsc.edu.

Payne-Sturges, D. C., Burke, T. A., Breysse, P., Diener-West, M., and Buckley, T. J. 2004. Personal exposure meets risk assessment: A comparison of measured and modeled exposures and risks in an urban community. *Environmental Health Perspectives* 112: 589–98.

Pearce, N., Foliaki, S., Sporle, A., and Cunningham, C. 2004. Genetics, race, ethnicity, and health. *British Medical Journal* 328: 1070–72.

Pellow, D. 2002. *Garbage Wars: The Struggle for Environmental Justice in Chicago.* Cambridge: MIT Press.

Peoples Grocery. 2008. http://www.peoplesgrocery.org/index.php?topic=programs.

Perera, F. P., Rauh, V., Whyatt, R. M., Tsai, W. Y., Tang, D., Diaz, D., Hoepner, L., Barr, D., Tu, Y. H., Camann, D., and Kinney, P. 2006. Effect of prenatal exposure to airborne polycyclic aromatic hydrocarbons on neurodevelopment in the first 3 years of life among inner-city children. *Environmental Health Perspectives* 114(8): 1287–92.

Perry, C. A. 1929. City planning for neighborhood life. *Social Forces* 8(1): 98–100.

Petersen, P. E., ed. 1985. *The New Urban Reality.* Washington: Brookings Institution.

Peterson, J. 1979. The impact of sanitary reform upon American urban planning, 1840–1890. *Journal of Social History* 13: 83–103.

Peterson, J. 2003. *The Birth of City Planning in the United States,* 1840–1917. Baltimore: Johns Hopkins University Press.

Petts, J. 1999. Public participation in environmental impact assessment. In Petts, J., ed., *Handbook of Environmental Impact Assessment: Process, Methods and Potential*, vol. 1. Oxford: Blackwell, pp. 145–77.

Philpott, T. L. 1991. *The Slum and the Ghetto: Immigrants, Blacks, and Reformers in Chicago,* 1880–1930. Belmont, CA: Wadsworth.

Pluntz, R. 1990. *A History of Modern Housing in New York City: Dwelling Type and Social Change in the American Metropolis.* New York: Columbia University Press.

Polednak, A. P. 1996. Trends in U.S. urban black infant mortality, by degree of residential segregation. *American Journal of Public Health* 86: 723–26.

PolicyLink. 2002. *Reducing Health Disparities through a Focus on Communities.* Oakland: PolicyLink. www.policylink.org/Research/HealthDisparities.

Port of Oakland. 2007. *Maritime Air Quality Improvement Plan.* Task Force Meeting, August 14. http://www.portofoakland.com/environm/prog_04c_info.asp.

Porter, D. 2001. *Health, Civilization and the State: A History of Public Health from Ancient to Modern Times.* London: Routledge.

Porter, T. 1995. *Trust in Numbers: The Pursuit of Objectivity in Science and Public Life.* Princeton: Princeton University Press.

Portney, K. 2004. *Taking Sustainable Cities Seriously.* Cambridge: MIT Press.

Pothukuchi, K., and Kaufman, J. 1999. Placing the food system on the urban agenda: The role of municipal institutions in food systems planning. *Agriculture and Human Values* 16: 213–24.

Pothukuchi, K., and Kaufman, J. 2000. The food system: A stranger to the planning field. *American Planning Association Journal* 66(2): 113–24.

Powell, J. A. 2000. *The Racial Justice and Regional Equity Project.* http://www1.umn.edu/irp/rjreindex.html.

Prakash, S. 2007. Pacific Institute project director, Ditching Dirty Diesel Collaborative, Personal communication.

Prentice, B. 2007. BARHII. Personal communication.

Puentes, R., and Warren, D. 2006. *One Fifth of America: A Comprehensive Guide to America's First Suburbs.* Washington, DC: Brookings Institution.

Quigley, R., den Broeder, L., Furu, P., Bond, A., Cave, B., and Bos, R. 2006. *Health Impact Assessment International Best Practice Principles.* Special Publication series no. 5. Fargo, ND: International Association for Impact Assessment. http://www.iaia.org/modx/assets/files/SP5.pdf.

Raphael, D. 2006. Social determinants of health: Present status, unresolved questions, and future directions. *International Journal of Health Services* 36: 651–77.

Ratner, B. 2004. "Sustainability" as a dialogue of values: Challenges to the sociology of development. *Sociological Inquiry* 74(1): 50–69.

Reiss, J. R. 2006. *Making History: Precautionary Principle Law in the San Francisco Bay Area.* The Bay Area Working Group on the Precautionary Principle. Public presentation. www.takingprecation.org.

Reps, J. W. 1965. *The Making of Urban America: A History of City Planning in the United States.* Princeton: Princeton University Press.

Richardson, B. W. 1875. *Hygeia: A City of Health.* London: Macmillan.

Richmond, City of. 2007a. Richmond General Plan Update. *Issues and Opportunities Paper 8: Community Health and Wellness.* http://www.cityofrichmondgeneralplan.org/docs.php?view=topics.

Richmond, City of. 2007b. *Health Policy Element Added to General Plan.* http://www.cityofrichmondgeneralplan.org/news.php?display=1&oid=1000000375.

Riis, J. 1890. *How the Other Half Lives: Studies among the Tenements of New York.* New York: Penguin.

Robert Wood Johnson Foundation (RWJF). 2004. *Active Living by Design Program.* http://www.activelivingbydesign.org.

Roberts, D. 2003. *Shattered Bonds: The Color of Child Welfare.* New York: Basic Books.

Roberts, S. 1991. A critical evaluation of the city life cycle idea. *Urban Geography* 12: 431–43.

Rodgers, V. 2006. Land-use and health project director, National Association of City and County Health Officials (NACCHO). Personal communication.

Rodwin, V. 1984. *The Health Planning Predicament: France, Quebec, England, and the United States.* Berkeley: University of California Press.

Rojas, A. 1997. High rates of disease in Bayview: Study lends weight to pollution fears. *San Francisco Chronicle*, June 9, p. A1.

Rosen, G. 1971. The first neighborhood health center movement—Its rise and fall. *American Journal of Public Health* 61: 1620–37.

Rosen, G. 1993. *A History of Public Health*, exp.ed. Baltimore: Johns Hopkins University Press.

Rosenbaum, J., and Rubinowitz, L. S. 2000. *Crossing the Class and Color Lines: From Public Housing to White Suburbia.* Chicago: University of Chicago Press.

Rosenkrantz, B. 1972. *Public Health and the State: Changing Views in Massachusetts,* 1842–1936. Cambridge: Harvard University Press.

Rosenzweig, R., and Blackmar, E. 1992. *The Park and the People: A History of Central Park*. Ithaca: Cornell University Press.

Rosner, D., and Markowitz, G. 1985. The early movement for occupational safety and health. In Leavitt, J. W., and Numbers, R. L., eds., *Sickness and Health in America: Readings in the History of Medicine and Public Health*. Madison: University of Wisconsin Press, pp. 507–21.

Rubin, V. 2007. Personal communication.

Sabatier, P. A., and Jenkins-Smith, H. C., eds. 1993. *Policy Change and Learning: An Advocacy Coalition Approach.* Boulder, CO: Westview Press.

San Francisco Chronicle. 2005. Shakedown at City Hall. editorial. http://sfgate.com/cgi-bin/article.cgi?f=/c/a/2005/08/10/EDG9OE4U9U1.DTL.

San Francisco Department of Public Health (SFDPH). 1992. Hospitalizations for Bayview Hunters Point, 1991–1992.

San Francisco Department of Public Health (SFDPH). 1994. Comparison of incidence of cancer in selected sites between Bayview Hunters Point and the Bay Area.

San Francisco Department of Public Health (SFDPH). 2000. Overview of Health. Community Programs Division. www.dph.sf.ca.us.

San Francisco Department of Public Health (SFDPH). 2001. Overview of Health. Community Programs Division. www.dph.sf.ca.us.

San Francisco Department of Public Health (SFDPH). 2003a. Comment letter on Trinity Plaza Project. September 8. http://www.sfdph.org/phes/publications/comments/Comment_on_Trinity_DEIR_scope.pdf.

San Francisco Department of Public Health (SFDPH). 2003b. Comment letter on Spear and Folsom Towers. http://www.sfdph.org/phes/publications/comments/Comment_on_Spear_Folsom_DEIR.pdf.

San Francisco Department of Public Health (SFDPH). 2004a. Trinity Plaza EIR comment letter. http://www.sfdph.org/phes/publications/reports/HIAR-May2004.pdf.

San Francisco Department of Public Health (SFDPH). 2004b. Rincon Hill EIR comments. www.dph. sf.ca.us/phes/publications/comments/RinconAreaPlanDEIRcomment.pdf.

San Francisco Department of Public Health (SFDPH). 2004c. The case for housing impacts assessment: The human health and social impacts of inadequate housing and their consideration in CEQA policy and practice. http://www.sfdph.org/phes/publications/reports/ HIAR-May2004.pdf.

San Francisco Department of Public Health (SFDPH). 2004d. Demographic, economic, and housing data: A lens into the Mission District, San Francisco, California. http://www.dph.sf.ca.us/ehs/ phesmain.htm.

San Francisco Department of Public Health (SFDPH). 2004e. Prevention Strategic Plan, 2004 2008, Five-Year Plan. http://www.sfdph.org/Reports/PPRpts.htm.

San Francisco Department of Public Health (SFDPH). 2005. *Program on Health, Equity and Sustainability,* 2005 *Annual Report.* http://www.sfdph.org/phes/publications/PHES_2005_ Annual_Report.pdf.

San Francisco Department of Public Health (SFDPH). 2007a. *Eastern Neighborhoods Community Health Impact Assessment.* Final report. Program on Health, Equity and Sustainability. http:// www.sfphes.org/enchia/2007_09_05_ENCHIA_FinalReport.pdf.

San Francisco Department of Public Health (SFDPH). 2007b. Impacts on Community Health of Area Plans for the Mission, East SoMa, and Potrero Hill / Showplace Square: An Application of the Healthy Development Measurement Tool. December 25. www.thehdmt.org.

San Francisco Environment (SF Environment). 2005. 2004–2005, *Annual Report. San Francisco Department of the Environment.* http://www.sfenvironment.org/index.html.

San Francisco Environment (SF Environment). 2006. *Precautionary Principle Ordinance.* http:// www.sfenvironment.com/aboutus/policy/legislation/precaution_principle.htm.

San Francisco Fetal Infant Mortality Review Program. 1998. *Annual Report of Findings to the Community.* California Birth Defects Monitoring Program, 1999.

San Francisco Food Alliance. 2006. June 1 Meeting Minutes. http://www.sffoodsystems.org/pdf/ SF%20Food%20Alliance%20Meeting%2006-01-06.pdf.

San Francisco Food Systems (SFFS). 2004. *Increasing Access of Low-Income San Franciscans to Farmers' Markets. December.* San Francisco Department of Public Health.

San Francisco Food Systems (SFFS). 2005. *Collaborative Food Systems Assessment.* A project of the San Francisco Foundation Community Initiative Funds and the

San Francisco Department of Public Health. http://www.sffoodsystems.org/pdf/FSA-online.pdf.

San Francisco Mayor's Office of Community Development (SFMOCD). 2005.

SoMa Community Stabilization Fund and Advisory Committee. http://www.sfgov.org/site/mocd_ index.asp?id=44635.

San Francisco Planning Department (SFPD*). 2003. Community Planning in the Eastern Neighborhoods: Rezoning Options Workbook.* Department of Planning, City and County of San Francisco.

San Francisco Planning Department (SFPD). 2006. *Executive Park: Sub-area Plan of the Bayview Hunters Point Area Plan.* http://www.sfgov.org/site/planning_index.asp?id=42414.

San Francisco Planning Department (SFPD). 2007. Executive park subarea plan: Community workshop summary of comments. November 1. http://www.sfgov.org/site/planning_index.asp?id=42414.

Sassen, S. 1991. *The Global City; New York, London, Tokyo.* Princeton: Princeton University Press.

Satcher, D., Fryer, G. E., McCann, J., Troutman, A., Woolf, S. H., and Rust, G. 2005. What if we were equal? A comparison of the black-white mortality gap in 1960 and 2000. *Health Affairs* 24: 459–64.

Satterfield, D. 2002. The "in-between people": Participation of community health representatives in diabetes prevention and care in American Indian and Alaska Native communities. *Health Promotion Practice* 3(2): 166–75.

Saxenian, A. 1996. *The Regional Advantage: Culture and Competition in Silicon Valley and Route* 128. Cambridge: Harvard University Press.

Scheper-Hughes, N. 1992. *Death without Weeping: The Violence of Everyday Life in Brazil.* Berkeley: University of California Press.

Schultz, S., and McShane, C. 1978. To engineer the metropolis: Sewers, sanitation and city planning in late nineteenth century. *American Journal of American History* 65(2): 389–411.

Schulz, A. J., Williams, D. R., Israel, B. A., and Bex Lempert, L. 2002. Racial and spatial relations as fundamental determinants of health in Detroit. *Milbank Quarterly* 80: 677–707.

Schulz, A. J., Kannan, S., Dvonch, J. T., Israel, B. A., Allen, A. III., James, S. A., House, J. S., and Lepkowski, J. 2005. Social and physical environments and disparities in risk for cardiovascular disease: The Healthy Environments Partnership Conceptual Model. *Environmental Health Perspectives* 113: 1817–25.

Scott, J. 1998. *Seeing Like a State: How Certain Schemes to Improve the Human Condition Have Failed.* New Haven: Yale University Press.

Scott, M. 1971. *American City Planning Since* 1890. Berkeley: University of California Press.

Scott-Samuel, A. 1996. Health impact assessment: An idea whose time has come. *British Medical Journal* 313(1): 183–84.

Scott-Samuel, A. 1998. Health impact assessment: Theory into practice. *Journal of Epidemiology and Community Health* 52: 704–705.

Scott-Samuel, A., Birley, M., and Ardern, K. 1998. *The Merseyside guidelines for Health Impact Assessment.* Liverpool: Merseyside Health Impact Assessment

Steering Group. http://www.liv.ac.uk/~mhb/publicat/merseygui/index.htm.

Seligman, K. 1998. Everyone wants a piece of the Mission. *San Francisco Examiner*, October 26, p. A1.

Sellers, C. 1994. Factory as environment: Industrial hygiene, professional collaboration and the modern sciences of pollution. *Environmental History Review* 18: 55–84.

Selna, R. 2007. Trinity deal hits a snag; some supervisors want more units at a rate below market. *San Francisco Chronicle*, January 4, p. B1.

Selznick, P. 1992. *The Moral Commonwealth: Social Theory and the Promise of Community.* Berkeley: University of California Press.

Semenza, J. C., McCullough, J. E., Flanders, W. D., McGeehin, M. A., and Lumpkin, J. R. 1999. Excess hospital admissions during the July 1995 heat wave in Chicago. *American Journal of Preventative Medicine* 16(4): 269–77.

Shah, N. 2001. *Contagious Divides: Epidemics and Race in San Francisco's Chinatown.* Berkeley: University of California Press.

Sharfstein, J., Sandel, M., Kahn, R., and Bauchner, H. 2001. Is child health at risk while families wait for housing vouchers? *American Journal of Public Health* 91: 1191–92.

Sharfstein, J., and Sandel, M., eds. 1998. *Not Safe at Home: How America's Housing Crisis Threatens the Health of Its Children.* Boston: Boston University Medical Center.

Shaw, M., David, G., Danny, D., Richard, M., and Davey Smith, G. 2000. Increasing mortality differentials by residential area level of poverty: Britain 1981–1997. *Social Science Medicine* 51: 151–53.

Shaw, R. 1996. *The Activist's Handbook: A Premier for the* 1990s *and Beyond.* Berkeley: University of California Press.

Shaw, R. 2007. The future of San Francisco's Mission District. *Beyond Chronicle*, January 22. www.beyondchron.org/news/index.php?itemid=4110.

Shon, D., and Rein, M. 1994. *Frame Reflection: Toward the Resolution of Intractable Policy Controversies.* New York: Basic Books.

Silicon Valley Network, Joint Venture. 2000. *Index of Silicon Valley: Measuring Progress toward the Goals of Silicon Valley* 2010. www.Jointventure.org.

Smith, M. P. 2001. *Transnational Urbanism: Locating Globalization.* Malden, MA: Blackwell.

Smith, S. 1995. *Sick and Tired of Being Sick and Tired: Black Women's Health Activism in America,* 1890–1950. Philadelphia: University of Pennsylvania Press.

Snow, C. P. 1962. *The Two Cultures and the Scientific Revolution.* New York: Cambridge University Press.

Soja, E. W. 1989. *Postmodern Geographies: The Reassertion of Space in Critical Social Theory.* London: Verso.

Solnit, R. 2000. *Hollow City.* New York: Verso.

Solomon, L. R. 1998. *Roots of Justice: Stories of Organizing in Communities of Color.* San Francisco: Jossey-Bass.

Sood, V. 2007. Project director, MIG planning. Personal communication. July.

South of Market Community Action Network (SOMCAN). 2004. Comment letter to the Department of City Planning on the Rincon Hill Draft Environmental Impact Report. December 8.

South of Market Community Action Network (SOMCAN). 2006. State of SoMa presentation.

Sparer, G., and Johnson, J. 1971. Evaluation of OEO neighborhood health centers. *American Journal of Public Health* 61(5): 931–42.

Stansfeld, S., Haines, M., and Brown, B. 2000. Noise and health in the urban environment. *Review of Environmental Health* 15(1–2): 43–82.

Steinemann, A. 2000. Rethinking human health impact assessment. *Environmental Impact Assessment Review* 20: 627–45.

Steinhauer, J. 2004. Drug and sex offenders face restrictions on public housing. *New York Times*, June 25, p. B1.

Stoll, M. A. 2005. *Job Sprawl and the Spatial Mismatch between Blacks and Jobs.* Washington, DC: Brookings Institution. www.brookings.edu/metro/pubs/20050214_jobsprawl.htm.

Stone, C. 2004. It's more than the economy after all: Continuing the debate about urban regimes. *Journal of Urban Affairs* 26: 1–19.

Stradling, D. 1999. *Smokestacks and Progressives: Environmentalists, Engineers, and Air Quality in America, 1881–1951.* Baltimore: Johns Hopkins University Press.

Suggs, E. 2005. Evictions from public housing near: Tenants told last October to get jobs or else. *Atlanta Journal-Constitution*, June 29.

Sugrue, T. J. 1996. *The Origins of the Urban Crisis: Race and Inequality in Postwar Detroit.* Princeton: Princeton University Press.

Susser, M., and Susser, E. 1996. Choosing a future for epidemiology: I. Eras and paradigms. *American Journal of Public Health* 86: 668–73.

Susskind, L., and Thomas-Larmer, J. 1999. Conducting a conflict assessment. In

Susskind, L., McKearnan, S., and Thomas-Learner, J., eds., *The Consensus Building Handbook.* Thousand Oaks, CA: Sage.

Sydenstricker, E. 1934. Health and the depression. *Milbank Memorial Fund Quarterly* 12: 273–80.

Takano, T. 2003. *Healthy Cities and Urban Policy Research.* London: Taylor and Francis.

Tarr, J. A. 1996. *The Search for the Ultimate Sink: Urban Pollution in Historical Perspective.* Akron: University of Akron Press.

Tarr, J. A., and Lamperes, B. 1981. Changing fuel use behavior and energy transitions: The Pittsburgh smoke control movement, 1940–1950. A case study in historical analogy. *Journal of Social History* 14: 561–88.

Temple, J. 2003. Can rezoning satisfy housing advocates? *San Francisco Business*

Times, June 20. www.sanfrancisco.bizjournals.com/sanfrancisco/stories/2003/06/23/focus2.html.

Tesh, S. 1988. *Hidden Arguments: Political Ideology and Disease Prevention Policy.* New Brunswick: Rutgers University Press.

Tesh, S. 1995. Miasma and "social factors" in disease causality: Lessons from the nineteenth century. *Journal of Health Politics Policy and Law* 20: 1001–24.

The Health of Boston. 2007. Boston Public Health Commission. Research Office. Boston.

Thomas, N. 2007. Personal communication.

Thomson, H., Petticrew, M., and Morrison, D. 2001. Health effects of housing improvement: Systematic review of intervention studies. *British Medical Journal* 323: 187–90.

Tickner, J. A., and Geiser, K. 2004. The precautionary principle stimulus for solutions- and alternatives-based environmental policy. *Environmental Impact Assessment Review* 24: 810–24.

Tickner, J. A. 2002. The precautionary principle and public health trade-offs: Case study of west Nile virus. *ANNALS, AAPSS* 584: 69–79.

Townsend, P., and Davidson, N., eds. 1982. *Inequalities in Health: The Black Report*. Harmondsworth: Penguin.

Trauner, J. B. 1978. The Chinese as medical scapegoats in San Francisco, 1870–1905. *California History* 57: 70–87.

Travis, J., Soloman, A. L., and Waul, M. 2001. *From Prison to Home: The Dimensions and Consequences of Prisoner Reentry.* Washington, DC: The Urban Institute.

Tritsch, S. 2007. The deadly difference. *Chicago Magazine*. October. http://www.chicagomag.com/Chicago-Magazine/October-2007/The-Deadly-Difference.

Tsouros, A., and Draper, R. A. 1993. The Healthy Cities project: New developments and research needs. In Davies, J. K., and Kelly, M. P., eds., *Healthy Cities—Research and Practice*. New York: Routledge, pp. 25–33.

United Nations Centre on Human Settlements (UNCHS). 2001. *The State of The World's Cities Report,* 2001. http://ww2.unhabitat.org/Istanbul+5/statereport.htm.

United Nations Centre on Human Settlements (UNCHS). 2007. *Global Campaign on Urban Governance: Principles.* http://www.unhabitat.org/content.asp?typeid=19&catid=25&cid=2097.

United States Department of Labor (DOL). 2001. *Census of Fatal Occupational Injuries. Bureau of Labor Statistics*. www.bls.gov/oshcfoi1.html?H6.

Urban Habitat. 1999. *There Goes the Neighborhood: A Regional Analysis of Gentrification and Community Stability in the San Francisco Bay Area*. Oakland, CA: Urban Habitat.

US Conference of Mayors. 2006. *Climate Action Plan*. http://usmayors.org/climateprotection/agreement.htm.

US EPA. 1997. *Environmental Justice Guidance under the National Environmental Protection Act (NEPA)*. www.epa.gov/oeca/ofa/ejepa.html.

US EPA. 2006. *CARE Facilitation Case Study*. West Oakland Collaborative. www.epa.gov/adr.

Vega, C. 2005. SoMa developer fee gets signed into law. *San Francisco Chronic*le, August 20, p. B2.

Veneracion, A. 2005. Executive director, South of Market Community Action Network. Personal communication.

Villermé, L. R. 1829. Mémoire sure la taille de l'homme en France. *Annales d'hygiène publique et de médicine légale* 1: 351–99.

Villerme, L. R. 1830. De la mortalite dans divers quarters de la ville de Paris. *Annales d'hygiene publique* 3: 294–341.

Vlahov, D., Freudenberg, N., Proietti, F., Ompad, D., Quinn, A., Nandi, V., and Galea, S. 2007. Urban as a determinant of health. *Journal of Urban Health* 84: 16–26.

Von Hoffman, A. 2000. A study in contradictions: The origins and legacy of the housing act of 1949. *Housing Policy Debate* 11(2): 299–326.

Von Zielbauer, P. 2003. City creates post-jail plan for inmates. *New York Times*, September 20, p. B1.

Wachelder, J. 2003. Democratizing science: Various routes and visions of Dutch science shops. *Science, Technology and Human Values* 28(2): 244–73.

Wacquant, L. 1993. Urban outcasts: Stigma and division in the black American ghetto and the French urban periphery. *International Journal of Urban and Regional Research* 17: 366–83.

Wacquant, L. 2002. Deadly symbiosis: Rethinking race and imprisonment in 21st Century America. *Boston Review*. www.bostonreview.net/BR27.2/wacquant.html.

Walker, R. 2007. *The Country in the City: The Greening of the San Francisco Bay Area*. Seattle: University of Washington Press.

Wallace, D., and Wallace, R. 1998. *A Plague on Your Houses: How New York Was Burned Down and National Public Health Crumbled*. New York: Verso.

Wallace, R., and Wallace, D. 1990. Origins of public health collapse in New York City: The dynamics of planned shrinkage, contagious urban decay, and social disintegration. *Bulletin of the New York Academy of Medicine* 66: 391–437.

Walter, N., Bourgois, P., and Loinaz, H. M. 2002. Social context of work injury among undocumented day laborers in San Francisco. *Journal of General Internal Medicine* 17(6): 221–29.

Waters, A. 2004. Slow food, slow schools: Transforming education through a school lunch curriculum. www.edibleschoolyard.org/alice_message.html.

Weatherell, C., Tregear, A., and Allinson, J. 2003. In search of the concerned consumer: UK public perceptions of food, farming and buying local. *Journal of Rural Studies* 19: 233–44.

Weber, E. 2003. *Bringing Society Back In: Grassroots Ecosystem Management, Accountability, and Sustainable Communities*. Cambridge: MIT Press.

Weir, M. 1994. Urban poverty and defensive localism. *Dissent* 41: 337–42.

Weir, M. 2000. Planning, environmentalism and urban poverty. In Fishman, R., ed., *The American Planning Tradition: Culture and Policy*. Washington, DC: Woodrow Wilson Center Press, pp. 193–215.

Weiss, M. A. 1980. The origins and legacy of urban renewal. In Clavel, P., Forester, J., and Goldsmith, W. W., eds., *Urban and Regional Planning in an Age of Austerity*. New York: Pergamon Press, pp. 53–80.

Wekerle, G. 2004. Food justice movements: Policy, planning, and networks. *Journal of Planning Education and Research* 23: 378–86.

West County Toxics Coalition (WCTC). 2007. www.westcountytoxicscoalition.org.

West Oakland Project Area Committee (WOPAC). 2006. http://www.business2oakland.com/main/westoakland.htm.

Wetzel, T. 2000. *A Year in the Life of the Mission Anti-displacement Movement*. http://www.uncanny.net/~wetzel/macchron.htm.

Wetzel, T. 2001. San Francisco's space wars. *Processed World Magazine* (fall): 49–57.

White, R. D. 2008. Trucking firms line up for ports' clean-air programs. *Los Angeles Times*, September 6. www.latimes.com/business/la-fi-ports6-2008sep06,0,5629082.story.

Whitehead, M., and Dahlgren, G. 1991. What can we do about inequalities in health? *Lancet* 338: 1059–61.

Whitman, S., Silva, A., and Shah, A. M. 2006. Disproportionate impact of diabetes in a Puerto Rican community of Chicago. *Journal of Community Health* 31: 521–31.

Whyatt, R. W., Rauh, V., Barr, D. B., Camann, D. E., Andrews, H. F., Garfinkel, R., Hoepner, L. A., Diaz, D., Dietrich, J., Reyes, A., Tang, D., Kinney, P. L., and Perera, F. P. 2004. Prenatal insecticide exposures and birth weight and length among an urban minority cohort. *Environmental Health Perspective* 112: 1125–32.

Whyte, W. H. 1980. *The Social Life of Small Urban Spaces*. New York: Conservation Foundation.

Wiley, M. 2007. Smart growth and the legacy of segregation in Richland County, South Carolina. In Bullard, R., ed., *Growing Smarter*. Cambridge: MIT Press, pp. 149–70.

Wilkinson, R. G., and Marmot, M. 2003. *Social Determinants of Health: The Solid Facts*, 2nd ed. World Health Organization, Regional Office for Europe. www.euro.who.int/document/ e81384.pdf.

Wilkinson, R. G. 1996. *Unhealthy Societies: The Afflictions of Inequality*. London: Routledge.

Williams, D., and Collins, C. 2001. Racial residential segregation: A fundamental cause of racial disparities in health. *Public Health Reports* 116: 404–16.

Williams, D. 1999. Race, socioeconomic status, and health: The added effects of racism and discrimination. *Annals of the New York Academy of Sciences* 896: 173–88.

Williams, G. 2007. Knowledge, politics and health improvement: The role of health impact assessment. Presentation at the South East Asian and Oceania Regional Health Impact Assessment Conference, Sydney, Australia, November.

Williams, M. T. 1991. *Washing "The Great Unwashed:" Public Baths in Urban America*, 1840–1920. Columbus: Ohio State University Press.

Willis, C. 1992. How the 1916 zoning law shaped Manhattan's central business districts. In New York City Department of City Planning and the City Planning Commission, *Planning and Zoning New York City: Yesterday, Today and Tomorrow*. DCP 92-03, pp. 1–19.

Wing, S. 2005. Environmental justice, science, and public health. *Environmental Health Perspectives*. http://www.ehponline.org/docs/2005/7900/7900.pdf.

Wirth, L. 1928. *The Ghetto*. Chicago: University of Chicago Press.

Wood, E. E. 1931. *Recent Trends in American Housing*. New York: Macmillan.

Woods, R. A., ed. 1898. *The City Wilderness: A Study of the South End*. Boston: Houghton Mifflin.

World Health Organization (WHO). 1948. *Preamble to the Constitution of the World Health Organization as adopted by the International Health Conference*. http://www.who.int/ suggestions/faq/en.

World Health Organization (WHO). 1978. *Alma Ata Declaration*. http://www.who.int/hpr/NPH/ docs/declaration_almaata.pdf.

World Health Organization (WHO). 1986. *Ottawa Charter for Health Promotion*. WHO, Geneva. http://www.who.int/hpr/NPH/docs/ottawa_charter_hp.pdf.

World Health Organization (WHO). 1988. *Healthy Cities Project: A Guide to Assessing Healthy Cities*. WHO Healthy Cities Papers 3. Copenhagen: FADL Publishers.

World Health Organization (WHO). 1989. *What Is Environmental Health Policy?* Frankfurt: The European Charter and Commentary. http://www.who.dk/eprise/main/who/Progs/ HEP/20030612_1.

World Health Organization (WHO). 1995. *City Health Planning: The Framework*. Copenhagen: WHO Healthy Cities Project Office.

World Health Organization (WHO). 1997. *Twenty Steps for Developing a Healthy Cities Project*, 3rd ed. Copenhagen: WHO Regional Office for Europe.

World Health Organization (WHO). 1998. *Health Promotion Glossary*. Geneva: WHO.

World Health Organization (WHO). 1999. *Health Impact Assessment: Main Concepts and Suggested Approach*. Gothenburg Consensus Paper. European Centre for Health Policy. Copenhagen: WHO Regional Office for Europe.

World Health Organization (WHO). 2002. *Community Participation in Local Health and Sustainable Development: Approaches and Techniques*. University of Central Lancashire, European Sustainable Cities and Towns Campaign, European Commission, Healthy Cities Network. Copenhagen: WHO Regional Office for Europe. http://www.who.dk/healthy-cities/Links/20010907.

World Health Organization (WHO). 2007. *Achieving Health Equity: From Root Causes to Fair Outcomes*. Commission on Social Determinants of Health. www.who.int/social_determinants/resources/interim_statement/en/index.html.

World Health Organization (WHO). 2008. *Closing the Gap in a Generation: Health Equity through Action on the Social Determinants of Health*. Final report of the Commission on Social Determinants of Health. Geneva: WHO. www.who.int/social_determinants/final_report/en/index.html.

Wynne, B. 2003. Seasick on the third wave? Subverting the hegemony of propositionalism. *Social Studies of Science* 33: 401–17.

Yarne, M. 2000. Conformity as catalyst: Environmental Defense Fund *v.* Environmental Protection Agency. *Ecology Law Quarterly* 27: 841.

Yen, I. H., and Kaplan, G. A. 1999. Neighborhood social environment and risk of death: Multilevel evidence from the Alameda County Study. *American Journal of Epidemiology* 149: 898–907.

Yen, I. H., and Syme, S. L. 1999. The social environment and health: A discussion of the epidemiologic literature. *Annual Review of Public Health* 20: 287–308.

Yiftachel, O., and Huxley, M. 2000. Debating dominance and relevance: Notes on the "communicative turn" in planning theory. *International Journal of Urban and Regional Research* 24(4): 907–13.

Young, O. 1996. Rights, rules, and resources in international society. In Hanna, S., Folke, C., and Maler, K., eds., *Rights to Nature: Ecological, Economic, Cultural, and Political Principles of Institutions for the Environment*. Washington, DC: Island Press, pp. 245–64.

Young, T. K. 2006. *Population Health: Concepts and Methods*. New York: Oxford University Press.

Zima, B. T., Wells, K. B., and Freeman, H. E. 1999. Emotional and behavioral problems and severe academic delays among sheltered homeless children in Los Angeles County. *American Journal of Public Health* 84: 260–64.

索 引

健康城市实验室
健康城市规划与治理一流学科团队
研究成果

国家自然科学基金面上项目资助
（41871359，51578384）

健康城市实验室